JN028827

SPSSによる
多変量データ解析の手順

第6版

石村光資郎 著・石村貞夫 監修

東京図書

まえがき

一歩前に進もう！

SPSS の威力はすばらしい!!

その分析能力，分析結果の信頼性のみならず，分析の操作性にもすぐれている．

「SPSS は非常に使いやすい！」

という一言につきます！

実際に SPSS を使ってみると，マウスの操作一つで，どのような統計処理も簡単に行うことができます．

「まさに，信じられない!!」

右手に持ったマウスでカチッ，カチッとクリックしていく感覚は，言ってみればコンピュータゲームで敵の陣地を一つ一つ攻略している，といった感覚にも似たところがあるのではないでしょうか？

ところで，データ解析における問題点は……

その 1. 最適な統計処理は？

その 2. データ入力とその手順は？

その 3. 統計処理の手順は？

その 4. 出力結果の読み取り方は？

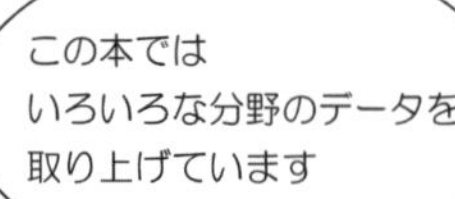
この本では
いろいろな分野のデータを
取り上げています

この 4 点です．そこで……

最適な統計処理は
パターン化した
データの型に当てはめて
みるとわかります

『すぐわかる統計処理の選び方』
という本で紹介してますよ〜

その 1.　データ解析で最初に頭を悩ませるものは統計処理の選び方.

しかし，この悩みはデータの型をパターン化することによって，
簡単に解決することができます.

←参考文献［9］参照

その 2，3.　次に頭を悩ませるものは

「このデータ入力の手順は？」

「この統計処理のための手順は？」

しかし，SPSS の画面 1 枚 1 枚による図解で，どんな人にでも，
データ入力や統計処理のための手順をふむことができるようになりました.

その 4.　出力結果の読み取り方……最後に頭を悩ませるものがここ．しかし

「まあ，いっか *!*」

といった気楽な気持ちで，この本の**【出力結果の読み取り方】**をご覧ください.

ともかく，この本を左手に，マウスを右手に

「SPSS の世界に，飛び込んでみましょう *!!*」

最後に，お世話になった日本 IBM の牧野泰江さん，磯崎幸子さん，西澤英子さん，
猪飼沙織さん，東京図書編集部の河原典子さんに深く感謝の意を表します.

2021 年 5 月 15 日

◆本書では IBM SPSS Statistics 27，Amos 27 を使用しています.
SPSS 製品に関する問い合わせ先：
〒 103-8510 東京都中央区日本橋箱崎町 19-21
日本アイ・ビー・エム株式会社 クラウド事業本部 SPSS 営業部
Tel. 03-5643-5500　Fax. 03-3662-7461　URL http://www.ibm.com/analytics/jp/ja/technology/spss/

◆本書で使われているデータは，東京図書のホームページ http://www.tokyo-tosho.co.jp より ダウンロードすることができます．
また，使用しているオプションモジュールは以下のとおりです．

第 2 章　IBM SPSS Neural Networks
第 3 章　IBM SPSS Regression
第 4 章　IBM SPSS Regression
第 5 章　IBM SPSS Regression
第 6 章　IBM SPSS Advanced Statistics
第 7 章　IBM SPSS Advanced Statistics
第 8 章　IBM SPSS Decision Trees
第14章　IBM SPSS Conjoint
第15章　IBM SPSS Amos
第16章　IBM SPSS Amos

もくじ

もう一歩
前に進もう！

まえがき

気楽に行こうよ～

ピヨ
ピヨ

データの種類と性質

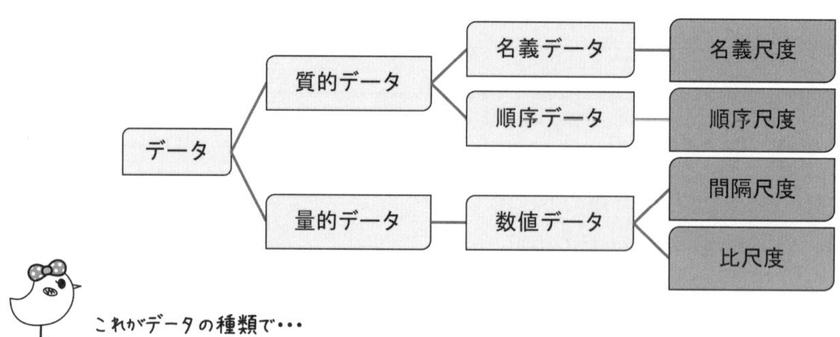
データ
質的データ
量的データ
名義データ
順序データ
数値データ
名義尺度
順序尺度
間隔尺度
比尺度
これがデータの種類で・・・

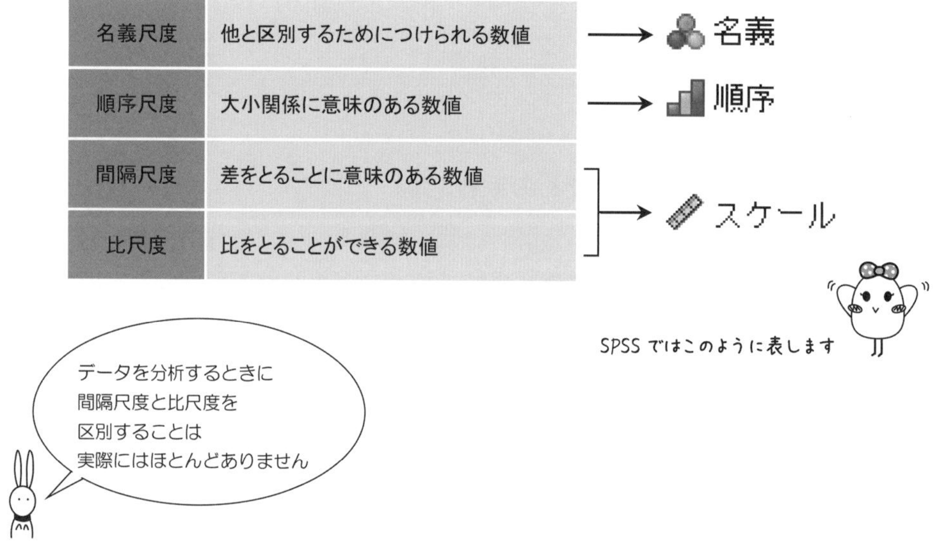

名義尺度	他と区別するためにつけられる数値
順序尺度	大小関係に意味のある数値
間隔尺度	差をとることに意味のある数値
比尺度	比をとることができる数値

名義
順序
スケール
SPSS ではこのように表します
データを分析するときに
間隔尺度と比尺度を
区別することは
実際にはほとんどありません

◆装幀　今垣知沙子（戸田事務所）
◆イラスト　石村多賀子

SPSSによる多変量データ解析の手順

第6版

この本があれば
多変量解析 も
スイスイ進むよ〜っ！

第 1 章 重回帰分析

1.1 はじめに

次のデータは，アメリカの銀行に就職している銀行員 265 名の現在の給料，性別，仕事の習熟度などについて調査した結果です．

データは
HP から
ダウンロード
できます

表 1.1　銀行員の給料とそのいろいろな要因

No.	現在の給料	性別	習熟度	年齢	就学年数	就業年数	職種
1	10620	女性	88	34.17	15	5.08	事務職
2	6960	女性	72	46.50	12	9.67	事務職
3	41400	男性	73	40.33	16	12.50	管理職
4	28350	男性	83	41.92	19	13.00	管理職
5	16080	男性	79	28.00	15	3.17	事務職
6	8580	女性	72	45.92	8	16.17	事務職
⋮	⋮	⋮	⋮	⋮	⋮	⋮	⋮
264	7380	女性	85	51.00	12	19.00	事務職
265	8340	女性	70	39.00	12	10.58	事務職

？の予測値は？

266	？	女性	30	30	10	3	事務職
267	？	男性	30	30	10	3	技術職

分析したいことは？

◉ 現在の給料と，{性別・習熟度・年齢・就学年数・就業年数・職種}の間にどのような因果関係があるのだろうか？

このようなときには……

- 結果 → {現在の給料}……………………………………**従属変数**
- 原因 → {性別・習熟度・年齢・就学年数・就業年数・職種}…………**独立変数**

として，**重回帰モデル**を作ってみましょう．

その重回帰モデル式は

$$\boxed{現在の給料} = b_1 \times \boxed{性別} + b_2 \times \boxed{習熟度} + b_3 \times \boxed{年齢} + b_4 \times \boxed{就学年数} + b_5 \times \boxed{就業年数} + b_6 \times \boxed{職種} + b_0$$

となります．

このとき，

偏回帰係数 b_1, b_2, b_3, b_4, b_5, b_6 と 定数項 b_0

は，どのような値をとるのでしょうか？

しかし，その前に 性別 や 職種 といった名義変数に注目しましょう．

どんな関係が
あるのかなあ？

ピヨッ
『入門はじめての多変量解析』
も参考になるんだって！

【ダミー変数の作り方】

表 1.1 のデータの 職種 は

事務職　　管理職　　技術職　　⬅カテゴリカルデータ

の 3 種類に分かれています．このとき，たとえば

事務職 = 1，　　管理職 = 2，　　技術職 = 3

といった数値の置き換えには，意味がありません．

このようなカテゴリカルデータの取り扱い方として，次の**ダミー変数**という方法が考えられています．つまり

- 事務職の人 ⟷ 1　0　0
- 管理職の人 ⟷ 0　1　0
- 技術職の人 ⟷ 0　0　1

という対応を考えると，次のように，職種 を数量化することができます．

スケール
順序
名義

データには
この３種類がありますが
名義データの
数値への置き換えは
意味がありません

表 1.2　名義変数

No.	職種
1	事務職
2	事務職
3	管理職
4	管理職
5	事務職
6	事務職
7	技術職
⋮	⋮

⬆ 元の変数

⟺

表 1.3　ダミー変数

No.	事務職	管理職	技術職
1	1	0	0
2	1	0	0
3	0	1	0
4	0	1	0
5	1	0	0
6	1	0	0
7	0	0	1
⋮	⋮	⋮	⋮

⬆ ダミー変数　⬆ ダミー変数　⬆ ダミー変数

つまり，職種という変数が3つのカテゴリ

事務職　　管理職　　技術職

に分かれているとき，それぞれのカテゴリを

0と1の値をとる2値変数

として考えようというわけです．

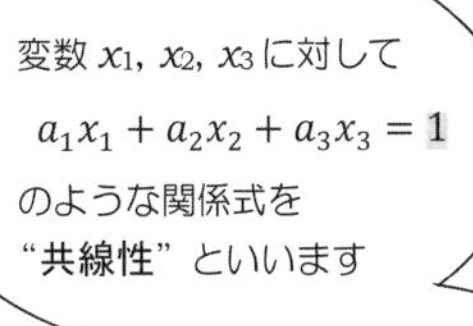
変数 x_1, x_2, x_3 に対して
$a_1x_1 + a_2x_2 + a_3x_3 = 1$
のような関係式を
“**共線性**” といいます
変数間に共線性があると
分散共分散行列の
逆行列が存在しなくなり
偏回帰係数が計算できなく
なります

ところで，このとき，

その3つのダミー変数全部を分析に取り上げると

事務職＋管理職＋技術職＝1

という関係式が成り立ちます．

このままでは，**共線性の問題**が起こるので，

カテゴリカルデータをダミー変数として取り扱うときには，

どれか1つのダミー変数を取り除いておきます．

たとえば，表1.1のデータの場合には，管理職を取り除いて

次のようなあんばいに……

表1.4　管理職を取り除いて……

No.	就学年数	就業年数	事務職	管理職	技術職
1	15	5.08	1	0	0
2	12	9.67	1	0	0
3	16	12.50	0	1	0
⋮	⋮	⋮	⋮	⋮	⋮

???
この場合は
取り除いた管理職が
基準になるんだね

しかしながら，次のようなカテゴリカルデータの場合には？

> 質問項目　水道水にフッ素を加えることをどう思いますか？
> （イ）非常に賛成　（ロ）賛成　（ハ）どちらとも　（ニ）反対　（ホ）非常に反対

このときは4つのダミー変数（4＝5－1）を使うべきか，または

（イ）＝5　　（ロ）＝4　　（ハ）＝3　　（ニ）＝2　　（ホ）＝1

のように順序データとすべきか，悩んでしまいます．

5段階以上に
分かれているときは
数値データとして
分析してよい
という意見もあります

ところで，性別＝{男，女}のように，
2つのカテゴリの場合には，次のように，

男＝1，　女＝0

としてもよいし，もちろん

男＝0，　女＝1

としても，一向にかまいません．

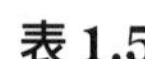

表 1.5

No.	性別
1	女
2	女
3	男
4	女
5	男
⋮	⋮

⇨

表 1.6

男性	女性
0	1
0	1
1	0
0	1
1	0
⋮	⋮

↑ どちらかのダミー変数を使う

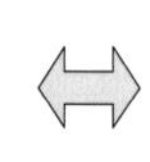

表 1.7

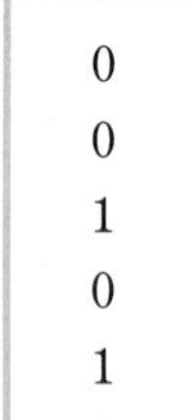

性別
0
0
1
0
1
⋮

これも OK!!

【データ入力の型】

表 1.1 のデータは，次のように入力します．

	現在の給料	性別	習熟度	年齢	就学年数	就業年数	事務職	技術職
1	10620	1	88	34.17	15	5.08	1	0
2	6960	1	72	46.50	12	9.67	1	0
3	41400	0	73	40.33	16	12.50	0	0
4	28350	0	83	41.92	19	13.00	0	0
5	16080	0	79	28.00	15	3.17	1	0
6	8580	1	72	45.92	8	16.17	1	0
7	34500	0	66	34.25	18	4.17	0	1
8	54000	0	96	49.58	19	16.58	0	1
9	14100	0	67	28.75	15	.50	1	0
10	9900	1	84	27.50	12	3.42	1	0
11	21960	0	83	31.08	15	4.08	0	0
12	12420	0	96	27.42	15	1.17	1	0
13								
14								
15								
16								
258								
259								
260								
261								
262								
263								
264								
265								
266								

	現在の給料	性別	習熟度	年齢	就学年数	就業年数	事務職	技術職
1	10620	女性	88	34.17	15	5.08	1	0
2	6960	女性	72	46.50	12	9.67	1	0
3	41400	男性	73	40.33	16	12.50	0	0
4	28350	男性	83	41.92	19	13.00	0	0
5	16080	男性	79	28.00	15	3.17	1	0
6	8580	女性	72	45.92	8	16.17	1	0
7	34500	男性	66	34.25	18	4.17	0	1
8	54000	男性	96	49.58	19	16.58	0	1
9	14100	男性	67	28.75	15	.50	1	0
10	9900	女性	84	27.50	12	3.42	1	0
11	21960	男性	83	31.08	15	4.08	0	0
12	12420	男性	96	27.42	15	1.17	1	0
13	15720	男性	84	33.50	15	6.00	1	0
14	8880	男性	88	54.33	12			0
15	22800	男性	98	41.17				0
16		男性	64					
258	8460	女性	97	51.58	15			0
259	10020	女性	93	26.08	8	.67	1	0
260	7860	女性	69	50.00	12	11.08	1	0
261	7680	女性	96	60.50	15	1.92	1	0
262	10980	女性	85	54.17	12	8.42	1	0
263	9420	女性	96	32.08	12		1	0
	7380	女性	85	51.00	12		1	0
	8340	女性	70	39.00	12	10.58	1	0

変数ビューで値ラベルを
付けておくと便利です
切り替えは をクリック！
予測したいデータは
No.266，No.267
のところに
入力しておきます

1.2 重回帰分析のための手順

【統計処理の手順】

手順 1 データを入力したら，分析(A) をクリック．続いて，…

メニューから，回帰(R) ⇨ 線型(L) と選択すると……

ファイル(F) 編集(E) 表示(V) データ(D) 変換(T) 分析(A) グラフ(G) ユーティリティ(U) 拡張機能(X) ウィンドウ(W) ヘル

表示: 8 個

検定力分析(P)
報告書(P)
記述統計(E)
ベイズ統計(B)
テーブル(B)
平均の比較(M)
一般線型モデル(G)
一般化線型モデル(Z)
混合モデル(X)
相関(C)
回帰(R)
対数線型(O)
ニューラル ネットワーク(W)
分類(F)
次元分解(D)
尺度(A)
ノンパラメトリック検定(N)
時系列(T)
生存分析(S)
多重回答(U)
欠損値分析(Y)...
多重代入(T)
コンプレックス サンプル(L)
シミュレーション(I)...
品質管理(Q)
空間および時間モデリング(S)...
ダイレクト マーケティング(K)
IBM SPSS Amos 27

自動線型モデリング…(A)
線型(L)...
曲線推定(C)...
偏相関最小 2 乗法(S)...
二項ロジスティック(G)...
多項ロジスティック(M)...
順序(D)...
プロビット(P)...
非線型(N)...
重み付け推定(W)...
2 段階最小 2 乗(2)...
4 分位(Q)...
最適尺度法 (CATREG)(O)...

	現在の給料	性別	習熟度				事務職	技術職	var
1	10620	女性	88				1	0	
2	6960	女性	72				1	0	
3	41400	男性	73				0	0	
4	28350	男性	83				0	0	
5	16080	男性	79				1	0	
6	8580	女性	72				1	0	
7	34500	男性	66				0	1	
8	54000	男性	96						
9	14100	男性	67						
10	9900	女性	84						
11	21960	男性	83						
12	12420	男性	96						
13	15720	男性	84						
14	8880	男性	88						
15	22800	男性	98						
16	19020	男性	64						
17	10380	男性	72						
18	8520	男性	70						
19	11460	男性	79						
20	20500	男性	83						
21	27700	男性	85						
22	22000	男性	65						
23	27000	男性	83						
24	15540	男性	84						
25	22000	男性	75				0	0	
26	10920	男性	97				1	0	
27	11736	男性	83				1	0	
28	14040	男性	95				1	0	
29	16020	男性	78	35.42	15	11.08	0	0	
30	16080	男性	98	35.67	16	3.00	1	0	
31	16140	男性	78	28.33	16	1.67	1	0	
32	15000	男性	84	29.50	15	2.75	1	0	
33	11400	男性	65	25.00	15	1.67	1	0	
34	15480	男性	78	38.92	15	14.67	0	0	

手順 2 次の線型回帰の画面になったら

現在の給料をクリックして，従属変数(D) の左の ➡ をカチッ.

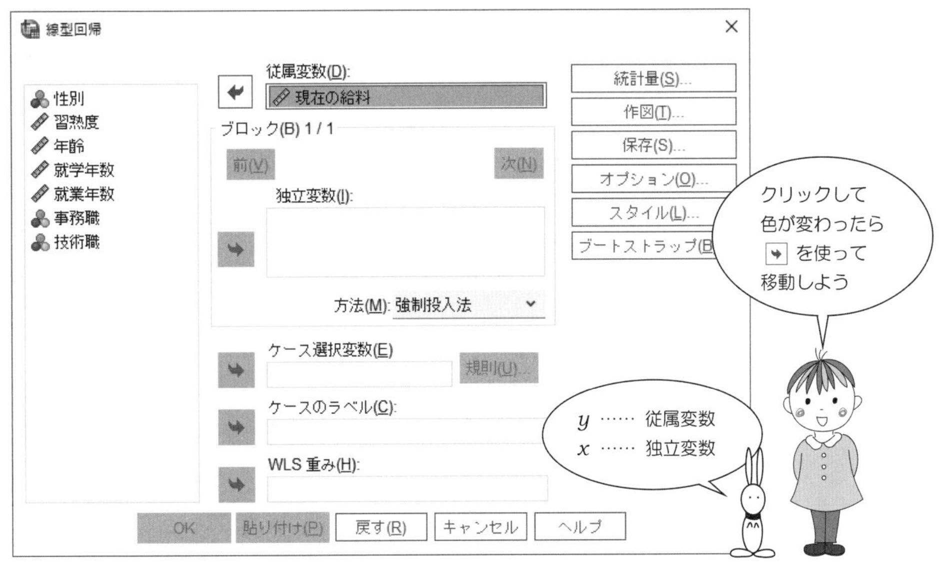
線型回帰
従属変数(D):
現在の給料
性別
習熟度
年齢
就学年数
就業年数
事務職
技術職
ブロック(B) 1 / 1
前(V)
次(N)
独立変数(I):
方法(M): 強制投入法
ケース選択変数(E)
規則(U)...
ケースのラベル(C):
WLS 重み(H):
統計量(S)...
作図(T)...
保存(S)...
オプション(O)...
スタイル(L)...
ブートストラップ(B
OK
貼り付け(P)
戻す(R)
キャンセル
ヘルプ
クリックして
色が変わったら
➡ を使って
移動しよう
y …… 従属変数
x …… 独立変数

手順 3 次に，左に残っている変数を，すべて 独立変数(I) の中に入れます.

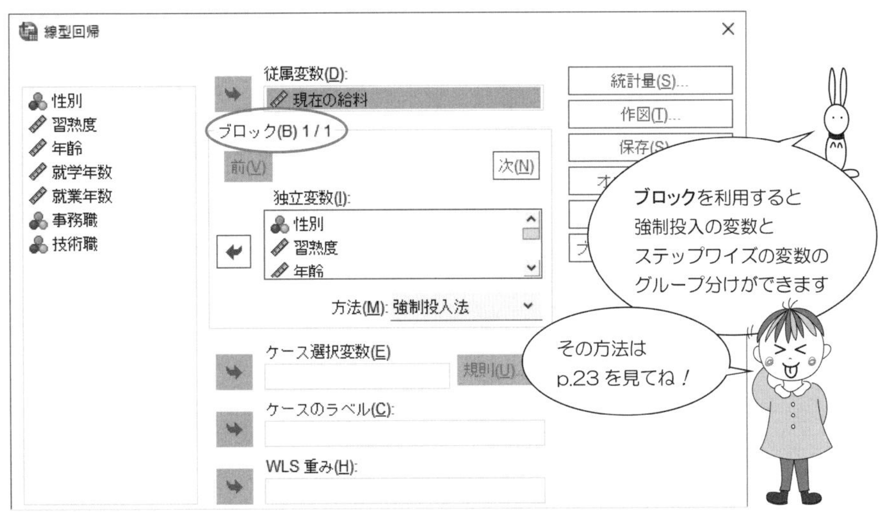
線型回帰
従属変数(D):
現在の給料
性別
習熟度
年齢
就学年数
就業年数
事務職
技術職
ブロック(B) 1 / 1
前(V)
次(N)
独立変数(I):
性別
習熟度
年齢
方法(M): 強制投入法
ケース選択変数(E)
規則(U)...
ケースのラベル(C):
WLS 重み(H):
統計量(S)...
作図(T)...
ブロックを利用すると
強制投入の変数と
ステップワイズの変数の
グループ分けができます
その方法は
p.23 を見てね！

手順 4 次に，［統計量(S)］をカチッとすると，次の画面が現れるので

□ 部分/偏相関(P)

□ 共線性の診断(L)

をチェックして，［続行(C)］．画面は**手順 4** へもどります．

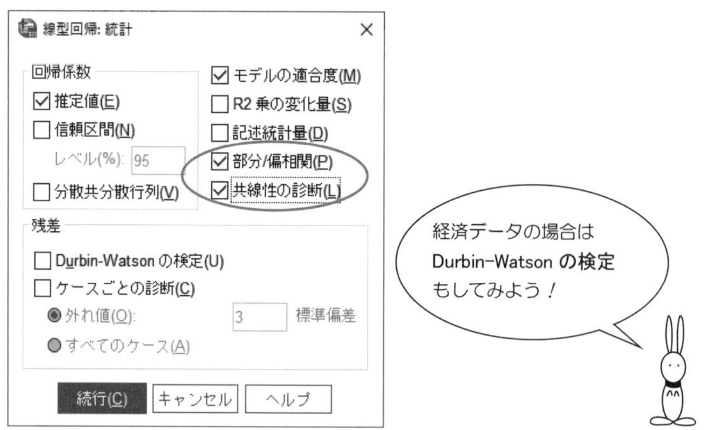
線型回帰: 統計
回帰係数
推定値(E)
信頼区間(N)
レベル(%): 95
分散共分散行列(V)
モデルの適合度(M)
R2 乗の変化量(S)
記述統計量(D)
部分/偏相関(P)
共線性の診断(L)
残差
Durbin-Watson の検定(U)
ケースごとの診断(C)
外れ値(O): 3 標準偏差
すべてのケース(A)
続行(C) キャンセル ヘルプ
経済データの場合は
Durbin-Watson の検定
もしてみよう！

手順 5 ［作図(T)］をカチッ．すると，画面が次のようになるので

□ 正規確率プロット(R)

をチェックして，［続行(C)］．画面は**手順 4** へもどります．

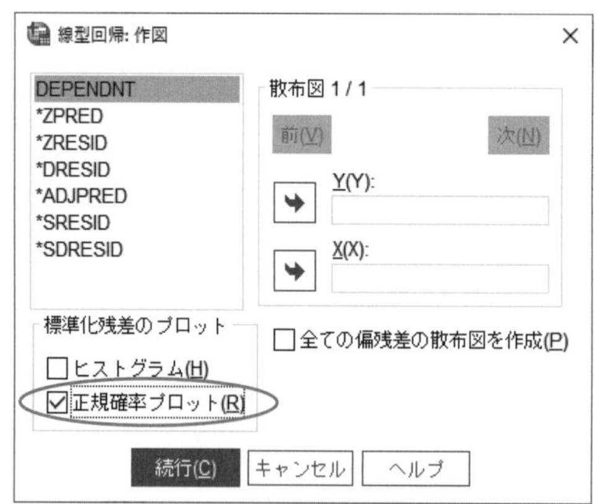
線型回帰: 作図
DEPENDNT
*ZPRED
*ZRESID
*DRESID
*ADJPRED
*SRESID
*SDRESID
散布図 1 / 1
前(V) 次(N)
Y(Y):
X(X):
標準化残差のプロット
ヒストグラム(H)
正規確率プロット(R)
全ての偏残差の散布図を作成(P)
続行(C) キャンセル ヘルプ

従属変数は
正規性を仮定して
いるんだね

手順 6 保存(S) をカチッとすると，いろいろな統計量が現れるので

□ Cook(K)

□ てこ比の値(G)

□ 共分散比(V)

をチェックします．

そして 続行(C)．

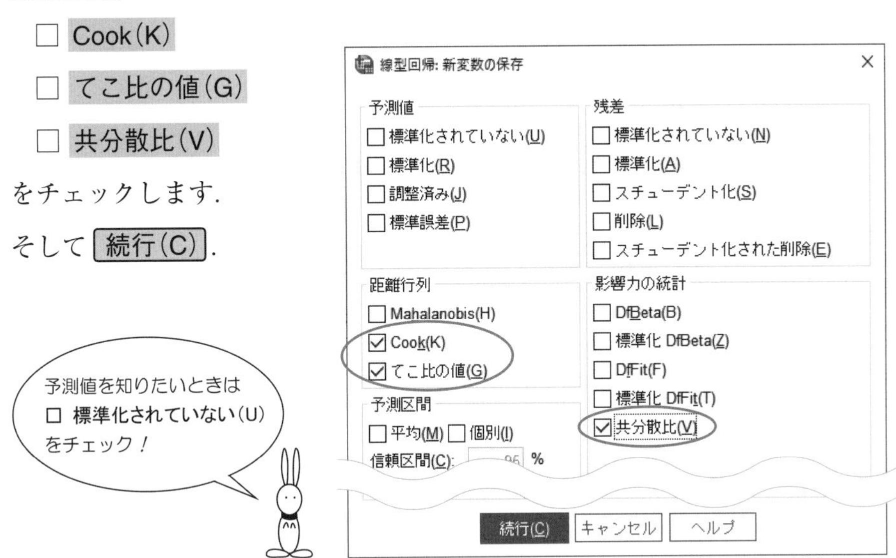

線型回帰: 新変数の保存
予測値
標準化されていない(U)
標準化(R)
調整済み(J)
標準誤差(P)
残差
標準化されていない(N)
標準化(A)
スチューデント化(S)
削除(L)
スチューデント化された削除(E)
距離行列
Mahalanobis(H)
Cook(K)
てこ比の値(G)
影響力の統計
DfBeta(B)
標準化 DfBeta(Z)
DfFit(F)
標準化 DfFit(T)
共分散比(V)
予測区間
平均(M)
個別(I)
信頼区間(C):
%
予測値を知りたいときは
□ 標準化されていない(U)
をチェック！
続行(C)
キャンセル
ヘルプ

手順 7 次の画面にもどったら， OK ボタンをマウスでカチッ！

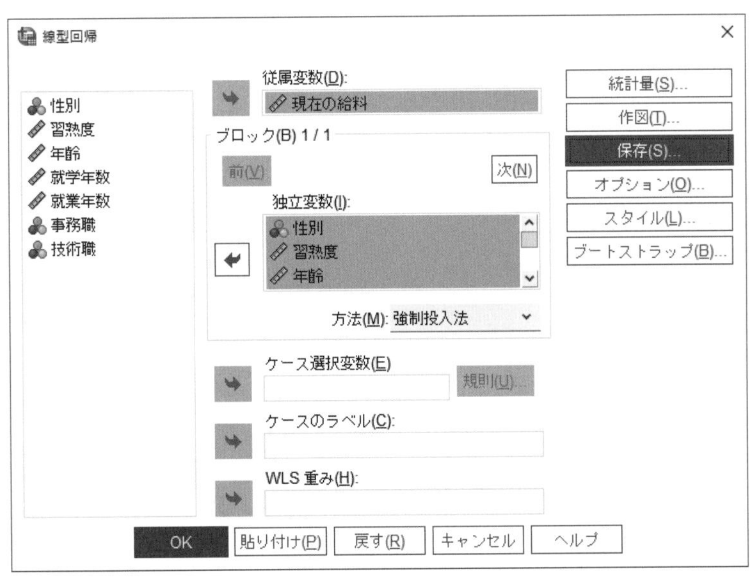

線型回帰
性別
習熟度
年齢
就学年数
就業年数
事務職
技術職
従属変数(D):
現在の給料
ブロック(B) 1 / 1
前(V)
次(N)
独立変数(I):
性別
習熟度
年齢
方法(M): 強制投入法
ケース選択変数(E)
規則(U)...
ケースのラベル(C):
WLS 重み(H):
統計量(S)...
作図(T)...
保存(S)...
オプション(O)...
スタイル(L)...
ブートストラップ(B)...
OK
貼り付け(P)
戻す(R)
キャンセル
ヘルプ

【SPSS による出力・その 1】 ——重回帰分析——

回帰

モデルの要約[b]

モデル	R	R2 乗	調整済み R2 乗	推定値の標準誤差
1	.870[a]	.757	.750	3604.477

← ①

a. 予測値: (定数)、技術職, 年齢, 習熟度, 性別, 事務職, 就学年数, 就業年数。

b. 従属変数 現在の給料

分散分析[a]

モデル		平方和	自由度	平均平方	F 値	有意確率
1	回帰	1.039E+10	7	1483662887	114.196	.000[b]
	残差	3339008584	257	12992251.30		
	合計	1.372E+10	264			

②

a. 従属変数 現在の給料

b. 予測値: (定数)、技術職, 年齢, 習熟度, 性別, 事務職, 就学年数, 就業年数。

重回帰モデル
$y = \beta_1 \times x_1 + \beta_2 \times x_2 + \cdots + \beta_7 \times x_7 + \beta_0 + \varepsilon$
有意確率≦有意水準 0.05
のとき
仮説は棄却されます！

【出力結果の読み取り方・その 1】

⬅① R は重相関係数のこと．

R＝0.870 は **1** に近いので，p.15 の③で求めた重回帰式は

あてはまりが良いことがわかります．

重相関係数は，実測値と予測値の相関係数です．

R 2 乗は決定係数 R^2 のこと．

$R^2 = 0.757$ は **1** に近いので，③で求めた重回帰式は

あてはまりが良いことがわかります．

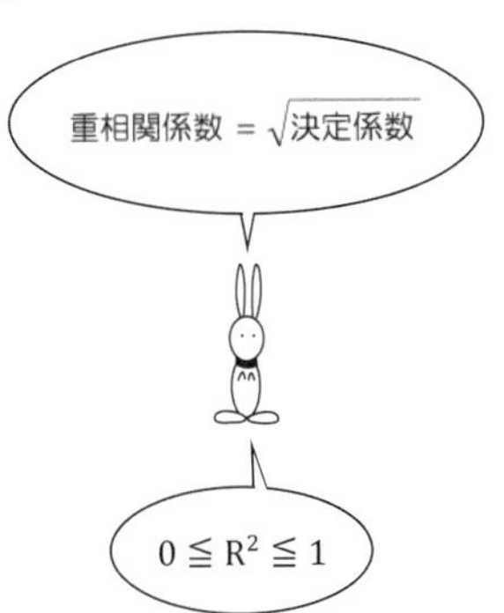
重相関係数 ＝ √決定係数
0 ≦ R² ≦ 1

調整済み R 2 乗は自由度調整済み決定係数のことです．

この値と R 2 乗の差が大きいときは要注意！

⬅『入門はじめての多変量解析』

⬅② 重回帰の分散分析表です．

次の仮説

仮説 H_0：求めた重回帰式は予測に役立たない

仮説 H_0：$\beta_1 = \beta_2 = \cdots\cdots = \beta_7 = 0$

を検定しています．

有意確率 0.000 が有意水準 $\alpha = 0.05$ より小さいので，

この仮説 H_0 は棄てられます．

つまり，③で求めた重回帰式は予測に役に立つということです．

効果サイズの計算

効果サイズ ＝ 相関係数

【SPSS による出力・その 2】 ——重回帰分析——

係数[a]

モデル		非標準化係数 B	標準誤差	標準化係数 ベータ	t 値	有意確率
1	(定数)	16133.381	2771.199		5.822	.000
	性別	-1642.963	562.711	-.114	-2.920	.004
	習熟度	50.174	22.367	.070	2.243	.026
	年齢	-52.877	31.193	-.086	-1.695	.091
	就学年数	457.332	100.992	.188	4.528	.000
	就業年数	-29.858	40.817	-.035	-.732	.465
	事務職	-11695.243	808.406	-.570	-14.467	.000
	技術職	10626.316	1620.657	.220	6.557	.000
		↑ ③		↑ ④		↑ ⑤

a. 従属変数 現在の給料

モデル		相関 ゼロ次	偏	部分
1	(定数)			
	性別	-.448	-.179	-.090
	習熟度	.050	.139	.069
	年齢	-.233	-.105	-.052
	就学年数	.645	.272	.139
	就業年数	-.093	-.046	-.023
	事務職	-.790	-.670	-.445
	技術職	.491	.379	.202

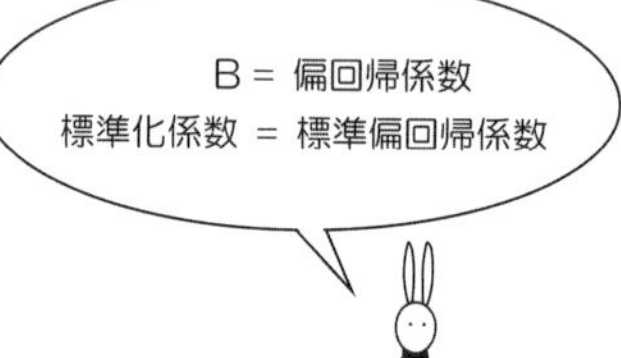
B ＝ 偏回帰係数
標準化係数 ＝ 標準偏回帰係数

モデル		共線性の統計量 許容度	VIF
1	(定数)		
	性別	.626	1.598
	習熟度	.974	1.027
	年齢	.364	2.749
	就学年数	.549	1.822
	就業年数	.419	2.388
	事務職	.611	1.637
	技術職	.844	1.186

← ⑥

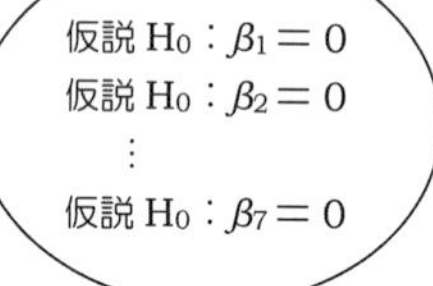
仮説 H_0：$\beta_1 = 0$
仮説 H_0：$\beta_2 = 0$
⋮
仮説 H_0：$\beta_7 = 0$

【出力結果の読み取り方・その 2】

⬅③　求める重回帰式 Y は，B のところを見ると，次のようになります．

$$Y = -1642.963 \times \boxed{性別} + 50.174 \times \boxed{習熟度} - 52.877 \times \boxed{年齢} + 457.332 \times \boxed{就学年数} - 29.858 \times \boxed{就業年数} - 11695.243 \times \boxed{事務職} + 10626.316 \times \boxed{技術職} + 16133.381$$

⬅④　標準化係数の絶対値の大きい独立変数は，従属変数に影響を与えています．

現在の給料 に影響を与えているのは， 職種 ・ 就学年数 ・ 性別 です．

⬅⑤　有意確率が 0.05 より大きい独立変数は，従属変数に影響を与えていません．

この出力結果を見ると，就業年数は 現在の給料 に関係がなさそうです．

逆に，有意確率が 0.05 以下の独立変数は，仮説 H_0 が棄却されるので，従属変数に影響を与える要因ということになります．

⬅⑥　重回帰分析では，多重共線性の問題がよくおこります．共線性とは

“独立変数の間に 1 次式の関係が存在しているのではないか？”

ということです．

許容度と VIF の間には次の関係が成り立っています．

$$VIF = \frac{1}{許容度} \qquad 1.186 = \frac{1}{0.844}$$

許容度の小さい，または VIF の大きい独立変数は残りの独立変数との間に 1 次式の関係がある可能性をもっているので，重回帰分析をするときには除いた方が良いかもしれません．

【SPSS による出力・その 3】 ——重回帰分析——

モデル	次元	固有値	条件指数	
1	1	5.910	1.000	← ⑦
	2	1.037	2.388	
	3	.495	3.455	
	4	.402	3.835	
	5	.109	7.379	
	6	.027	14.771	← ⑧-1
	7	.016	19.261	
	8	.005	35.024	

a. 従属変数 現在の給料

共線性の診断[a]

モデル	次元	分散プロパティ							
		(定数)	性別	習熟度	年齢	就学年数	就業年数	事務職	技術職
1	1	.00	.01	.00	.00	.00	.00	.00	.00
	2	.00	.02	.00	.00	.00	.00	.00	.72
	3	.00	.52	.00	.00	.00	.04	.00	.12
	4	.00	.04	.00	.00	.01	.31	.01	.00
	5	.00	.11	.00	.00	.04	.00	.58	.15
	6	.00	.29	.00	.76	.14	.60	.04	.00
	7	.01	.01	.55	.09	.45	.02	.22	.00
	8	.99	.00	.45	.15	.36	.02	.15	.00

⑧-2

性別・年齢・就学年数・就業年数
の間で VIF を計算してみよう

【出力結果の読み取り方・その3】

⬅⑦　条件指数は

$$\sqrt{\frac{5.910}{5.910}} = 1.000, \quad \sqrt{\frac{5.910}{1.037}} = 2.388, \quad \sqrt{\frac{5.910}{0.495}} = 3.455, \quad \cdots\cdots$$

のように計算されています.

⬅⑧-1, ⑧-2　条件指数の大きいところに, 共線性の可能性がある

といわれています. たとえば……

6番目の固有値の条件指数は14.771と急に大きくなっています.

この6番目のところを横に見てゆくと, 年齢や就業年数が

他の独立変数よりも大きくなっています.

したがって, 性別, 年齢, 就学年数, 就業年数の間に共線性が

かくれている可能性があります.

このようなときは, 独立変数間の相関係数やVIFも調べてみましょう.

相関

		就業年数	年齢
就業年数	Pearson の相関係数	1	.720**
	有意確率 (両側)		.000
	度数	265	265
年齢	Pearson の相関係数	.720**	1
	有意確率 (両側)	.000	
	度数	265	265

**. 相関係数は 1% 水準で有意 (両側) です。

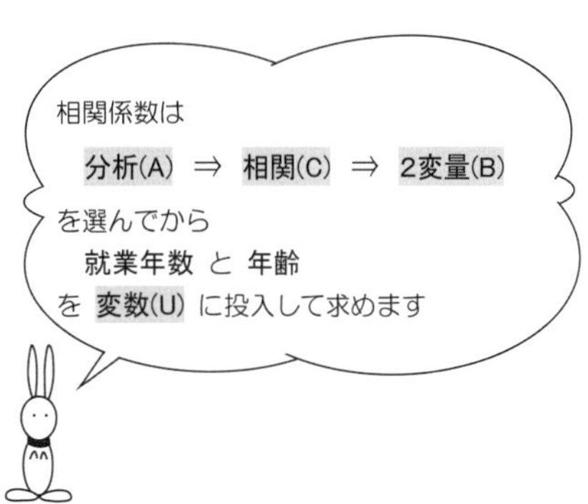
相関係数は
分析(A) ⇒ 相関(C) ⇒ 2変量(B)
を選んでから
就業年数 と 年齢
を 変数(U) に投入して求めます

【SPSS による出力・その 4】 ——重回帰分析——

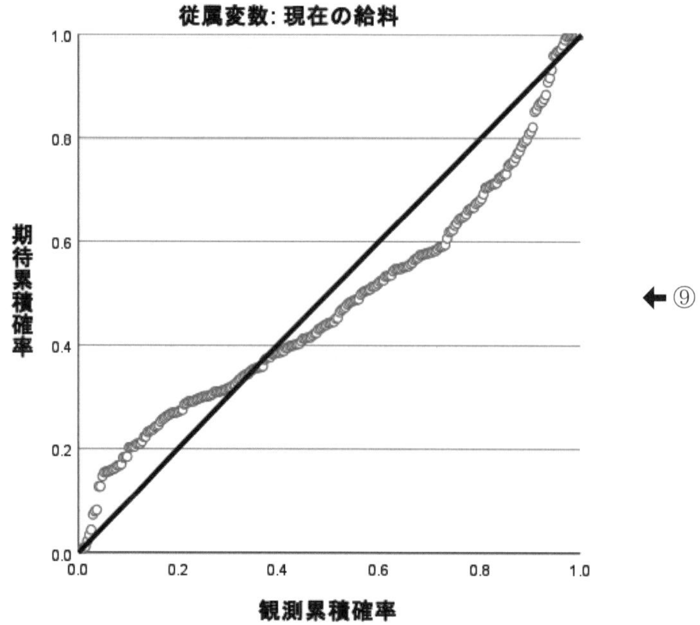
標準化された残差の回帰の正規 P−P プロット
従属変数: 現在の給料
期待累積確率
観測累積確率
0.0
0.2
0.4
0.6
0.8
1.0

← ⑨

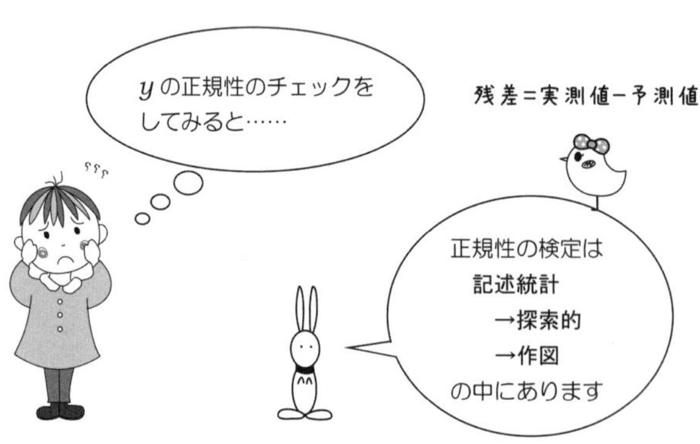
y の正規性のチェックをしてみると……
残差＝実測値−予測値
正規性の検定は
記述統計
→探索的
→作図
の中にあります

【出力結果の読み取り方・その4】

⬅⑨　誤差の分布が正規分布に従っているかどうかを調べています.

　というのも……

重回帰モデル

$$
\begin{aligned}
y_1 &= \beta_1 x_{11} + \beta_2 x_{21} + \cdots + \beta_P x_{P1} + \beta_0 + \varepsilon_1 \\
y_2 &= \beta_1 x_{12} + \beta_2 x_{22} + \cdots + \beta_P x_{P2} + \beta_0 + \varepsilon_2 \\
&\vdots \\
y_N &= \beta_1 x_{1N} + \beta_2 x_{2N} + \cdots + \beta_P x_{PN} + \beta_0 + \varepsilon_N
\end{aligned}
$$

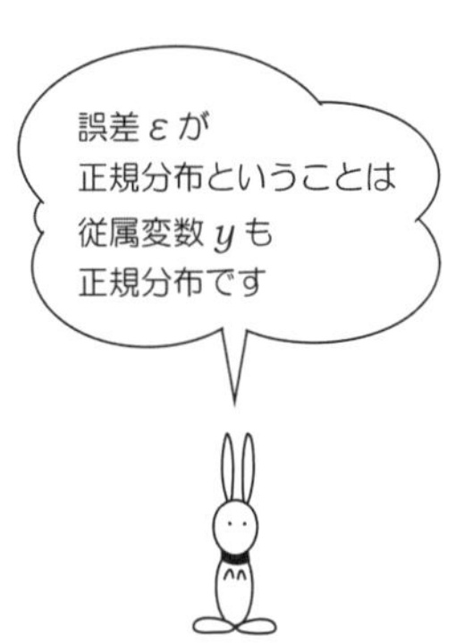
誤差 ε が
正規分布ということは
従属変数 y も
正規分布です

では

“誤差 $\varepsilon_1, \varepsilon_2, \cdots, \varepsilon_N$ は互いに独立に
同一の正規分布 $N(0, \sigma^2)$ に従っている”

という前提をおくので,

このグラフによる正規性のチェックは大切です !!

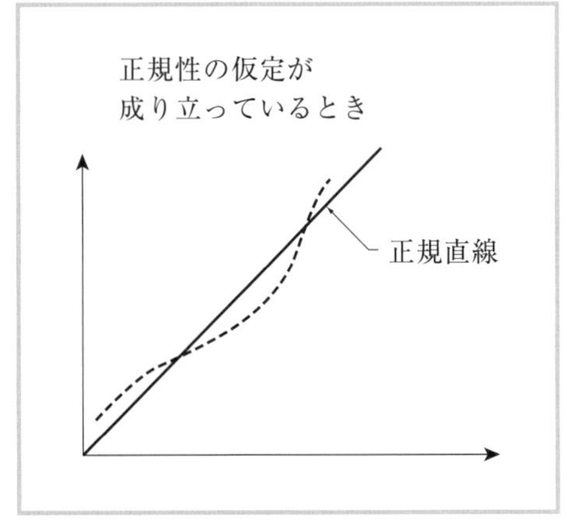
正規性の仮定が
成り立っているとき
正規直線

図 1.1

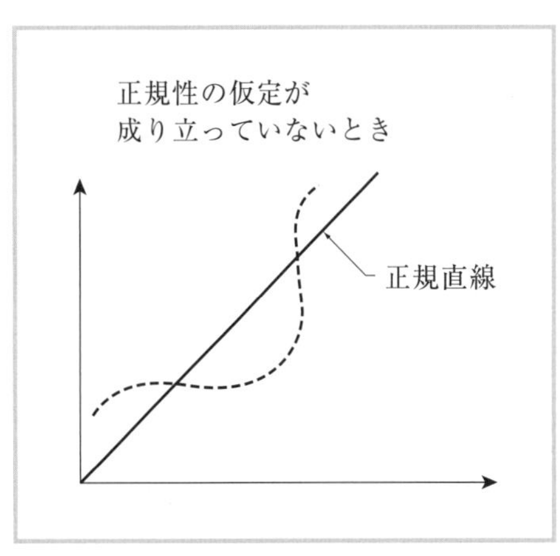
正規性の仮定が
成り立っていないとき
正規直線

図 1.2

【SPSS による出力・その 5】 ——重回帰分析——

⑩

	現在の給料	性別	習熟度	年齢	就学年数	就業年数	事務職	技術職	COO_1	LEV_1	COV_1
1	10620	1	88	34.17	15	5.08	1	0	.00042	.01508	1.04580
2	6960	1	72	46.50	12	9.67	1	0	.00061	.00920	1.03315
3	41400	0	73	40.33	16	12.50	0	0	.09925	.03035	.51373
4	28350	0	83	41.92	19	13.00	0	0	.00140	.03133	1.05898
5	16080	0	79	28.00	15	3.17	1	0	.00069	.00839	1.02997
6	8580	1	72	45.92	8	16.17	1	0	.00054	.02261	1.05436
7	34500	0	66	34.25	18	4.17	0	1	.00963	.18502	1.25875
8	54000	0	96	49.58	19	16.58	0	1	.68639	.16840	.52360
9	14100	0	67	28.75	15	.50	1	0	.00022	.01917	1.05345
10	9900	1	84	27.50	12	3.42	1	0	.00022	.01667	1.05043
11	21960	0	83	31.08	15	4.08	0	0	.00491	.03612	1.04336
	12420		96	27.42			1			.01533	1.03929
		1			8				.00004		
260		1	69		12	11.08		0	.00014		
261	7680	1	96	60.50	15	1.92	1	0	.00915	.06258	1.07005
262	10980	1	85	54.17	12	8.42	1	0	.00040	.01284	1.04300
263	9420	1	96	32.08	12	4.33	1	0	.00072	.01704	1.04478
264	7380	1	85	51.00	12	19.00	1	0	.00053	.01107	1.03803
265	8340	1	70	39.00	12	10.58	1	0	.00021	.01474	1.04817
266											

	現在の給料	性別	習熟度	年齢	就学年数	就業年数	事務職	技術職	PRE_1
263	9420	1	96	32.08	12	4.33	1	0	11274.31714
264	7380	1	85	51.00	12	19.00	1	0	9283.94885
265	8340	1	70	39.00	12	10.58	1	0	9417.26263
266	.	1	30	30.00	10	3.00	1	0	7197.84344
267	.	1	30	30.00	10	3.00	0	1	29519.40310
268									

← ⑪

↑ 予測値

【出力結果の読み取り方・その5】

⬅⑩　COO_1は，クックの距離のこと．

この値が大きいとき，その値のデータは外れ値の可能性があります．

LEV_1は，てこ比のこと．

この値が大きいと外れ値かもしれません．

COV_1は，共分散比のこと．

共分散比が1に近いとき，そのデータの影響力は小さいと考えられています．

COO_1，LEV_1，COV_1は
データファイルの
右列に現れます

← ⑪ 独立変数に数値を入力しておくと，その予測値を計算します

性別＝1，習熟度＝30，…，技術職＝0　→ 予測値＝7197
性別＝0，習熟度＝30，…，技術職＝1　→ 予測値＝29519

【強制投入法 ＋ ステップワイズ法の手順】

独立変数がたくさんあるときは，**ステップワイズ法**を用いて従属変数に関連のある独立変数を選び出すことができます．

たとえば，表 1.1 のデータの場合，ステップワイズ法を用いて重回帰分析をすると，次のように 6 つの独立変数が選び出されます．

投入済み変数または除去された変数[a]

モデル	投入済み変数	除去された変数	方法
1	事務職	.	ステップワイズ法 (基準: 投入する F の確率 <= .050、除去する F の確率 >= .100)。
2	就学年数	.	ステップワイズ法 (基準: 投入する F の確率 <= .050、除去する F の確率 >= .100)。
3	技術職	.	ステップワイズ法 (基準: 投入する F の確率 <= .050、除去する F の確率 >= .100)。
4	年齢	.	ステップワイズ法 (基準: 投入する F の確率 <= .050、除去する F の確率 >= .100)。
5	性別	.	ステップワイズ法 (基準: 投入する F の確率 <= .050、除去する F の確率 >= .100)。
6	習熟度	.	ステップワイズ法 (基準: 投入する F の確率 <= .050、除去する F の確率 >= .100)。

a. 従属変数 現在の給料

ということは，就業年数 は重回帰式から除かれていますね？？

しかしながら，研究目的によっては，この 就業年数 を重回帰式に含めておきたい場合もあります．

そのようなときには，ブロック(B) を利用すれば

強制投入法 ＋ ステップワイズ法

により，就業年数 を残したまま，重回帰分析をすることができます．

強制投入とは
すべての独立変数を
分析に用いる
という意味です

手順 4–1 はじめに，強制投入の状態で分析に残したい変数を 独立変数(I) の中へ移しておきます．

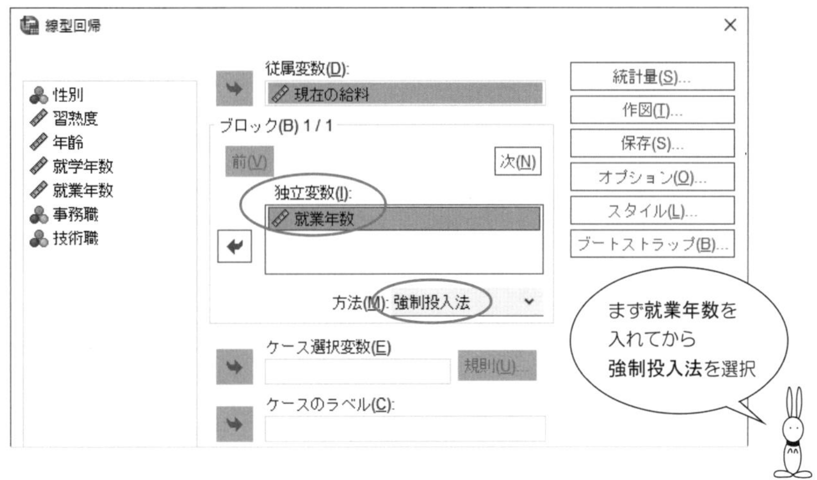
線型回帰
従属変数(D):
現在の給料
性別
習熟度
年齢
就学年数
就業年数
事務職
技術職
ブロック(B) 1 / 1
前(V)
次(N)
独立変数(I):
就業年数
方法(M): 強制投入法
ケース選択変数(E)
規則(U)...
ケースのラベル(C):
統計量(S)...
作図(T)...
保存(S)...
オプション(O)...
スタイル(L)...
ブートストラップ(B)...
まず就業年数を
入れてから
強制投入法を選択

手順 4–2 次に， ブロック(B) の 次(N) をクリックしたら 方法(M) の中から，ステップワイズ法を選択します．

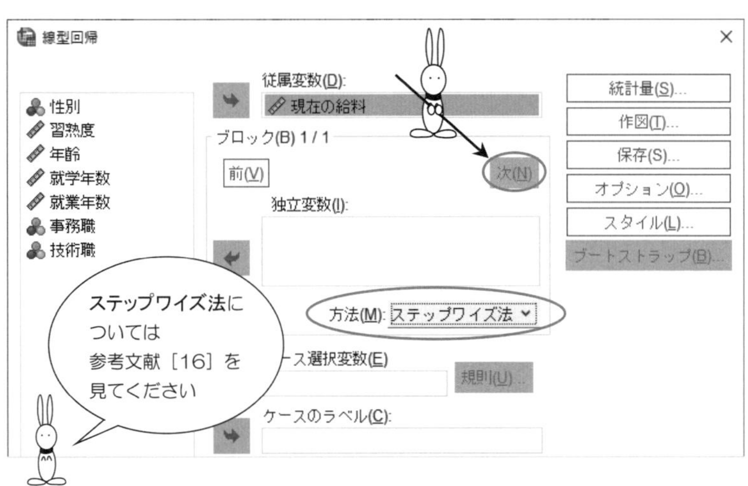
線型回帰
従属変数(D):
現在の給料
性別
習熟度
年齢
就学年数
就業年数
事務職
技術職
ブロック(B) 1 / 1
前(V)
次(N)
独立変数(I):
方法(M): ステップワイズ法
ース選択変数(E)
規則(U)...
ケースのラベル(C):
統計量(S)...
作図(T)...
保存(S)...
オプション(O)...
スタイル(L)...
ブートストラップ(B)...
ステップワイズ法に
ついては
参考文献［16］を
見てください

手順 4-3 次に，残りの変数

性別，習熟度，年齢，就学年数，事務職，技術職

を 独立変数(I) の中へ移動して

あとは， OK ボタンをマウスでカチッ！

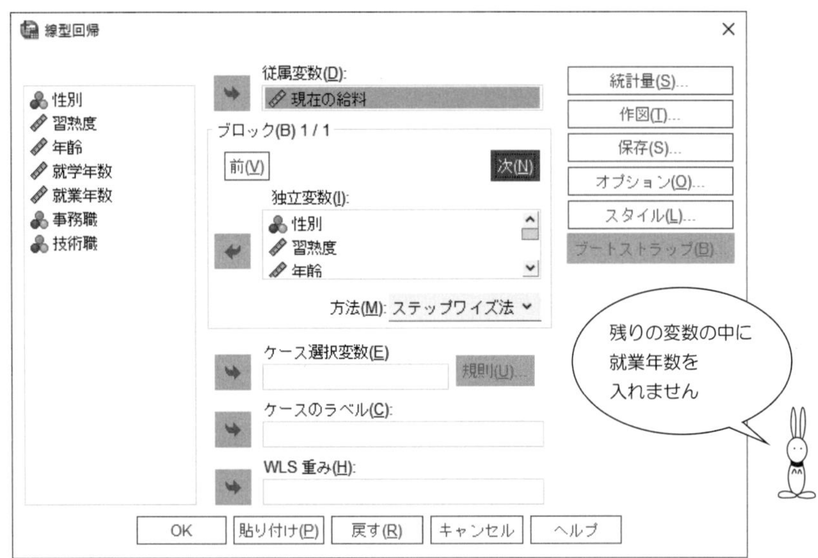
線型回帰
性別
習熟度
年齢
就学年数
就業年数
事務職
技術職
従属変数(D):
現在の給料
ブロック(B) 1 / 1
前(V)
次(N)
独立変数(I):
性別
習熟度
年齢
方法(M): ステップワイズ法
ケース選択変数(E)
規則(U)...
ケースのラベル(C):
WLS 重み(H):
統計量(S)...
作図(T)...
保存(S)...
オプション(O)...
スタイル(L)...
ブートストラップ(B)...
OK
貼り付け(P)
戻す(R)
キャンセル
ヘルプ
残りの変数の中に
就業年数を
入れません

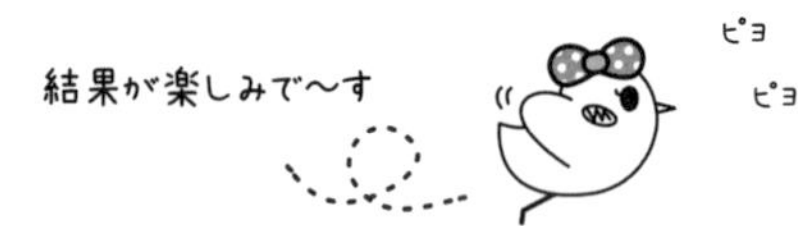
結果が楽しみで〜す
ピヨ
ピヨ

強制投入法 ✚ **ステップワイズ法** を利用すると

SPSSの出力は，次のようになります．

投入済み変数または除去された変数[a]

モデル	投入済み変数	除去された変数	方法
1	就学年数[b]	.	強制投入法
2	事務職	.	ステップワイズ法 (基準: 投入する F の確率 <= .050、除去する F の確率 >= .100)。
3	技術職	.	ステップワイズ法 (基準: 投入する F の確率 <= .050、除去する F の確率 >= .100)。
4	年齢	.	ステップワイズ法 (基準: 投入する F の確率 <= .050、除去する F の確率 >= .100)。
5	性別	.	ステップワイズ法 (基準: 投入する F の確率 <= .050、除去する F の確率 >= .100)。
6	習熟度	.	ステップワイズ法 (基準: 投入する F の確率 <= .050、除去する F の確率 >= .100)。

a. 従属変数 現在の給料

b. 要求された変数がすべて投入されました。

← 強制投入（モデル1）

} ステップワイズ（モデル2～6）

● ← 強制投入 のところの投入済み変数は

手順 4-1 で独立変数のワクの中へ移動した変数のことです．

つまり，就業年数 は重回帰式に含まれます．

● } ステップワイズ のところの投入済み変数は

ステップワイズの基準によって，

重回帰式に投入された順番になっています．

第2章 階層型ニューラルネットワーク

2.1 はじめに

次のデータは，60 人の被験者に対し，脳卒中とそのいくつかの要因について調査した結果です．

データは
HP から

表 2.1　脳卒中とそのいくつかの要因

被験者 No.	脳卒中	体重	アルコール	タバコ	血圧
1	危険性なし	肥満	飲まない	禁煙	正常
2	危険性なし	正常	飲まない	禁煙	正常
3	危険性あり	肥満	飲む	喫煙	高い
4	危険性あり	肥満	飲まない	喫煙	高い
5	危険性あり	正常	飲む	喫煙	高い
6	危険性なし	肥満	飲む	禁煙	正常
⋮	⋮	⋮	⋮	⋮	⋮
59	危険性なし	正常	飲まない	喫煙	高い
60	危険性なし	正常	飲まない	禁煙	正常
61	？	肥満	飲む	喫煙	高い

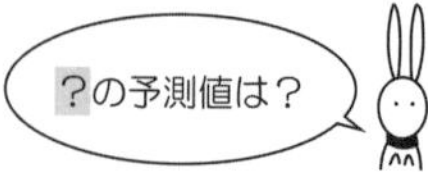
?の予測値は？

分析したいことは？

◉ 体重，アルコール，タバコ，血圧の 4 つの**条件**が与えられたとき，脳卒中の可能性を**予測**したい．

このようなときには，階層型ニューラルネットワークで分析してみましょう．

階層型ニューラルネットワークは，次のように

入力層　　隠れ層　　出力層

の 3 つの層から構成されています．

ふむふむ…
ニューラル？ neural?
神経系の？

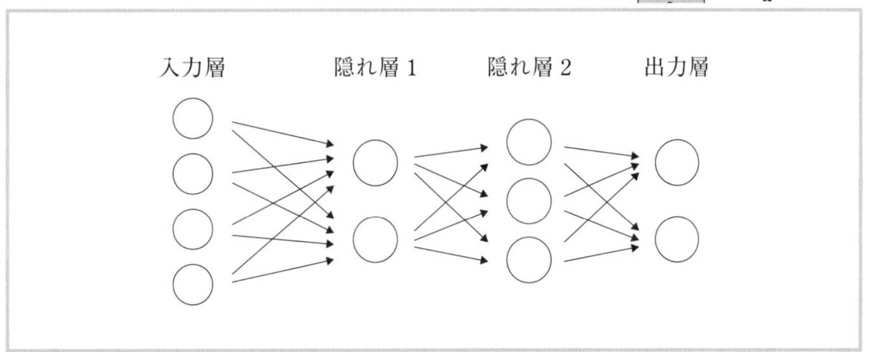
入力層
隠れ層 1
隠れ層 2
出力層

図 2.1　隠れ層が 2 個のモデル

変数の値ラベル

脳卒中 { 危険性あり＝1 / 危険性なし＝0

体重……………肥満＝1，正常＝　0
アルコール……飲む＝1，飲まない＝0
タバコ…………喫煙＝1，禁煙＝　0
血圧……………高い＝1，正常＝　0

表 2.1 のデータの階層型ニューラルネットワークは，次のようになります．

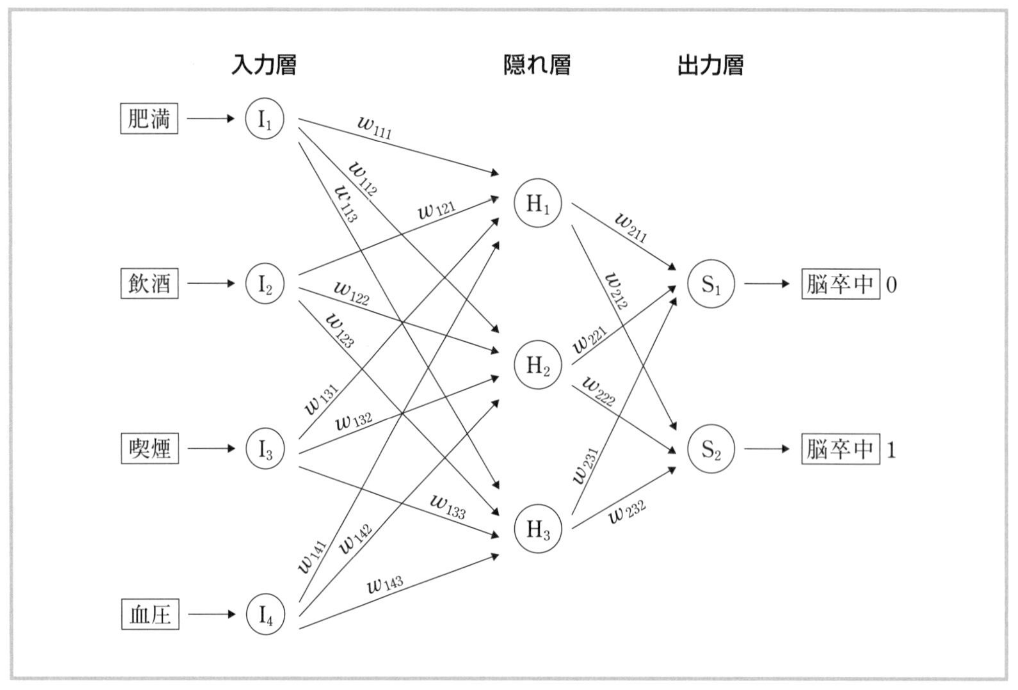
入力層
隠れ層
出力層
肥満
飲酒
喫煙
血圧
I_1
I_2
I_3
I_4
H_1
H_2
H_3
S_1
S_2
w_{111}
w_{112}
w_{113}
w_{121}
w_{122}
w_{123}
w_{131}
w_{132}
w_{133}
w_{141}
w_{142}
w_{143}
w_{211}
w_{212}
w_{221}
w_{222}
w_{231}
w_{232}
脳卒中 0
脳卒中 1

図 2.2　隠れ層が 1 個，ユニットが 3 個

● 隠れ層ユニット H_1 では，次のように しきい値 と比較して，信号を送ります．

$$w_{111}\times\square+w_{121}\times\square+w_{131}\times\square+w_{141}\times\square \geqq \text{しきい値} \rightarrow 1$$

$$w_{111}\times\square+w_{121}\times\square+w_{131}\times\square+w_{141}\times\square < \text{しきい値} \rightarrow 0$$

● 隠れ層ユニット H_2 では，次のように しきい値 と比較して，
信号を送ります．

$$w_{112} \times \square + w_{122} \times \square + w_{132} \times \square + w_{142} \times \square \geqq \boxed{\text{しきい値}} \to 1$$

$$w_{112} \times \square + w_{122} \times \square + w_{132} \times \square + w_{142} \times \square < \boxed{\text{しきい値}} \to 0$$

● 隠れ層ユニット H_3 では，次のように しきい値 と比較して，
信号を送ります．

$$w_{113} \times \square + w_{123} \times \square + w_{133} \times \square + w_{143} \times \square \geqq \boxed{\text{しきい値}} \to 1$$

$$w_{113} \times \square + w_{123} \times \square + w_{133} \times \square + w_{143} \times \square < \boxed{\text{しきい値}} \to 0$$

この隠れ層の信号を送る**伝達関数**は，次のようになっています．

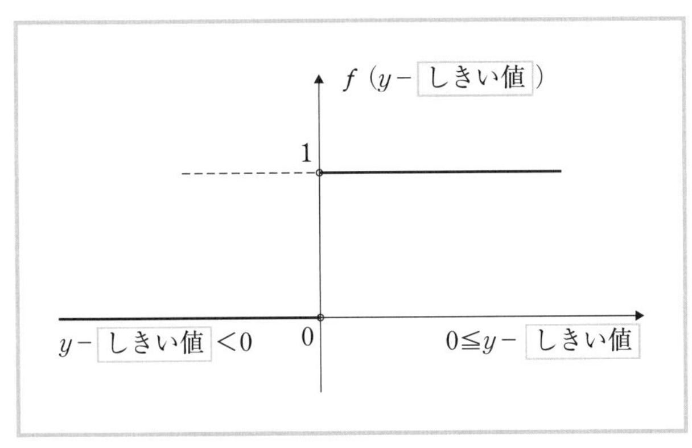
f (y− しきい値)
1
0
y− しきい値 <0
0≦y− しきい値

図 2.3　ヘビサイド関数

この伝達関数は
ヘビサイド関数です

●出力層 S_1 では，次のように しきい値 と比較して，
信号を送ります.

$$w_{211}\times\square+w_{221}\times\square+w_{231}\times\square\geqq\boxed{\text{しきい値}}\rightarrow 1$$

$$w_{211}\times\square+w_{221}\times\square+w_{231}\times\square<\boxed{\text{しきい値}}\rightarrow 0$$

●出力層 S_2 では，次のように しきい値 と比較して，
信号を送ります.

$$w_{212}\times\square+w_{222}\times\square+w_{232}\times\square\geqq\boxed{\text{しきい値}}\rightarrow 1$$

$$w_{212}\times\square+w_{222}\times\square+w_{232}\times\square<\boxed{\text{しきい値}}\rightarrow 0$$

SPSS では，次のようなシグモイド関数や双曲線正接を
伝達関数として使っています.

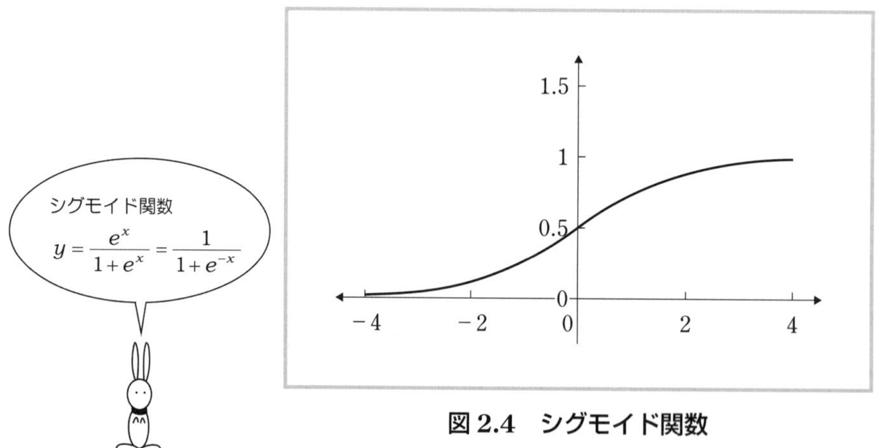
シグモイド関数
$y=\frac{e^x}{1+e^x}=\frac{1}{1+e^{-x}}$
1.5
1
0.5
0
−4
−2
0
2
4

図 2.4　シグモイド関数

【データ入力の型】

表 2.1 のデータは，次のように入力します．

予測したい方のデータは，最後のケースの下に追加します．

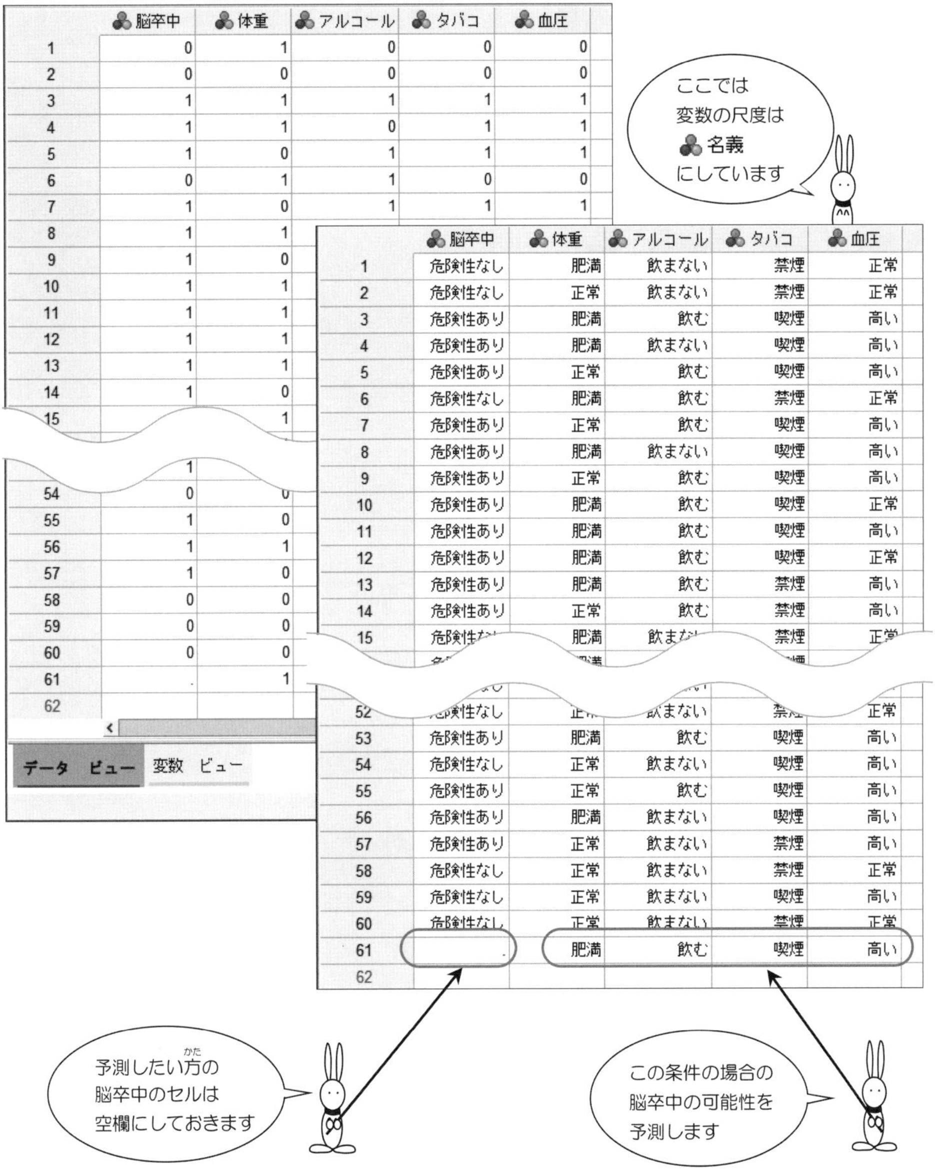

	脳卒中	体重	アルコール	タバコ	血圧
1	0	1	0	0	0
2	0	0	0	0	0
3	1	1	1	1	1
4	1	1	0	1	1
5	1	0	1	1	1
6	0	1	1	0	0
7	1	0	1	1	1
8	1	1			
9	1	0			
10	1	1			
11	1	1			
12	1	1			
13	1	1			
14	1	0			
15		1			
	1				
54	0				
55	1	0			
56	1	1			
57	1	0			
58	0	0			
59	0	0			
60	0	0			
61	.	1			
62					

データ ビュー　変数 ビュー

ここでは
変数の尺度は
名義
にしています

	脳卒中	体重	アルコール	タバコ	血圧
1	危険性なし	肥満	飲まない	禁煙	正常
2	危険性なし	正常	飲まない	禁煙	正常
3	危険性あり	肥満	飲む	喫煙	高い
4	危険性あり	肥満	飲まない	喫煙	高い
5	危険性あり	正常	飲む	喫煙	高い
6	危険性なし	肥満	飲む	禁煙	正常
7	危険性あり	正常	飲む	喫煙	高い
8	危険性あり	肥満	飲まない	喫煙	高い
9	危険性あり	正常	飲む	喫煙	高い
10	危険性あり	肥満	飲む	喫煙	正常
11	危険性あり	肥満	飲む	喫煙	高い
12	危険性あり	肥満	飲む	喫煙	正常
13	危険性あり	肥満	飲む	禁煙	高い
14	危険性あり	正常	飲む	禁煙	高い
15	[illegible]	肥満	[illegible]	禁煙	[illegible]
52	[illegible]	[illegible]	飲まない	[illegible]	正常
53	危険性あり	肥満	飲む	喫煙	高い
54	危険性なし	正常	飲まない	喫煙	高い
55	危険性あり	正常	飲む	喫煙	高い
56	危険性あり	肥満	飲まない	喫煙	高い
57	危険性あり	正常	飲まない	禁煙	高い
58	危険性なし	正常	飲まない	禁煙	正常
59	危険性なし	正常	飲まない	喫煙	高い
60	危険性なし	正常	飲まない	禁煙	正常
61	.	肥満	飲む	喫煙	高い
62					

予測したい方(かた)の
脳卒中のセルは
空欄にしておきます

この条件の場合の
脳卒中の可能性を
予測します

2.2 階層型ニューラルネットワークのための手順

【統計処理の手順】

手順 1 データを入力したら，分析(A) をクリック，続いて，メニューから，

ニューラルネットワーク(W) ⇨ 多層パーセプトロン(M)

を選択します．

注意！
ニューラルネットワークの
未知パラメータの値と
シナプスの重みは
分析をおこなうたびに
異なった数値になります

手順 2 次の多層パーセプトロンの画面になったら，

脳卒中　を　従属変数(D)

体重，アルコール，タバコ，血圧　を　共変量(C)

に移動します．

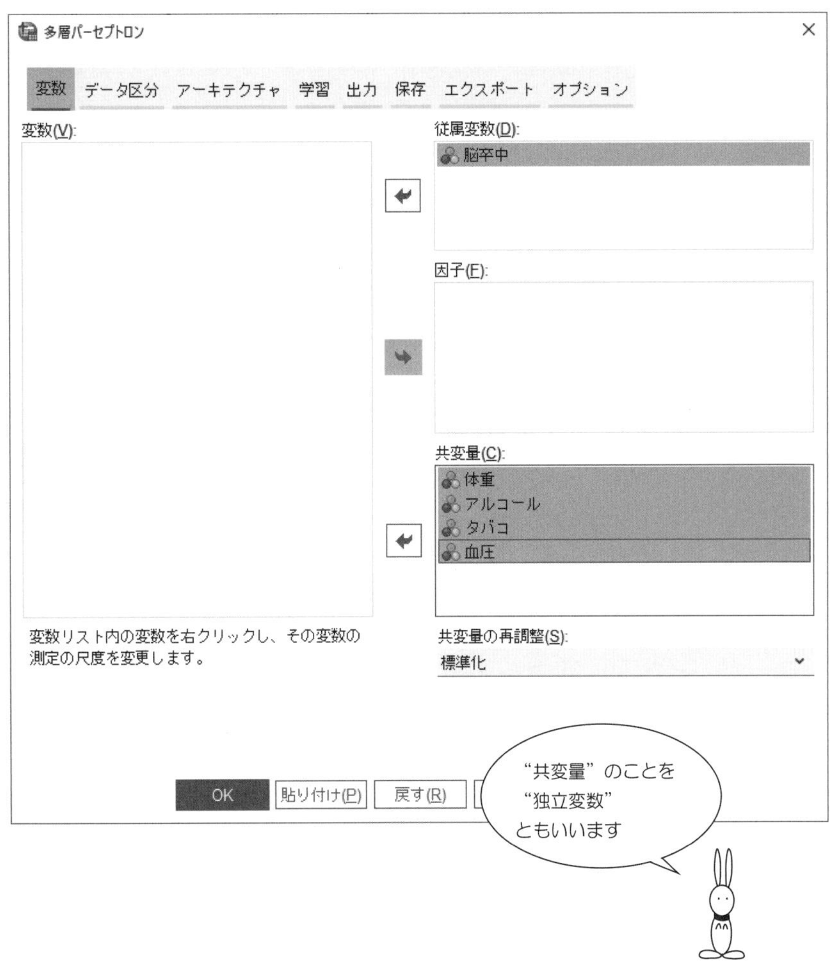
多層パーセプトロン
変数
データ区分
アーキテクチャ
学習
出力
保存
エクスポート
オプション
変数(V):
従属変数(D):
脳卒中
因子(F):
共変量(C):
体重
アルコール
タバコ
血圧
変数リスト内の変数を右クリックし、その変数の測定の尺度を変更します。
共変量の再調整(S):
標準化
OK
貼り付け(P)
戻す(R)
“共変量”のことを
“独立変数”
ともいいます

手順 3 データ区分 タブをクリックすると，次の画面になります．

ここはこのままです．

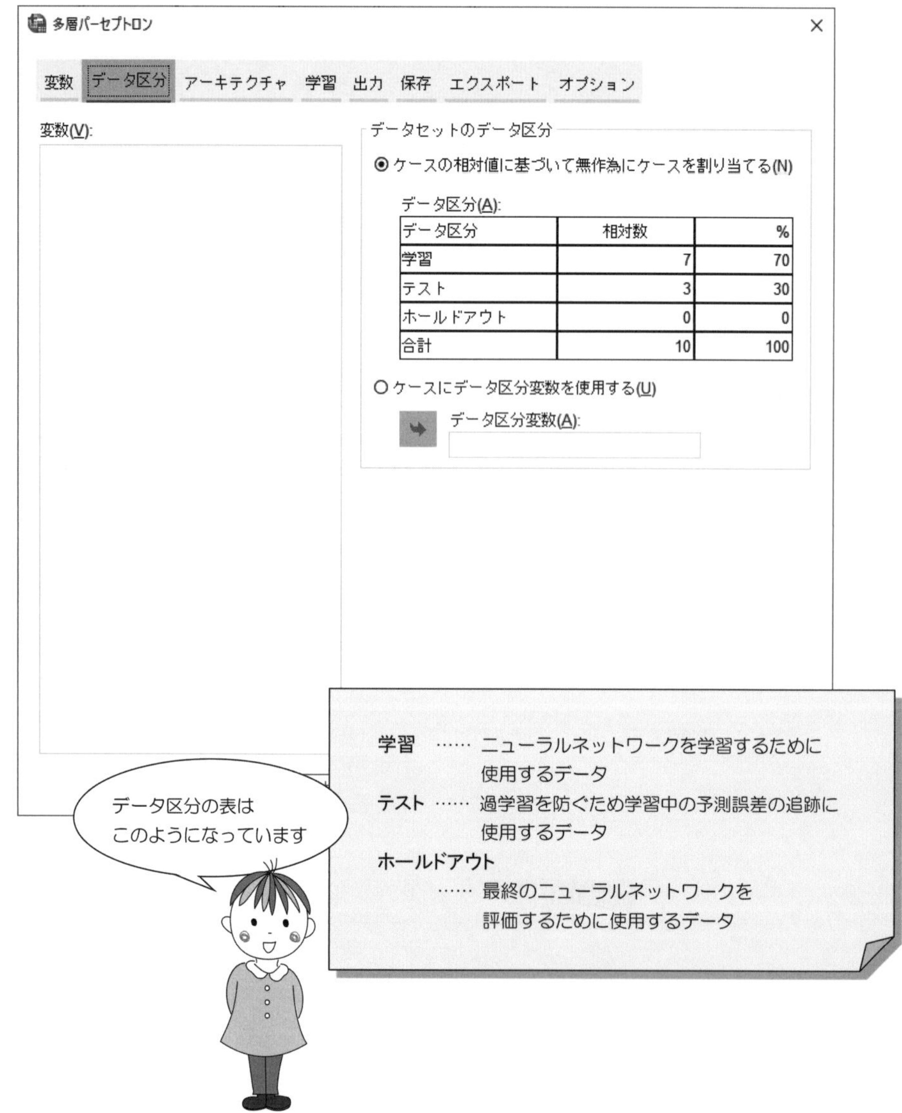
多層パーセプトロン
変数
データ区分
アーキテクチャ
学習
出力
保存
エクスポート
オプション
変数(V):
データセットのデータ区分
ケースの相対値に基づいて無作為にケースを割り当てる(N)
データ区分(A):
ケースにデータ区分変数を使用する(U)
データ区分変数(A):
データ区分の表は
このようになっています
学習 …… ニューラルネットワークを学習するために
使用するデータ
テスト …… 過学習を防ぐため学習中の予測誤差の追跡に
使用するデータ
ホールドアウト
…… 最終のニューラルネットワークを
評価するために使用するデータ

データ区分	相対数	%
学習	7	70
テスト	3	30
ホールドアウト	0	0
合計	10	100

手順 4 **アーキテクチャ** タブをクリックすると，次の画面になります．

カスタム構築(C) を選んだら，次のように選択します．

多層パーセプトロン

変数　データ区分　アーキテクチャ　学習　出力　保存　エクスポート　オプション

○ 自動構築を選択(A)

隠れ層の最小ユニット数(M): 1

隠れ層の最大ユニット数(X): 50

◉ カスタム構築(C)

隠れ層

隠れ層の数

◉ 1(O)

○ 2(T)

活性化関数

○ 双曲線正接(H)

◉ シグモイド(S)

ユニットの数

○ 自動計算(A)

◉ カスタム(C)

隠れ層 1(1): 3

隠れ層 2(2):

隠れ層の数 … 1

ユニットの数 … 3

出力層

活性化関数

○ 同一(I)

○ ソフトマックス(F)

○ 双曲線正接(H)

◉ シグモイド(S)

出力層で選択された活性化関数はどの再調整方法を利用するか決定します。

スケール従属変数の再調整

◉ 標準化(Z)

● 正規化(N)

訂正(N): 0.02

● 調整済み正規化(A)

訂正(N): 0.02

● なし(N)

OK　貼り付け(P)　戻す(R)　キャンセル　ヘルプ

双曲線正接とは
Hyperbolic Tangent
のことです

手順 5 出力 タブをクリックすると，次の画面になります．

□ シナプスの重み(S)

をチェックしましょう．

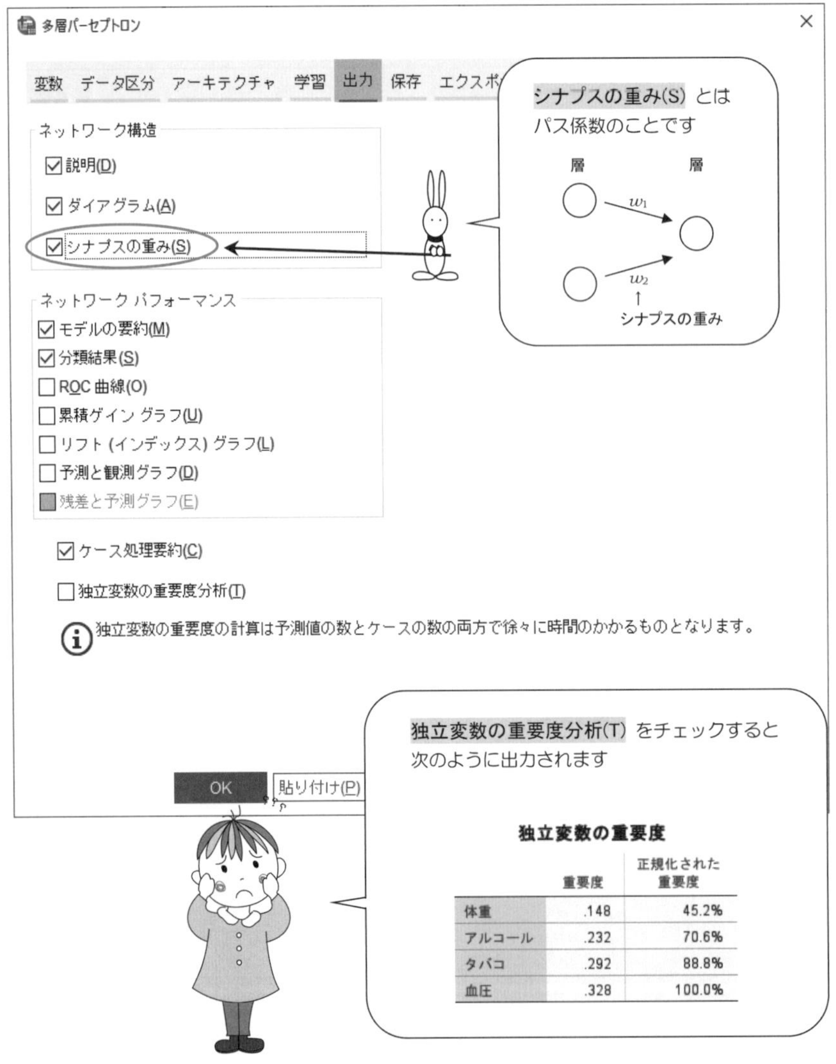
多層パーセプトロン
変数
データ区分
アーキテクチャ
学習
出力
保存
エクスポ
ネットワーク構造
説明(D)
ダイアグラム(A)
シナプスの重み(S)
ネットワーク パフォーマンス
モデルの要約(M)
分類結果(S)
ROC 曲線(O)
累積ゲイン グラフ(U)
リフト (インデックス) グラフ(L)
予測と観測グラフ(D)
残差と予測グラフ(E)
ケース処理要約(C)
独立変数の重要度分析(T)
独立変数の重要度の計算は予測値の数とケースの数の両方で徐々に時間のかかるものとなります。
OK
貼り付け(P)
シナプスの重み(S) とは
パス係数のことです
層
層
w_1
w_2
シナプスの重み
独立変数の重要度分析(T) をチェックすると
次のように出力されます

独立変数の重要度

	重要度	正規化された重要度
体重	.148	45.2%
アルコール	.232	70.6%
タバコ	.292	88.8%
血圧	.328	100.0%

手順 6 保存 タブをクリックすると，次の画面になります．

□ 従属変数ごとの予測値または予想カテゴリを保存(S)

□ 従属変数ごとの予測疑似確率を保存(E)

をチェックして，最後に OK ボタンをマウスでカチッ！

多層パーセプトロン

変数　データ区分　アーキテクチャ　学習　出力　保存　エクスポート　オプション

☑ 従属変数ごとの予測値または予測カテゴリを保存(S)

☑ 従属変数ごとの予測擬似確率を保存(E)

変数(V):

	予測値または予測カテゴリ	保存する擬似確率	
従属変数	保存する変数の名前	保存した変数の名前	保存するカテゴリ
脳卒中	MLP_PredictedValue	MLP_PseudoProbability	25

保存する変数の名前

◉ 一意の名前を自動生成(A)

モデルを実行するたびにデータ セットに新しく保存変数を追加する場合は、このオプションを選択してください。

○ ユーザー設定(C)

変数の名前を指定してください。 このオプションを選択した場合、同じ名前またはルート名の既存の変数はモデルを実行するたびに置き換えられます。

OK　貼り付け(P)　戻す(R)　キャンセル　ヘルプ

ピヨ
ピヨ

【SPSS による出力・その 1】

ネットワーク情報

入力層	共変量	1	体重
		2	アルコール
		3	タバコ
		4	血圧
	ユニット数[a]		4
	共変量のリスケール方法		標準化
隠れ層	隠れ層の数		1
	隠れ層1のユニット数[a]		3
	活性化関数		S 字曲線
出力層	従属変数	1	脳卒中
	ユニット数		2
	活性化関数		S 字曲線
	誤差関数		平方和

a. バイアス ユニットは除外

←① (隠れ層1のユニット数)

パラメータ推定値

予測値		予測値 隠れ層 1 H(1:1)	隠れ層 1 H(1:2)	隠れ層 1 H(1:3)	出力層 [脳卒中=0]	出力層 [脳卒中=1]
入力層	(バイアス)	.995	1.362	-1.009		
	体重	.689	-1.172	1.638		
	アルコール	.741	1.487	4.671		
	タバコ	2.014	1.334	4.182		
	血圧	1.598	-3.183	2.282		
隠れ層 1	(バイアス)				.189	-.130
	H(1:1)				-.326	.326
	H(1:2)				3.010	-3.017
	H(1:3)				-5.219	5.189

←②

【出力結果の読み取り方・その 1】

←①②　図にすると，次のようになります．

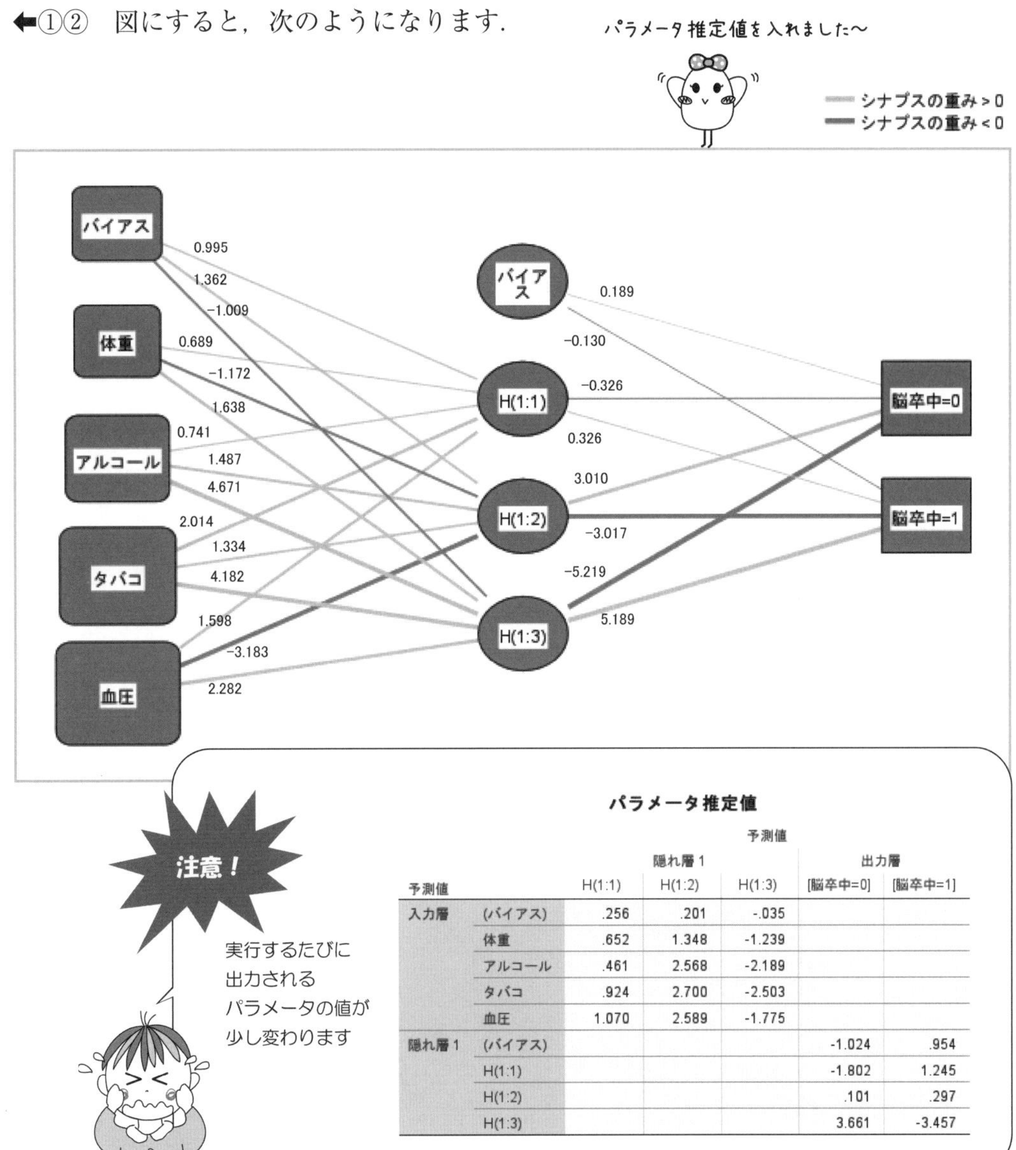

パラメータ推定値を入れました～
シナプスの重み > 0
シナプスの重み < 0
バイアス
体重
アルコール
タバコ
血圧
バイアス
H(1:1)
H(1:2)
H(1:3)
脳卒中=0
脳卒中=1
0.995
1.362
−1.009
0.689
−1.172
1.638
0.741
1.487
4.671
2.014
1.334
4.182
1.598
−3.183
2.282
0.189
−0.130
−0.326
0.326
3.010
−3.017
−5.219
5.189
注意！
実行するたびに
出力される
パラメータの値が
少し変わります

パラメータ推定値

予測値		予測値				
		隠れ層 1			出力層	
		H(1:1)	H(1:2)	H(1:3)	[脳卒中=0]	[脳卒中=1]
入力層	(バイアス)	.256	.201	-.035		
	体重	.652	1.348	-1.239		
	アルコール	.461	2.568	-2.189		
	タバコ	.924	2.700	-2.503		
	血圧	1.070	2.589	-1.775		
隠れ層 1	(バイアス)				-1.024	.954
	H(1:1)				-1.802	1.245
	H(1:2)				.101	.297
	H(1:3)				3.661	-3.457

【SPSS による出力・その 2】

	脳卒中	体重	アルコール	タバコ	血圧	MLP_Predicted Value	MLP_PseudoProbability_1	MLP_PseudoProbability_2
1	0	1	0	0	0	0	.913	.091
2	0	0	0	0	0	0	.956	.046
3	1	1	1	1	1	1	.024	.977
4	1	1	0	1	1	1	.018	.983
5	1	0	1	1	1	1	.071	.930
6	0	1	1	0	0	0	.938	.065
7	1	0	1	1	1	1	.071	.930
8	1	1	0	1	1	1	.018	.983
9	1	0	1	1	1	1	.071	.930
10	1	1	1	1	0	1	.091	.911
11	1	1	1	1	1	1	.024	.977
12	1	1	1	1	0	1	.091	.911
13	1	1	1	0	1	1	.011	.989
14	1	0	1	0	1	0	.535	.476
15	0	1	0	0	0	0	.913	.091
16	1	1	1	1	1	1	.024	.977
17	1	0	1	1	0	1	.130	.873
18	1	0	1	1	1	1	.071	.930
19	1	1	0	1	1	1	.018	.983
20	1	1	0	1	1	1	.018	.983
21	0	0	1	0	0	0	.959	.043
22	0		1		1	1	.071	
52		0		0		0		.046
53	1	1	1	1	1	1	.024	.977
54	0	0	0	1	1	0	.603	.409
55	1	0	1	1	1	1	.071	.930
56	1	1	0	1	1	1	.018	.983
57	1	0	0	0	1	0	.563	.451
58	0	0	0	0	0	0	.956	.046
59	0	0	0	1	1	0	.603	.409
60	0	0	0	0	0	0	.956	.046
61	.	1	1	1	1	1	.024	.977
62								

← ③

被験者 No.61 の
予測値です

こっちは
被験者 No.61 の
予測される確率です

【出力結果の読み取り方・その 2】

⬅③　予測したいのは被験者 No.61 の人についてです．

被験者 No.61 の予測値は 1 になっています．

> 危険性なしの 予測疑似確率 ＝0.024
>
> 危険性ありの 予測疑似確率 ＝0.977

したがって，

被験者 No.61 の人は脳卒中の可能性が高い

ことがわかります．

こういう結果も出力されます

モデルの要約

学習	平方和の誤差	2.499
	誤った予測値の割合	9.5%
	停止規則の使用	減少のない 1 継続ステップがエラーです[a]
	学習時間	0:00:00.01
テスト	平方和の誤差	.469
	誤った予測値の割合	0.0%

従属変数：脳卒中

分類

サンプル	観測	予測値 危険性なし	予測値 危険性あり	正解の割合
学習	危険性なし	17	1	94.4%
	危険性あり	3	21	87.5%
	全体の割合	47.6%	52.4%	90.5%
テスト	危険性なし	8	0	100.0%
	危険性あり	0	10	100.0%
	全体の割合	44.4%	55.6%	100.0%

従属変数：脳卒中

第3章 ロジスティック回帰分析

3.1 はじめに

次のデータは，53 人の前立腺疾患の患者に対し，リンパ腺にガンが転移しているかどうかを調査した結果です．

データは
HP から

表 3.1　ガンはリンパ腺に転移しているか？

No.	X 線写真	ステージ	悪性腫瘍	年齢	血清酸性	リンパ腺
1	所見なし	安定	非攻撃性	58	50	転移なし
2	所見なし	安定	非攻撃性	60	49	転移なし
3	所見あり	安定	非攻撃性	65	46	転移なし
4	所見あり	安定	非攻撃性	60	62	転移なし
5	所見なし	安定	攻撃性	50	56	転移あり
6	所見あり	安定	非攻撃性	49	55	転移なし
⋮	⋮	⋮	⋮	⋮	⋮	⋮
52	所見なし	安定	非攻撃性	66	50	転移なし
53	所見なし	安定	非攻撃性	56	52	転移なし
54	所見なし	進行	非攻撃性	70	100	？

ロジスティック
回帰分析については
『SPSS による
医学・歯学・薬学の
ための統計解析』
も参考になります

? の予測値は？

分析したいことは？

◉ X 線写真による所見，ステージの状態，悪性腫瘍の種類，年齢，
血清酸性ホスファターゼの値から，
ガンがリンパ腺に転移している**確率**を**予測**したい．

◉ 転移しているかどうかの**判別**ができるだろうか？

このようなときには，ロジスティック回帰分析をしましょう！

でも，その前に，変数の説明です．

変数の値ラベル

X 線写真 …… X 線写真によるガンの所見を示している．
所見あり＝1，所見なし＝0

ステージ …… ガンの進行状態を表している．
進行＝症状が進んでいる＝1
安定＝症状が進んでいない＝0

腫瘍の種類 … 攻撃性のガンかどうかを調べている．
攻撃性＝1，非攻撃性＝0

血清酸性ホスファターゼ …… 腫瘍が転移していると，この値が高くなる．

リンパ腺 …… リンパ腺にガンが転移しているかどうかを調べている．
転移あり＝1，転移なし＝0

【ロジスティック回帰分析のモデル式】

ロジスティック回帰分析は，

$$\log \frac{p}{1-p} = \beta_1 x_1 + \beta_2 x_2 + \cdots + \beta_p x_p + \beta_0$$

というモデル式を考えるので，回帰という名前が付いています．

この式を変形すると

$$p = \frac{e^{\beta_1 x_1 + \beta_2 x_2 + \cdots + \beta_p x_p + \beta_0}}{1 + e^{\beta_1 x_1 + \beta_2 x_2 + \cdots + \beta_p x_p + \beta_0}}$$

⬅指数関数
$e^x = \mathrm{Exp}(x)$

になります．

p の値は $0 < p < 1$ の範囲をとるので，ロジスティック回帰分析は比率や確率を予測したいときに利用されます．

さらに…

p の値の範囲を利用して，判別分析にも利用できます．

たとえば，2 つのグループに分かれているときは

$$\begin{cases} 0 < p < 0.5 & \text{のとき，転移していないグループに属する} \\ 0.5 < p < 1 & \text{のとき，転移しているグループに属する} \end{cases}$$

とします．

表 3.1 のデータの場合には

$$p = \Pr\{\text{リンパ腺} = 1\}, \qquad 1-p = \Pr\{\text{リンパ腺} = 0\}$$

となります．

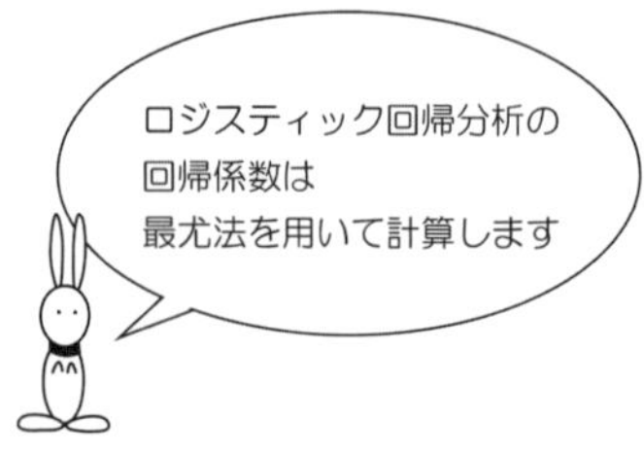
ロジスティック回帰分析の
回帰係数は
最尤法を用いて計算します

【データ入力の型】

表 3.1 のデータは，次のように入力します．

	X線写真	ステージ	悪性腫瘍	年齢	血清酸性	リンパ腺
1	0	0	0	58	50	0
2	0	0	0	60	49	0
3	1	0	0	65	46	0
4	1	0	0	60	62	0
5	0	0	1	50	56	1
6	1	0	0	49	55	0
7	0	0	0	61	62	0
8	0	0	0	58	71	0
9	0	0	0	51	65	0
10	1	0	1	67	67	1
11	0	0	1	67	47	0
12	0		0		49	0
47	1	1		51		1
48	1	1	0	64	89	1
49	1	1	1	68	126	1
50	0					
51	0					
52	0					
53	0					
54						

データ ビュー　変数 ビュー

ダミー変数の
取り扱い方は p.4

	X線写真	ステージ	悪性腫瘍	年齢	血清酸性	リンパ腺
1	所見なし	安定	非攻撃性	58	50	転移なし
2	所見なし	安定	非攻撃性	60	49	転移なし
3	所見あり	安定	非攻撃性	65	46	転移なし
4	所見あり	安定	非攻撃性	60	62	転移なし
5	所見なし	安定	攻撃性	50	56	転移あり
6	所見あり	安定	非攻撃性	49	55	転移なし
7	所見なし	安定	非攻撃性	61	62	転移なし
8	所見なし	安定	非攻撃性	58	71	転移なし
9	所見なし	安定	非攻撃性	51	65	転移なし
10	所見あり	安定	攻撃性	67	67	転移あり
11	所見なし	安定	攻撃性	67	47	転移なし
47		進行		51		
48	所見あり	進行	非攻撃性	64	89	転移あり
49	所見あり	進行	攻撃性	68	126	転移あり
50	所見なし	安定	非攻撃性	66	48	転移なし
51	所見なし	安定	非攻撃性	68	56	転移なし
52	所見なし	安定	非攻撃性		50	転移なし
53	所見なし	安定	非攻撃性		52	転移なし
54						

値ラベルがあると便利です
変数ビューを利用しましょう

予測したいデータは
No.54 のところに
入力します

3.2 ロジスティック回帰分析のための手順

【統計処理の手順】

手順 1 データを入力したら，分析(A) をクリック．続いて，…

メニューから，回帰(R) ⇨ 二項ロジスティック(G) を選択．

ファイル(F) 編集(E) 表示(V) データ(D) 変換(T) 分析(A) グラフ(G) ユーティリティ(U) 拡張機能(X) ウィンドウ(W) ヘル

	X線写真	ステージ	悪性腫瘍
1	0	0	0
2	0	0	0
3	1	0	0
4	1	0	0
5	0	0	1
6	1	0	0
7	0	0	0
8	0	0	0
9	0	0	0
10	1	0	1
11	0	0	1
12	0	0	0
13	0	0	1
14	0	0	0
15	0	0	0
16	0	0	0
17	0	0	0
18	0	0	0
19	0	0	1
20	0	0	0
21	1	0	0
22	0	0	0
23	0	1	1
24	0	1	0
25	0	1	1
26	0	1	0
27	0	1	1
28	0	1	1

検定力分析(P)
報告書(P)
記述統計(E)
ベイズ統計(B)
テーブル(B)
平均の比較(M)
一般線型モデル(G)
一般化線型モデル(Z)
混合モデル(X)
相関(C)
回帰(R)
対数線型(O)
ニューラル ネットワーク(W)
分類(F)
次元分解(D)
尺度(A)
ノンパラメトリック検定(N)
時系列(T)
生存分析(S)
多重回答(U)
欠損値分析(Y)...
多重代入(T)
コンプレックス サンプル(L)
シミュレーション(I)...
品質管理(Q)
空間および時間モデリング(S)...
ダイレクト マーケティング(K)

自動線型モデリング…(A)
線型(L)...
曲線推定(C)...
偏相関最小 2 乗法(S)...
二項ロジスティック(G)...
多項ロジスティック(M)...
順序(D)...
プロビット(P)...
非線型(N)...
重み付け推定(W)...
2 段階最小 2 乗(2)...
4 分位(Q)...
最適尺度法 (CATREG)(O)...

手順 2 次のロジスティック回帰の画面になったら，

リンパ腺をカチッとして 従属変数(D) の左の をクリック．

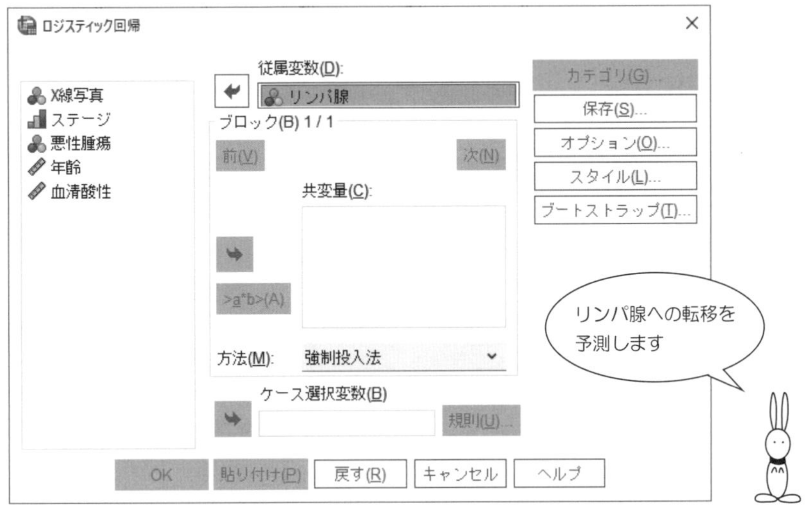
ロジスティック回帰
X線写真
ステージ
悪性腫瘍
年齢
血清酸性
従属変数(D):
リンパ腺
ブロック(B) 1/1
前(V)
次(N)
共変量(C):
>a*b>(A)
方法(M):
強制投入法
ケース選択変数(B)
規則(U)...
カテゴリ(G)...
保存(S)...
オプション(O)...
スタイル(L)...
ブートストラップ(I)...
OK
貼り付け(P)
戻す(R)
キャンセル
ヘルプ
リンパ腺への転移を
予測します

手順 3 リンパ腺が 従属変数(D) の中に入ったら， を利用して，

残りの変数は 共変量(C) の中へ入れます．

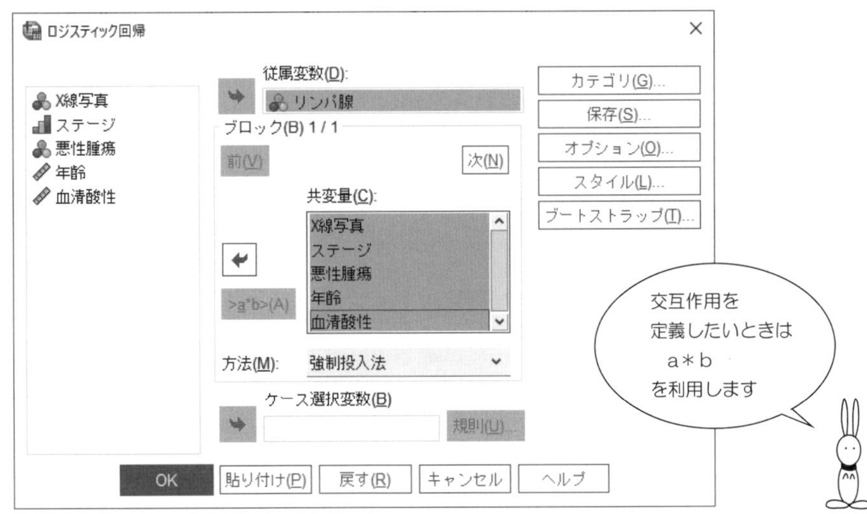
ロジスティック回帰
X線写真
ステージ
悪性腫瘍
年齢
血清酸性
従属変数(D):
リンパ腺
ブロック(B) 1/1
前(V)
次(N)
共変量(C):
X線写真
ステージ
悪性腫瘍
年齢
血清酸性
>a*b>(A)
方法(M):
強制投入法
ケース選択変数(B)
規則(U)...
カテゴリ(G)...
保存(S)...
オプション(O)...
スタイル(L)...
ブートストラップ(I)...
OK
貼り付け(P)
戻す(R)
キャンセル
ヘルプ
交互作用を
定義したいときは
a＊b
を利用します

手順 4 表 3.1 にはカテゴリカルデータが入っているので，

カテゴリ(G) をクリックしてみると，次のようになります．

ロジスティック回帰: カテゴリ変数の定義

共変量(C):

X線写真
ステージ
悪性腫瘍
年齢
血清酸性

カテゴリ共変量(T):

対比の変更

対比(N): 指標 変更(H)

参照カテゴリ(R): 最後(L) 最初(F)

続行(C) キャンセル ヘルプ

順序データ
名義データは
カテゴリだよ

手順 5 そこで，X 線写真，ステージ，悪性腫瘍を カテゴリ共変量(T) に移動．

参照カテゴリ(R) は 最初(F) をクリックして，

さらに 変更(H) もカチッ．そして，続行(C)．

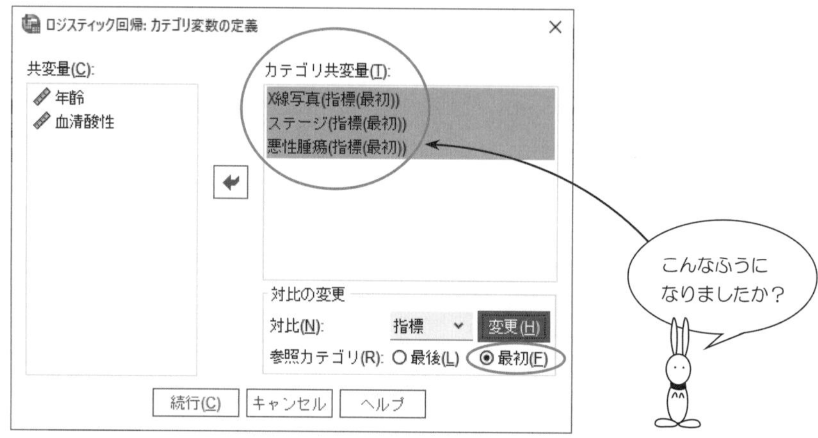
ロジスティック回帰: カテゴリ変数の定義
共変量(C):
年齢
血清酸性
カテゴリ共変量(T):
X線写真(指標(最初))
ステージ(指標(最初))
悪性腫瘍(指標(最初))
対比の変更
対比(N): 指標
変更(H)
参照カテゴリ(R): 最後(L) 最初(F)
続行(C) キャンセル ヘルプ
こんなふうに
なりましたか？

手順 6 すると，画面が次のようになるので……

次に，［保存(S)］をカチッ．

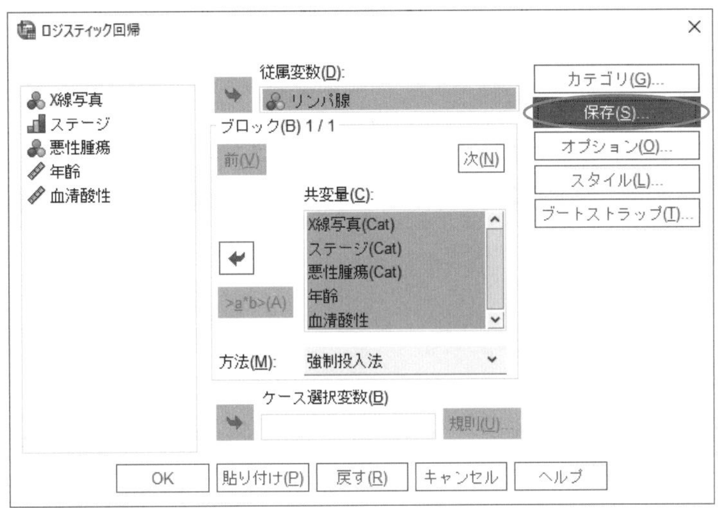

ロジスティック回帰
X線写真
ステージ
悪性腫瘍
年齢
血清酸性
従属変数(D):
リンパ腺
ブロック(B) 1 / 1
前(V)
次(N)
共変量(C):
X線写真(Cat)
ステージ(Cat)
悪性腫瘍(Cat)
年齢
血清酸性
>a*b>(A)
方法(M):
強制投入法
ケース選択変数(B)
規則(U)...
カテゴリ(G)...
保存(S)...
オプション(O)...
スタイル(L)...
ブートストラップ(T)...
OK
貼り付け(P)
戻す(R)
キャンセル
ヘルプ

手順 7 保存の画面が現れたら

□ 確率(P)

□ 所属グループ(G)

□ Cook の統計量(C)

□ てこ比の値(L)

をチェック．

そして，［続行(C)］．

画面は**手順 6** へもどります．

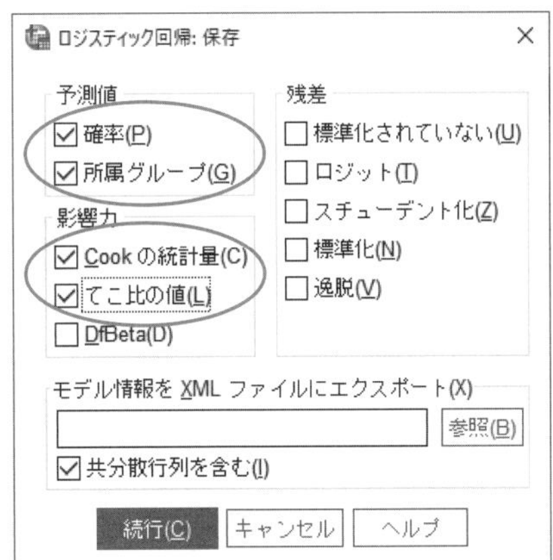

ロジスティック回帰: 保存
予測値
確率(P)
所属グループ(G)
影響力
Cook の統計量(C)
てこ比の値(L)
DfBeta(D)
残差
標準化されていない(U)
ロジット(T)
スチューデント化(Z)
標準化(N)
逸脱(V)
モデル情報を XML ファイルにエクスポート(X)
参照(B)
共分散行列を含む(I)
続行(C)
キャンセル
ヘルプ

手順 8 次に オプション(O) をクリックすると，次の画面になるので

□ 分類プロット(C)　　□ Hosmer-Lemeshow の適合度(H)

をチェックして，続行(C).

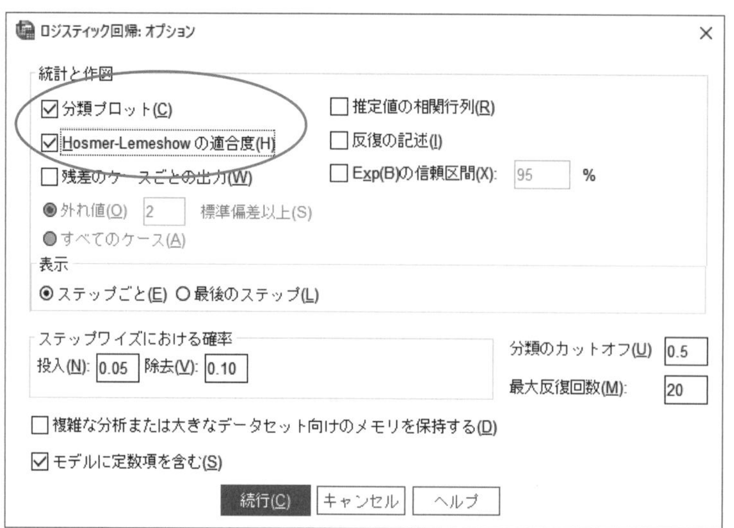

ロジスティック回帰: オプション
統計と作図
分類プロット(C)
Hosmer-Lemeshow の適合度(H)
残差のケースごとの出力(W)
外れ値(O)
2
標準偏差以上(S)
すべてのケース(A)
推定値の相関行列(R)
反復の記述(I)
Exp(B)の信頼区間(X):
95
%
表示
ステップごと(E)
最後のステップ(L)
ステップワイズにおける確率
投入(N):
0.05
除去(V):
0.10
分類のカットオフ(U)
0.5
最大反復回数(M):
20
複雑な分析または大きなデータセット向けのメモリを保持する(D)
モデルに定数項を含む(S)
続行(C)
キャンセル
ヘルプ

手順 9 次の画面にもどってきたら， OK ボタンをマウスでカチッ！

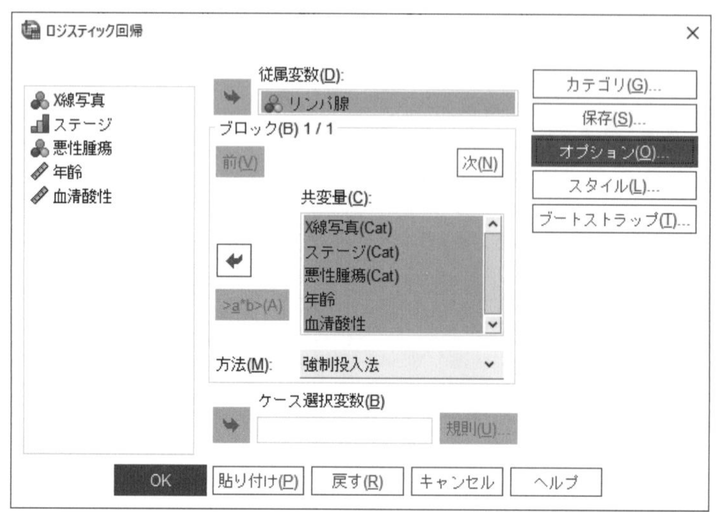

ロジスティック回帰
X線写真
ステージ
悪性腫瘍
年齢
血清酸性
従属変数(D):
リンパ腺
ブロック(B) 1 / 1
前(V)
次(N)
共変量(C):
X線写真(Cat)
ステージ(Cat)
悪性腫瘍(Cat)
年齢
血清酸性
>a*b>(A)
方法(M):
強制投入法
ケース選択変数(B)
規則(U)...
カテゴリ(G)...
保存(S)...
オプション(O)...
スタイル(L)...
ブートストラップ(T)...
OK
貼り付け(P)
戻す(R)
キャンセル
ヘルプ

孫の手

ところで，**手順 5** で カテゴリ(G) をクリックしなければどうなるのでしょうか？

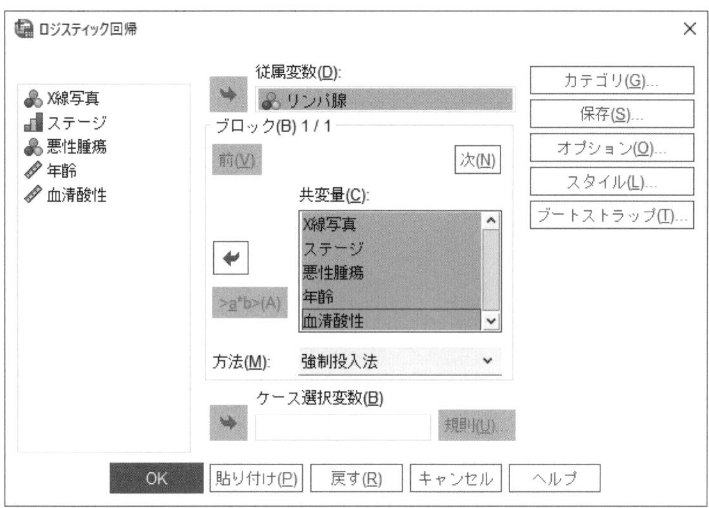

ロジスティック回帰
X線写真
ステージ
悪性腫瘍
年齢
血清酸性
従属変数(D):
リンパ腺
ブロック(B) 1 / 1
前(V)
次(N)
共変量(C):
X線写真
ステージ
悪性腫瘍
年齢
血清酸性
>a*b>(A)
方法(M):
強制投入法
ケース選択変数(B)
規則(U)...
カテゴリ(G)...
保存(S)...
オプション(O)...
スタイル(L)...
ブートストラップ(T)...
OK
貼り付け(P)
戻す(R)
キャンセル
ヘルプ

この画面の状態で OK ボタンを押すと，出力結果は次のようになります．

方程式中の変数

		B	標準誤差	Wald	自由度	有意確率	Exp(B)
ステップ 1[a]	X線写真	2.045	.807	6.421	1	.011	7.732
	ステージ	1.564	.774	4.084	1	.043	4.778
	悪性腫瘍	.761	.771	.976	1	.323	2.141
	年齢	-.069	.058	1.432	1	.231	.933
	血清酸性	.024	.013	3.423	1	.064	1.025
	定数	.062	3.460	.000	1	.986	1.064

a. ステップ 1: 投入された変数 X線写真, ステージ, 悪性腫瘍, 年齢, 血清酸性

p.54 の出力結果と比較してみましょう．カテゴリが 2 つに分かれている場合には，カテゴリ(G) をクリックしなくても，出力結果は同じになります．

【SPSS による出力・その 1】 ——ロジスティック回帰分析——

ロジスティック回帰

モデル係数のオムニバス検定

		カイ 2 乗	自由度	有意確率
ステップ 1	ステップ	22.126	5	.000
	ブロック	22.126	5	.000
	モデル	22.126	5	.000

← ③

モデルの要約

ステップ	-2 対数尤度	Cox-Snell R2 乗	Nagelkerke R2 乗
1	48.126[a]	.341	.465

← ①②

a. パラメータ推定値の変化が .001 未満であるため、反復回数 5 で推定が打ち切られました。

Hosmer と Lemeshow の検定

ステップ	カイ 2 乗	自由度	有意確率
1	5.954	8	.652

← ④

Hosmer と Lemeshow の検定の分割表

		リンパ腺 = 転移なし		リンパ腺 = 転移あり		
		観測	期待	観測	期待	合計
ステップ 1	1	5	4.807	0	.193	5
	2	5	4.659	0	.341	5
	3	5	4.441	0	.559	5
	4	3	4.185	2	.815	5
	5	3	3.907	2	1.093	5
	6	3	3.473	2	1.527	5
	7	4	2.913	1	2.087	5
	8	3	2.357	2	2.643	5
	9	1	1.429	4	3.571	5
	10	1	.830	7	7.170	8

← ⑤

【出力結果の読み取り方・その 1】

⬅① モデルに共変量｛X 線写真から年齢まで｝を含めたときの，

－2 対数尤度が 48.126 です．

－2 対数尤度の小さいモデルの方が，あてはまりが良いと考えられています．

⬅② あてはまりの良さを示す値で，Nagelkerke は Cox-Snell の改良版．

⬅③ 次の仮説を検定しています．

仮説 H_0：求めたロジスティック回帰式は予測に役立たない

有意確率＝0.000 は有意水準 $\alpha = 0.05$ より小さいので，

この仮説 H_0 は棄てられます．つまり，求めた式は予測に役立ちます．

⬅④ Hosmer と Lemeshow の適合度検定．

仮説 H_0：ロジスティック回帰モデルは適合している

検定統計量はカイ 2 乗＝5.954．その有意確率＝0.652 が

有意水準 $\alpha = 0.05$ より大きいので，仮説は棄てられません．

つまり，このモデルはデータに適合しているということになります．

⬅⑤ 53 個のデータを，ほぼ同数（5 個～ 8 個）の 10 グループに分けて，

各グループにおいて

転移なしの観測度数と期待度数，転移ありの観測度数と期待度数

を求めています．たとえば，5 番目のグループでは 5 個のデータのうち

観測度数が，転移なしに 3 個，転移ありに 2 個に分かれており，

その期待度数が 3.907 個と 1.093 個になっています．

【SPSS による出力・その 2】 ——ロジスティック回帰分析——

分類テーブル[a]

観測			予測 リンパ腺 転移なし	転移あり	正解の割合
ステップ 1	リンパ腺	転移なし	28	5	84.8
		転移あり	7	13	65.0
	全体のパーセント				77.4

a. カットオフ値は .500 です

← ⑥

方程式中の変数

		B	標準誤差	Wald	自由度	有意確率	Exp(B)
ステップ 1[a]	X線写真(1)	2.045	.807	6.421	1	.011	7.732
	ステージ(1)	1.564	.774	4.084	1	.043	4.778
	悪性腫瘍(1)	.761	.771	.976	1	.323	2.141
	年齢	-.069	.058	1.432	1	.231	.933
	血清酸性	.024	.013	3.423	1	.064	1.025
	定数	.062	3.460	.000	1	.986	1.064

a. ステップ 1: 投入された変数 X線写真, ステージ, 悪性腫瘍, 年齢, 血清酸性

← ⑦

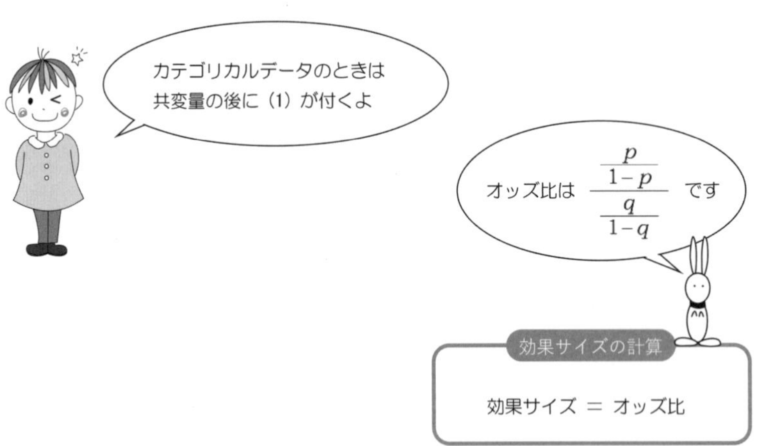
カテゴリカルデータのときは
共変量の後に（1）が付くよ
オッズ比は $\dfrac{\frac{p}{1-p}}{\frac{q}{1-q}}$ です
効果サイズの計算
効果サイズ ＝ オッズ比

【出力結果の読み取り方・その 2】

⬅⑥　転移なしのグループと転移ありのグループの予測による正答率です.

⬅⑦　ロジスティック回帰式は，次のようになります.

$$\log \frac{p}{1-p} = 2.045 \times \boxed{\text{X 線写真(1)}} + 1.564 \times \boxed{\text{ステージ(1)}} + 0.761 \times \boxed{\text{悪性腫瘍(1)}} - 0.069 \times \boxed{\text{年齢}} + 0.024 \times \boxed{\text{血清酸性}} + 0.062$$

Wald 統計量は，次の仮説を検定しています.

仮説 H_0：その共変量は予測に役立たない

たとえば，X 線写真(1) とステージ(1) の有意確率 0.011 と 0.043 は，共に有意水準の 0.05 より小さいので，それぞれ，仮説 H_0 は棄てられます.

つまり，X 線写真とステージは リンパ腺 への転移の予測に役立つと考えられます.

Exp(B) はオッズ比です．たとえば，

Exp(B) = 7.732 は X 線写真のオッズ比で，リンパ腺 と X 線写真の関連を調べています．つまり……

X 線写真で 所見あり の方が，所見なし より，リンパ腺 転移が約 7.7 倍ということです.

オッズ比が 1 に近いと，リンパ腺 との関連はあまりありません.

血清酸性の Exp(B) は 1.025 なので，

リンパ腺 と血清酸性の間の関連は低いことがわかります.

【SPSS による出力・その 3】 ——ロジスティック回帰分析——

```
Step number: 1

Observed Groups and Predicted Probabilities
```

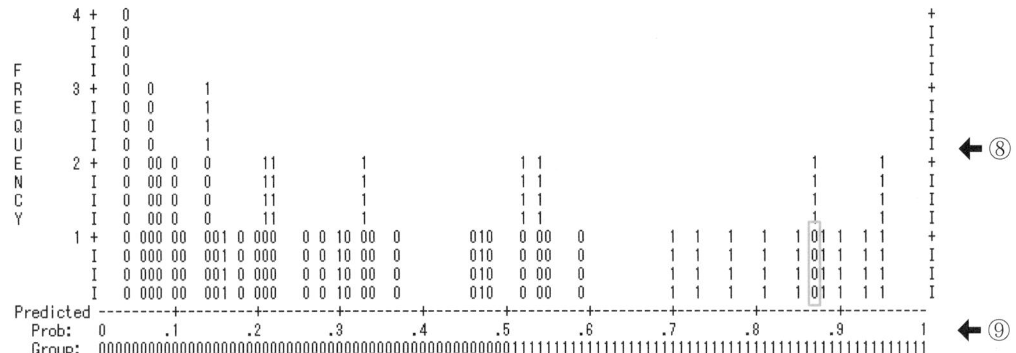

FREQUENCY
Predicted
Prob: 0 .1 .2 .3 .4 .5 .6 .7 .8 .9 1
Group: 000000000000000000000000000000000000000000000000001111111111111111111111111111111111111111111111111111
⑧
⑨


```
Predicted Probability is of Membership for 転移あり
The Cut Value is .50
Symbols: 0 - 転移なし
         1 - 転移あり
Each Symbol Represents .25 Cases.
```

【出力結果の読み取り方・その 3】

⬅⑧

0
0
0
0

⬅これで 1 個のデータを表現しています.

転移なしのデータが, 確率 0.88 のあたりに 1 個まぎれこんでいるのがわかります！

⬅⑨ 横軸がリンパ腺への転移の確率を表現しています.

- 0 ～ 0.5 …… 転移なし＝0
- 0.5 ～ 1 …… 転移あり＝1

このように
ロジスティック回帰分析は
グループの判別に
利用できます

【SPSS による出力・その 4】 ——ロジスティック回帰分析——

⑩

	X線写真	ステージ	悪性腫瘍	年齢	血清酸性	リンパ腺	PRE_1	PGR_1	COO_1	LEV_1
1	0	0	0	58	50	0	.06077	0	.00241	.03586
2	0	0	0	60	49	0	.05211	0	.00187	.03283
3	1	0	0	65	46	0	.21842	0	.05752	.17068
4	1	0	0	60	62	0	.36840	0	.11426	.16381
5	0	0	1	50	56	1	.21815	0	.69262	.16195
6	1	0	0	49	55	0	.51309	1	.37683	.26341
7	0	0	0	61	62	0	.06576	0	.00247	.03393
8	0	0	0	58	71	0	.09737	0	.00455	.04048
9	0	0	0	51	65	0	.13147	0	.01197	.07330
10	1	0	1	67	67	1	.46487	0	.44042	.27672
11	0	0	1	67	47	0	.06459	0	.00507	.06846
12	0	0	0	51	49	0	.09300	0	.00707	.06452
13	0	0	1	56	50	0	.13728	0	.01668	.09488
14	0	0	0	60	78	0	.10021	0	.00472	.04064
15	0	0	0	52	83	0	.17959	0	.01985	.08315
16	0	0	0	56	98	0	.19295	0	.01987	.07672
	0			67	52			0	.00117	
37		1	1	[illegible]		0	.58013			.12186
38	1	1	1	65	84	1	.87822	1	.01464	.09548
39	1	1	1	50	81	1	.94986	1	.00308	.05505
40	1	1	1	60	76	1	.89352	1	.00937	.07291
41	0	1	1	45	70	1	.72606	1	.09841	.20687
42	1	1	1	56	78	1	.92078	1	.00560	.06114
43	0	1	0	46	70	1	.53596	1	.26336	.23323
44	0	1	0	67	67	1	.20046	0	.46418	.10425
45	0	1	0	63	82	1	.32274	0	.23798	.10185
46	0	1	1	57	67	1	.51764	1	.10429	.10065
47	1	1	0	51	72	1	.86896	1	.01957	.11488
48	1	1	0	64	89	1	.80302	1	.03785	.13369
49	1	1	1	68	126	1	.94216	1	.00588	.08742
50	0	0	0	66	48	0	.03420	0	.00110	.03016
51	0	0	0	68	56	0	.03610	0	.00127	.03274
52	0	0	0	66	50	0	.03584	0	.00117	.03061
53	0	0	0	56	52	0	.07237	0	.00333	.04090
54										

	X線写真	ステージ	悪性腫瘍	年齢	血清酸性	リンパ腺	PRE_1
50	0	0	0	66	48	0	.03420
51	0	0	0	68	56	0	.03610
52	0	0	0	66	50	0	.03584
53	0	0	0	56	52	0	.07237
54	0	1	0	70	100	.	.31264
55							

 ⑪

【出力結果の読み取り方・その4】

⬅⑩　PRE_1＝リンパ線への転移の予測確率

PGR_1＝予測される所属グループ

COO_1＝クックの距離

あるデータが，その分析結果にどの程度影響を与えているかを表す量.

この値が大きいときは外れ値の可能性があります.

LEV_1＝てこ比

てこ比は，あるデータが予測に与える影響の大きさを示しています.

てこ比が 0.5 より大きい場合，そのデータは分析から除いた方がよいといわれています.

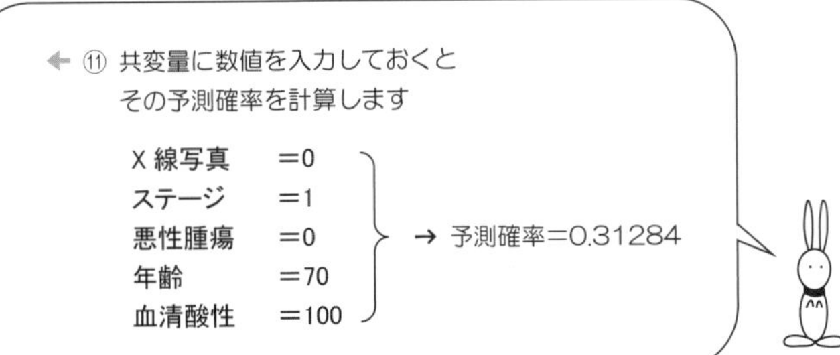

⬅ ⑪ 共変量に数値を入力しておくと
その予測確率を計算します
X 線写真　＝0
ステージ　＝1
悪性腫瘍　＝0
年齢　＝70
血清酸性　＝100
→ 予測確率＝0.31284

第4章 プロビット分析

4.1 はじめに

次のデータは，3種類の殺虫剤による害虫駆除の効果を調べた結果です．

表 4.1　3種類の殺虫剤による害虫駆除

No.	薬の種類	薬の濃度	散布時間	観測全数	死亡数
1	薬剤 A	10.23	4	50	44
2	薬剤 A	7.76	3	49	42
3	薬剤 A	5.13	3	46	24
4	薬剤 A	3.80	2	48	16
5	薬剤 A	2.57	1	50	6
6	薬剤 B	50.12	5	48	48
7	薬剤 B	40.74	5	50	47
8	薬剤 B	30.20	5	49	47
9	薬剤 B	20.42	2	48	34
10	薬剤 B	10.00	1	48	18
11	混合剤	25.12	5	50	48
12	混合剤	20.42	4	46	43
13	混合剤	15.14	3	48	38
14	混合剤	10.00	2	46	27

データは
HP から
ダウンロード
できます

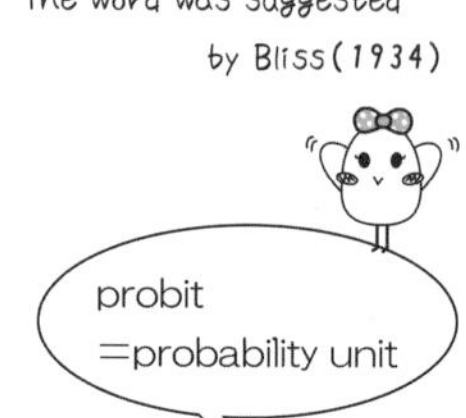
The word was suggested
by Bliss (1934)

probit
=probability unit

分析したいことは？

◉ 薬の濃度をどのくらいにすると，害虫の死亡率がどのくらいになるのか？

死亡率のような比率を分析する方法に，プロビット分析があります．

プロビット分析のモデル式は，

$$\text{Probit}(p) = \beta_1 x_1 + \beta_2 x_2 + \cdots + \beta_p x_p + \beta_0$$

という形をしているので，比率 p

$$0 \leqq p \leqq 1$$

を分析するのに適した統計手法です．

モデル式の右側は
重回帰式と同じ形で〜す

ピヨ
ピヨ

表 4.1 のデータには，死亡率がありません．

そこで，はじめに

Probit（　）＝プロビット変換

$$\text{死亡率} = \frac{\text{死亡数}}{\text{観測全数}}$$

と定義し，この比率について

$$\text{Probit}(\text{死亡率}) = b_1 \times \boxed{\text{薬の濃度}} + b_2 \times \boxed{\text{散布時間}} + b_0$$

のような式を求めます．

プロビット分析の
利用法はいろいろ
ありまして……
限界効果
（マージナル効果）を
調べることもできます

【プロビット分析――失敗の例――】

ところで，表 4.1 のデータをそのまま使って，プロビット分析してみると……

出力結果は次のようになります.

カイ 2 乗検定

		カイ 2 乗	自由度[a]	有意確率
PROBIT	Pearson 適合度検定	27.098	9	.001
	平行性の検定	17.304	2	.000

a. 個別のケースに基づく統計量は、ケースの集計に基づく統計量とは異なります。

適合度検定のところを見ると，有意確率は 0.001 なので，
次の仮説

仮説 H_0：求めたプロビットの式はよくあてはまっている

は棄却されます.

つまり，このプロビット分析は失敗です.

失敗の原因はどこにあるのでしょうか？

プロビット分析は，

プロビット変換された死亡率と薬の濃度・散布時間との 1 次式

つまり，線型の関係を調べています.

ところが，Probit（死亡率）と 薬の濃度 の散布図を描いてみると
図 4.1 のようになってしまいます.

散布図の描き方は
『SPSS による統計処理の手順』
を参考にしてくださいね

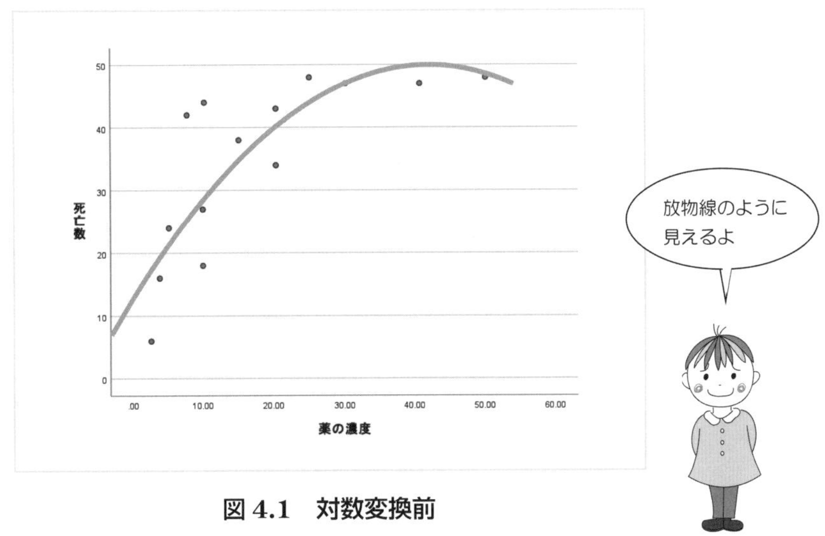

放物線のように
見えるよ
死亡数
50
40
30
20
10
0
.00
10.00
20.00
30.00
40.00
50.00
60.00
薬の濃度

図 4.1　対数変換前

これでは，直線（＝線型）の関係とは考えにくいですね．

そこで，薬の濃度を対数変換してから，散布図を描くと……

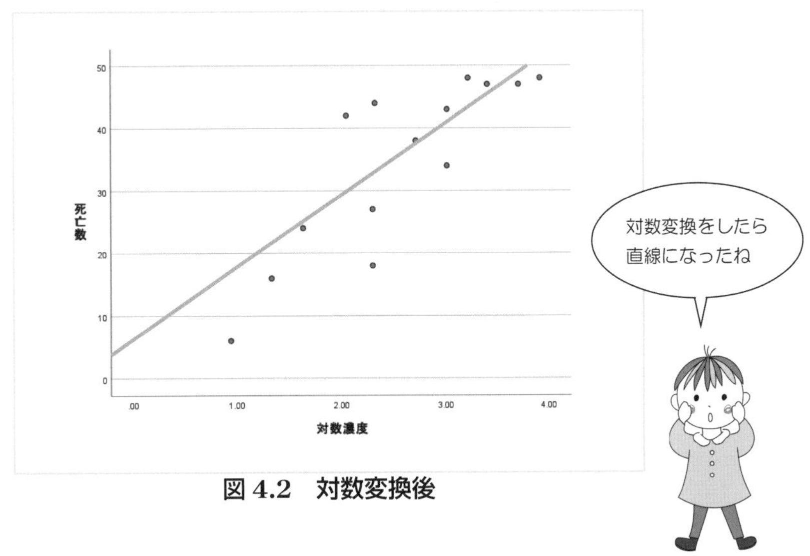

対数変換をしたら
直線になったね
死亡数
50
40
30
20
10
0
.00
1.00
2.00
3.00
4.00
対数濃度

図 4.2　対数変換後

今度はうまくいきそうです *!!*

したがって，表 4.1 のデータの場合には，薬の濃度を一度，対数変換しておかなければなりません．

対数変換は，変換(T) ⇨ 変数の計算(C)を選んでから次のように入力し，あとは OK ボタンを押すだけ．

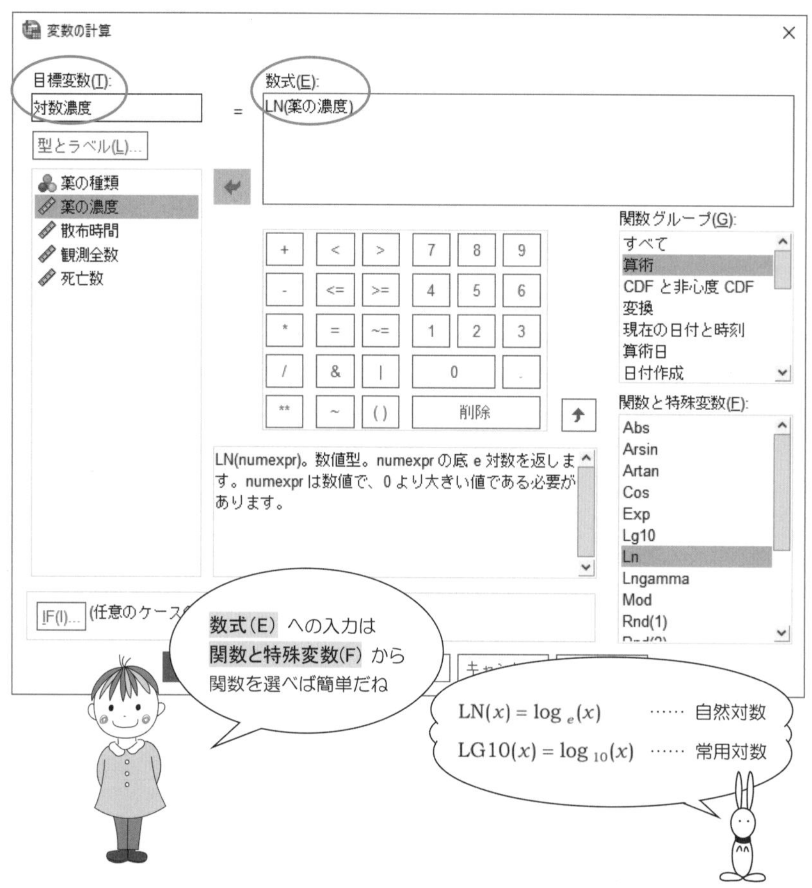

変数の計算
目標変数(T):
対数濃度
数式(E):
LN(薬の濃度)
型とラベル(L)...
薬の種類
薬の濃度
散布時間
観測全数
死亡数
関数グループ(G):
すべて
算術
CDF と非心度 CDF
変換
現在の日付と時刻
算術日
日付作成
削除
関数と特殊変数(F):
Abs
Arsin
Artan
Cos
Exp
Lg10
Ln
Lngamma
Mod
Rnd(1)
LN(numexpr)。数値型。numexpr の底 e 対数を返します。numexpr は数値で、0 より大きい値である必要があります。
IF(I)...
数式(E) への入力は
関数と特殊変数(F) から
関数を選べば簡単だね
LN(x) = log e(x) …… 自然対数
LG10(x) = log 10(x) …… 常用対数

データファイルのところに，対数濃度という新しい変数ができあがります． ☞p.65

【データ入力の型】

表 4.1 のデータは，次のように入力します．

	薬の種類	薬の濃度	散布時間	観測全数	死亡数	対数濃度
1	1	10.23	4	50	44	2.33
2	1	7.76	3	49	42	2.05
3	1	5.13	3	46	24	1.64
4	1	3.80	2	48	16	1.34
5	1	2.57	1	50	6	.94
6	2	50.12	5	48	48	3.91
7	2	40.74	5	50	47	3.71
8	2	30.20	5	49	47	3.41
9	2	20.42	2	48	34	3.02
10	2	10.00	1	48	18	2.30
11	3	25.12	5	50	48	3.22
12	3	20.42	4	46	43	3.02
13	3	15.14	3	48	38	2.72
14	3	10.00	2	46	27	2.30
15						

データ　ビュー

情報領域

対数変換後は
このように
なるはず！

	薬の種類	薬の濃度	散布時間	観測全数	死亡数	対数濃度
1	薬剤A	10.23	4	50	44	2.33
2	薬剤A	7.76	3	49	42	2.05
3	薬剤A	5.13	3	46	24	1.64
4	薬剤A	3.80	2	48	16	1.34
5	薬剤A	2.57	1	50	6	.94
6	薬剤B	50.12	5	48	48	3.91
7	薬剤B	40.74	5	50	47	3.71
8	薬剤B	30.20	5	49	47	3.41
9	薬剤B	20.42	2	48	34	3.02
10	薬剤B	10.00	1	48	18	2.30
11	混合剤	25.12	5	50	48	3.22
12	混合剤	20.42	4	46	43	3.02
13	混合剤	15.14	3	48	38	2.72
14	混合剤	10.00	2	46	27	2.30
15						

変数ビューで
値ラベルを付けると……

このデータでは
　対数濃度＝$\log_e$（薬の濃度）
としていますが
　対数濃度＝$\log_{10}$（薬の濃度）
の場合についても調べてみましょう

4.2 プロビット分析のための手順

【統計処理の手順】

手順 1 データを入力したら，分析(A) をクリック．続いて，…

メニューから，回帰(R) ⇨ プロビット(P) と選択します．

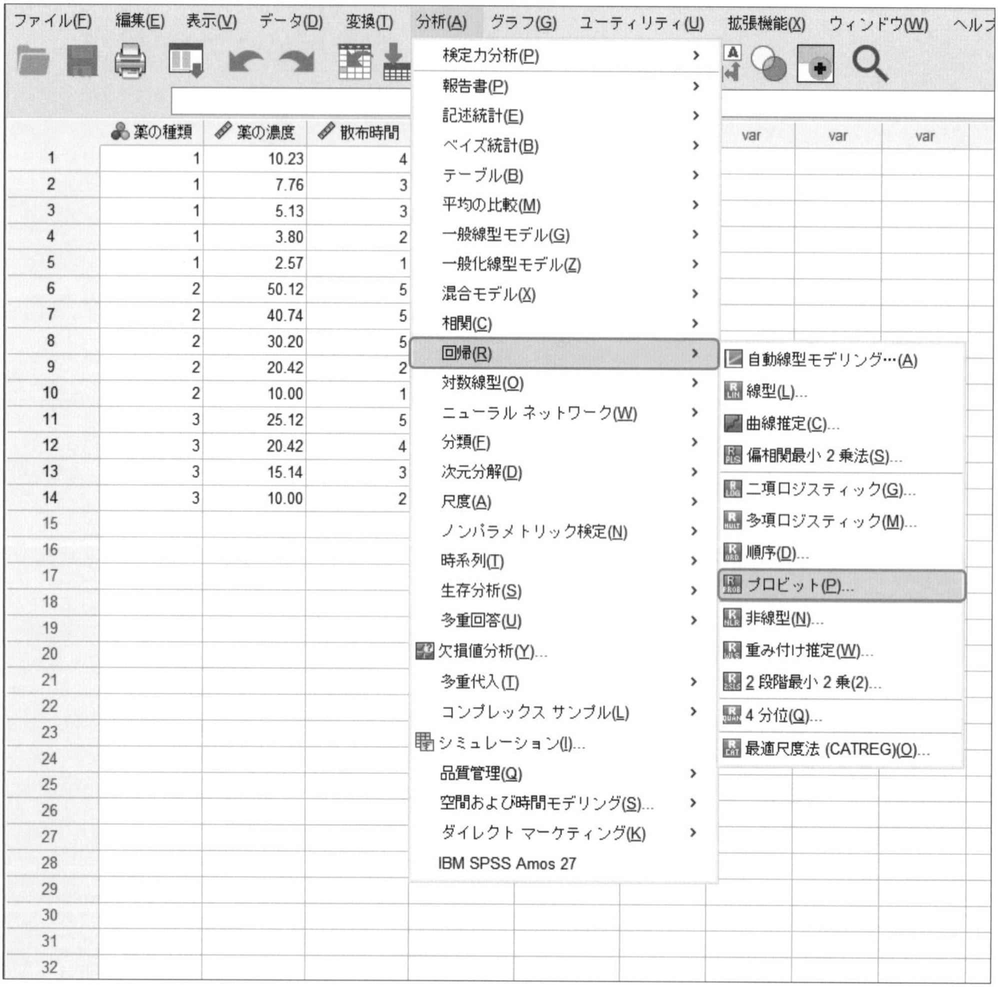

手順 2 次のプロビット分析の画面になったら，

死亡数を 応答度数変数(S) の中へ，

観測全数を 総観測度数変数(T) の中に入れます．

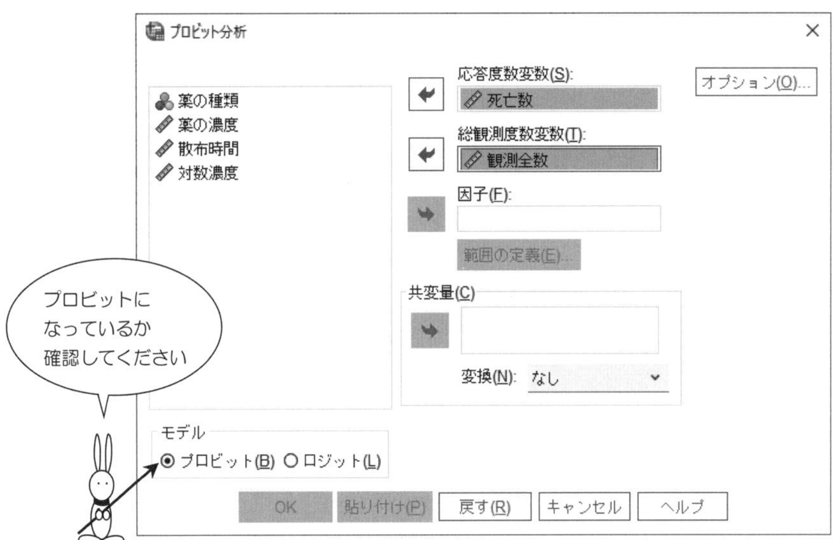
プロビット分析
応答度数変数(S):
オプション(O)...
薬の種類
薬の濃度
散布時間
対数濃度
死亡数
総観測度数変数(T):
観測全数
因子(F):
範囲の定義(E)...
プロビットに
なっているか
確認してください
共変量(C)
変換(N): なし
モデル
プロビット(B) ロジット(L)
OK 貼り付け(P) 戻す(R) キャンセル ヘルプ

手順 3 次に薬の種類を 因子(F) の中へ入れると，薬の種類(? ?)となるので，

範囲の定義(E) をクリックします．

プロビット分析
応答度数変数(S):
オプション(O)...
薬の濃度
散布時間
対数濃度
死亡数
総観測度数変数(T):
観測全数
因子(F):
薬の種類(? ?)
範囲の定義(E)...
共変量(C)
モデル
プロビット(B) ロジット(L)
OK 貼り付け(P) 戻す(R) キャンセル ヘルプ

手順 4 すると，次のような小さな画面が現れるので，

最小(N) のところに 1 を，最大(X) のところに 3 を入力します.

そして，続行(C).

プロビット分析: 範囲の定義
最小(N): 1
最大(X): 3
続行(C)
キャンセル
ヘルプ
……というのも
薬の種類は
3種類だからね！

手順 5 次の画面になったら，

散布時間と対数濃度を 共変量(C) の中に入れます.

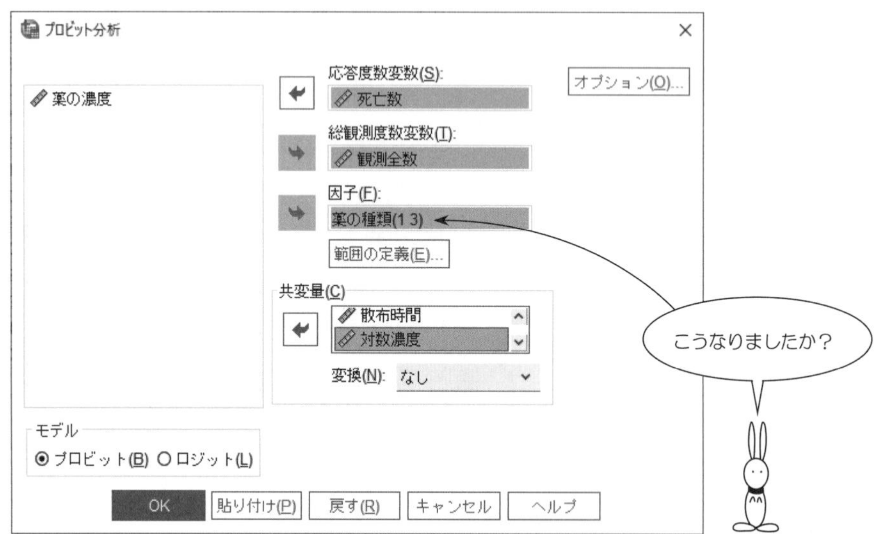
プロビット分析
薬の濃度
応答度数変数(S):
死亡数
総観測度数変数(T):
観測全数
因子(F):
薬の種類(1 3)
範囲の定義(E)...
共変量(C)
散布時間
対数濃度
変換(N): なし
オプション(O)...
モデル
プロビット(B) ロジット(L)
OK
貼り付け(P)
戻す(R)
キャンセル
ヘルプ
こうなりましたか？

手順 6 ところで，[オプション(O)] をクリックしてみると

□ 平行性の検定(P)

があるので，これをチェックして，[続行(C)] をクリック．

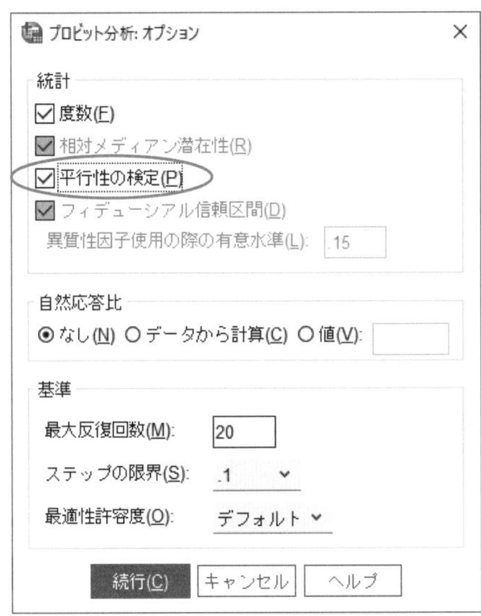
プロビット分析: オプション
統計
度数(F)
相対メディアン潜在性(R)
平行性の検定(P)
フィディューシアル信頼区間(D)
異質性因子使用の際の有意水準(L):
.15
自然応答比
なし(N)
データから計算(C)
値(V):
基準
最大反復回数(M):
20
ステップの限界(S):
.1
最適性許容度(O):
デフォルト
続行(C)
キャンセル
ヘルプ

手順 7 次の画面にもどったら，[OK] ボタンをマウスでカチッ！

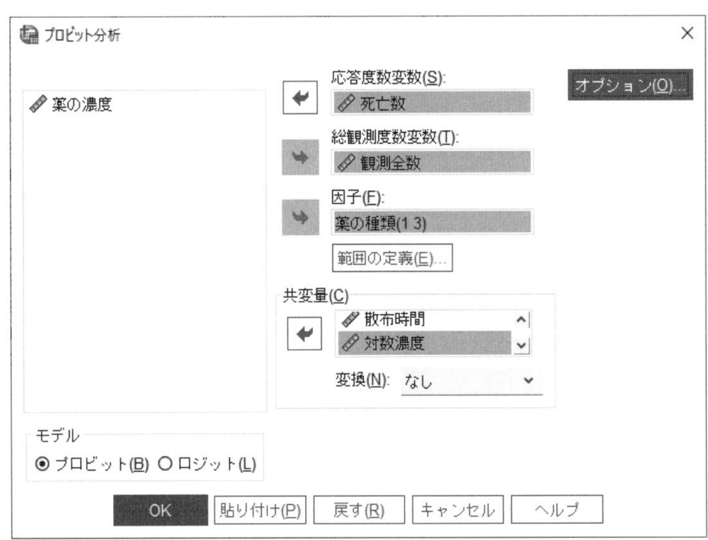
プロビット分析
薬の濃度
応答度数変数(S):
死亡数
総観測度数変数(T):
観測全数
因子(F):
薬の種類(1 3)
範囲の定義(E)...
共変量(C)
散布時間
対数濃度
変換(N):
なし
オプション(O)...
モデル
プロビット(B)
ロジット(L)
OK
貼り付け(P)
戻す(R)
キャンセル
ヘルプ

【SPSS による出力・その 1】 ——プロビット分析——

パラメータ推定値

	パラメータ		推定値	標準誤差	Z	有意確率	95% 信頼区間 下限	95% 信頼区間 上限
PROBIT[a]	散布時間		.055	.131	.420	.674	-.201	.311
	対数濃度		1.559	.352	4.424	.000	.868	2.249
	定数項[b]	薬剤A	-2.590	.307	-8.431	.000	-2.897	-2.283
		薬剤B	-4.103	.743	-5.522	.000	-4.846	-3.360
		混合剤	-3.511	.605	-5.801	.000	-4.116	-2.906

①

②

パラメータ推定値の共分散と相関

		散布時間	対数濃度
PROBIT	散布時間	.017	-.925
	対数濃度	-.043	.124

共分散 (下) と相関 (上)。

カイ 2 乗検定

		カイ 2 乗	自由度[a]	有意確率	
PROBIT	Pearson 適合度検定	7.426	9	.593	← ④
	平行性の検定	3.450	2	.178	← ③

a. 個別のケースに基づく統計量は、ケースの集計に基づく統計量とは異なります。

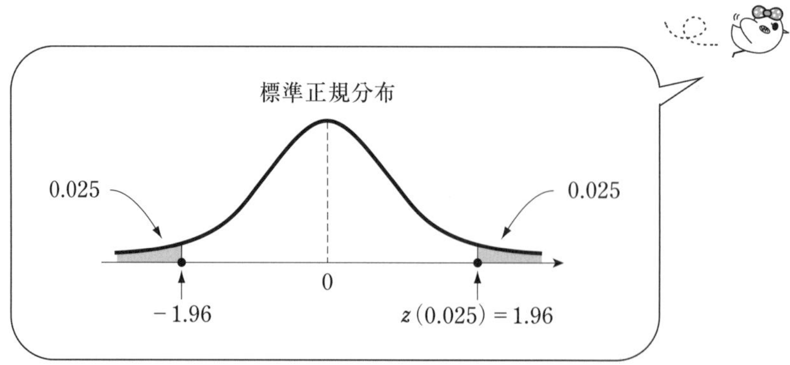
標準正規分布
0.025
0.025
0
−1.96
z (0.025) = 1.96

【出力結果の読み取り方・その 1】

⬅① 3 種類の殺虫剤に対し，プロビットモデルの式は

薬剤 A	Probit(死亡 率) = 1.559 × log(薬の濃度) + 0.055 × 散布時間 − 2.590
薬剤 B	Probit(死亡 率) = 1.559 × log(薬の濃度) + 0.055 × 散布時間 − 4.103
混合剤	Probit(死亡 率) = 1.559 × log(薬の濃度) + 0.055 × 散布時間 − 3.511

となっています.

⬅② Z は，次の仮説の検定統計量です.

仮説 H_0：散布時間の係数は 0 である

仮説 H_0：対数濃度の係数は 0 である

対数濃度の有意確率 0.000 は 0.05 以下なので，仮説 H_0 は棄てられます.

したがって，対数濃度は共変量として意味があります.

⬅③ 平行性の検定

仮説 H_0：3 つのグループのモデル式の係数は等しい

を検定しています．検定統計量 3.450 の有意確率 0.178 が，

有意水準 0.05 より大きくなっているので，

仮説 H_0 は棄てられません.

つまり
3 つのグループの係数は
等しいと仮定してよい
ということになります

⬅④ モデルの適合度検定

仮説 H_0：求めたプロビットモデルはよくあてはまっている

を検定しています．有意確率 P = 0.593 が有意水準 0.05 より大きいので，

この仮説 H_0 は棄てられません.

したがって，求めたモデルのあてはまりは良いと考えられます.

【SPSS による出力・その 2】　——プロビット分析——

セル度数と残差

	数値	薬の種類	散布時間	対数濃度	被験者数	観測された回答数	期待される応答数	残差	確率
PROBIT	1	1	4.000	2.325	50	44	44.760	-.760	.895
	2	1	3.000	2.049	49	42	38.174	3.826	.779
	3	1	3.000	1.635	46	24	25.267	-1.267	.549
	4	1	2.000	1.335	48	16	16.559	-.559	.345
	5	1	1.000	.944	50	6	7.189	-1.189	.144
	6	2	5.000	3.914	48	48	47.448	.552	.988
	7	2	5.000	3.707	50	47	48.721	-1.721	.974
	8	2	5.000	3.408	49	47	45.620	1.380	.931
	9	2	2.000	3.017	48	34	36.517	-2.517	.761
	10	2	1.000	2.303	48	18	15.509	2.491	.323
	11	3	5.000	3.224	50	48	48.160	-.160	.963
	12	3	4.000	3.017	46	43	42.362	.638	.921
	13	3	3.000	2.717	48	38	39.036	-1.036	.813
	14	3	2.000	2.303	46	27	26.438	.562	.575

⑤

【出力結果の読み取り方・その 2】

⑤　確率＝予測確率を求めています．

たとえば

$$0.895 = \frac{44.760}{50.0}$$

$$0.779 = \frac{38.174}{49.0}$$

孫の手

つまり，こういうことです

標準正規分布

0.5

0

問題 死亡率が 50%のときの薬剤 A の薬の濃度を調べたいときには，どうすれば良いのでしょうか？

解答 実は，プロビット変換では

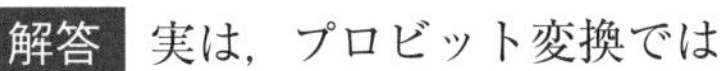

$$\text{Probit}(0.5) = 0$$

となっているので，

次の方程式

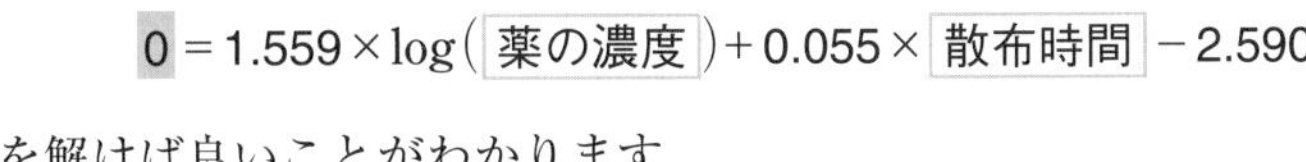

$$0 = 1.559 \times \log(\boxed{薬の濃度}) + 0.055 \times \boxed{散布時間} - 2.590$$

を解けば良いことがわかります．

たとえば，薬剤 A の散布時間 = 1 のときは

$$0 = 1.559 \times \log(\boxed{薬の濃度}) + 0.055 \times 1 - 2.590$$

$$\log(\boxed{薬の濃度}) = \frac{2.590 - 0.055}{1.559}$$

$$= 1.626$$

$$\boxed{薬の濃度} = \text{Exp}(1.626)$$

$$= 5.084 \qquad \Leftarrow 5.084 = e^{1.626}$$

となります．

死亡率を 95%にしたいときには，Probit(0.95) = 1.64 なので

$$1.64 = 1.559 \times \log(\boxed{薬の濃度}) + 0.055 \times \boxed{散布時間} - 2.590$$

を解けば OK です．

第5章 非線型回帰分析

5.1 はじめに

次のデータはアメリカ合衆国の作付面積と人口調査を1790年から1960年まで，調査した結果です.

表5.1　アメリカ合衆国の人口と作付面積の変化

No.	年	十年単位	作付面積	人口調査
1	1790	0	1.5	3.895
2	1800	1	3.6	5.267
3	1810	2	5.8	7.182
4	1820	3	9.4	9.566
5	1830	4	13.1	12.834
6	1840	5	20.5	16.985
⋮	⋮	⋮	⋮	⋮
17	1950	16	274.9	150.697
18	1960	17	327.1	178.464
19		20	350	?

データはHPから
ダウンロード
非線型とは
“1次式ではない”
ということです

? の予測は？

分析したいことは？

◉ 人口と作付面積との**関係**は，
年とともに，どのように**変化**しているのだろうか？

いろいろな回帰モデルの式は，次の３つのタイプに分けられます．

タイプ 1. 線型回帰モデルの式

$$Y = b_0 + b_1 x_1 + b_2 x_2$$ ⬅重回帰分析

タイプ 2. 線型回帰モデルに変換可能な式

$$Y = e^{b_0 + b_1 x_1 + b_2 x_2} \Rightarrow \log Y = b_0 + b_1 x_1 + b_2 x_2$$

$$Y = b_0 + b_1 x_1 + b_2 {x_2}^2 \Rightarrow Y = b_0 + b_1 x_1 + b_2 x_3$$

$x_3 = {x_2}^2$ としました！

タイプ 3. 線型回帰モデルに変換不可能な式

$$Y = b_0 + e^{b_1 x_1} + e^{b_2 x_2}$$ ⬅非線型回帰分析

統計では
“パラメータに関して線型”
とか
“パラメータに関して非線型”
という表現をします

表 5.1 のデータには，どのような回帰モデルの式が最適なのでしょうか？

とりあえず，散布図を描いてみると……

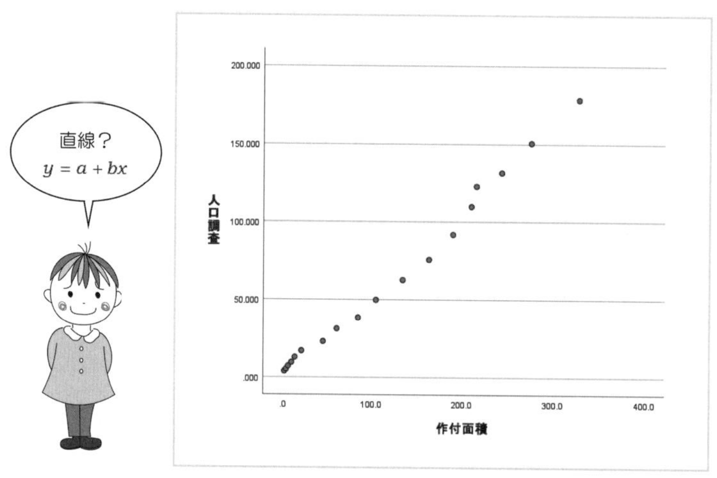
直線？
$y = a + bx$
200,000
150,000
100,000
50,000
.000
人口調査
.0
100.0
200.0
300.0
400.0
作付面積

図 5.1　作付面積と人口調査の散布図

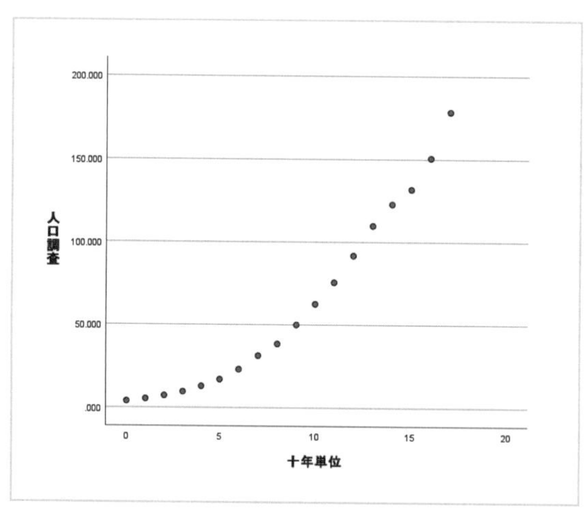
200,000
150,000
100,000
50,000
.000
人口調査
0
5
10
15
20
十年単位

指数関数？
$y = e^{a+bx}$
???

図 5.2　十年単位と人口調査の散布図

作付面積 と 人口調査 の散布図では，ほぼ直線のように見えるので

$$\boxed{人口調査}=定数項+定数\times\boxed{作付面積} \quad \Leftarrow \mathrm{Y}=a+bx$$

といった式を連想させます．

また，十年単位 と 人口調査 の散布図を見ると，増加の状態が指数関数のようなので

$$\boxed{人口調査}=e^{定数\times\boxed{十年単位}} \quad \Leftarrow \mathrm{Y}=e^{c\mathrm{T}}$$

ですね．

以上のことから，次のモデル式

$$\boxed{人口調査}=a+b\times\boxed{作付面積}+e^{c\times\boxed{十年単位}}$$

を取り上げることにしましょう．

この a, b, c のことをパラメータといいます．

ところで，非線型回帰分析をするときには，このパラメータ a, b, c の初期値を決めておく必要があります．

ここは大切！
ピヨ
ピヨ

孫の手

ところで，表 5.1 のデータの場合には

$$\boxed{人口調査}=a+b\times\boxed{作付面積}+c\times e^{d\times\boxed{十年単位}}$$

の方が，もっと良い回帰モデルの式かもしれませんね．

時間のある人は，ぜひ試してみましょう．

【パラメータの初期値の決め方】

たとえば，メンドーだからといって初期値を

$$a=0,\quad b=0,\quad c=0$$

と決めて置くと，たいてい，失敗してしまいます．

この式

$$\mathrm{Y}=a+bx+e^{c\mathrm{T}}$$

は，次の 2 つの部分から成り立っています．

【部分 1】 …… $\mathrm{Y}=a+bx$

【部分 2】 …… $\mathrm{Y}=e^{c\mathrm{T}}$

そこで，SPSS の曲線推定を利用して，

3 つのパラメータの初期値を決定しましょう．

Y = e^cT
は定数項を
含みません
初期値の決め方は
他にもいろいろあるよ！

【部分 1】 分析(A) ⇨ 回帰(R) ⇨ 曲線推定(C) をクリック．

曲線推定の画面に，次のように変数を入れたら，OK をカチッ！

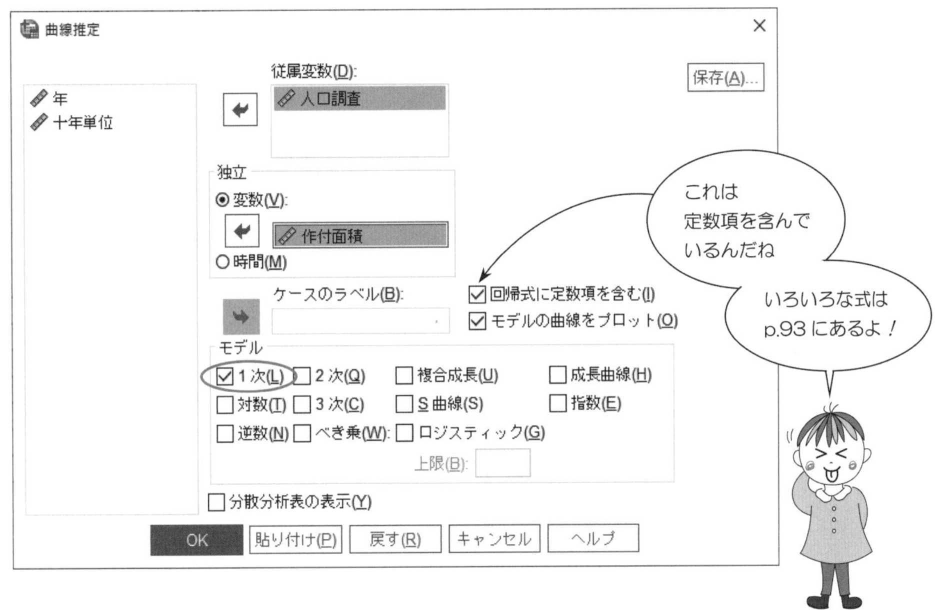

曲線推定
年
十年単位
従属変数(D):
人口調査
保存(A)...
独立
変数(V):
作付面積
時間(M)
ケースのラベル(B):
回帰式に定数項を含む(I)
モデルの曲線をプロット(O)
モデル
1 次(L)
2 次(Q)
複合成長(U)
成長曲線(H)
対数(T)
3 次(C)
S 曲線(S)
指数(E)
逆数(N)
べき乗(W):
ロジスティック(G)
上限(B):
分散分析表の表示(Y)
OK
貼り付け(P)
戻す(R)
キャンセル
ヘルプ
これは定数項を含んでいるんだね
いろいろな式は p.93 にあるよ！

出力結果は

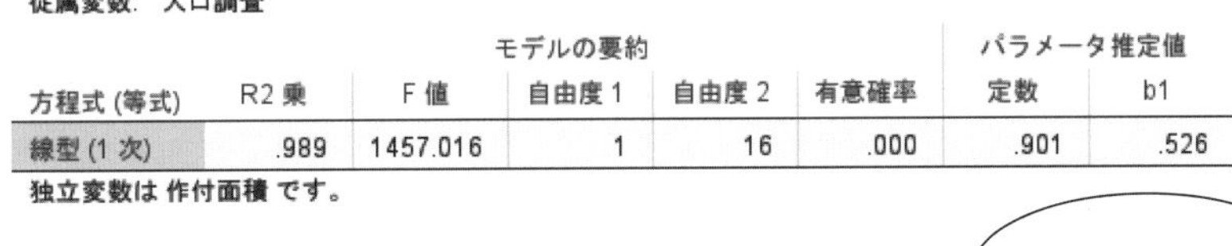

モデル要約とパラメータ推定値

従属変数: 人口調査

方程式 (等式)	モデルの要約					パラメータ推定値	
	R2 乗	F 値	自由度 1	自由度 2	有意確率	定数	b1
線型 (1 次)	.989	1457.016	1	16	.000	.901	.526

独立変数は 作付面積 です。

Y = 0.901 + 0.526 x

となるので，a と b の初期値を

$$a = 0.901, \quad b = 0.526$$

とします．

【部分 2】 分析(A) ⇨ 回帰(R) ⇨ 曲線推定(C) をクリック．

曲線推定の画面に，次のように変数を入れたら， OK をカチッ!!

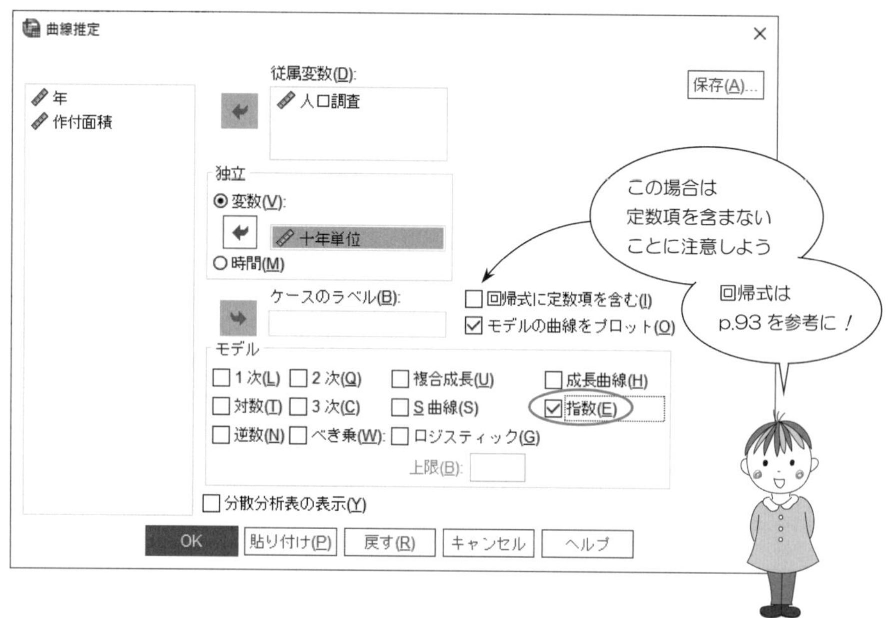
曲線推定
従属変数(D):
人口調査
保存(A)...
年
作付面積
独立
変数(V):
十年単位
時間(M)
ケースのラベル(B):
回帰式に定数項を含む(I)
モデルの曲線をプロット(O)
モデル
1 次(L)
2 次(Q)
複合成長(U)
成長曲線(H)
対数(T)
3 次(C)
S 曲線(S)
指数(E)
逆数(N)
べき乗(W):
ロジスティック(G)
上限(B):
分散分析表の表示(Y)
OK
貼り付け(P)
戻す(R)
キャンセル
ヘルプ
この場合は
定数項を含まない
ことに注意しよう
回帰式は
p.93 を参考に！

出力結果は

モデル要約とパラメータ推定値

従属変数: 人口調査

	モデルの要約					パラメータ推定値
方程式 (等式)	R2 乗	F 値	自由度 1	自由度 2	有意確率	b1
指数	.946	299.338	1	17	.000	.368

独立変数は 十年単位 です。

$Y = e^{0.368T}$

となるので，c の初期値を

$$c = 0.368$$

とします．

【データ入力の型】

表 5.1 のデータは，次のように入力します．

	年	十年単位	作付面積	人口調査	var	var	var
1	1790	0	1.5	3.895			
2	1800	1	3.6	5.267			
3	1810	2	5.8	7.182			
4	1820	3	9.4	9.566			
5	1830	4	13.1	12.834			
6	1840	5	20.5	16.985			
7	1850	6	44.7	23.069			
8	1860	7	60.2	31.278			
9	1870	8	84.5	38.416			
10	1880	9	104.5	49.924			
11	1890	10	133.6	62.692			
12	1900	11	162.4	75.734			
13	1910	12	189.3	91.812			
14	1920	13	209.6	109.806			
15	1930	14	215.2	122.775			
16	1940	15	242.7	131.669			
17	1950	16	274.9	150.697			
18	1960	17	327.1	178.464			
19							
20							
21							
22							

ピヨ
ピヨ

予測したいデータは，No.19 のところに入力しておきます → p.92

16	1940	15	242.7	131.669
17	1950	16	274.9	150.697
18	1960	17	327.1	178.464
19		20	350	?

5.2 非線型回帰分析のための手順

【統計処理の手順】

手順 1 データを入力したら，分析(A) をクリック．続いて，…

メニューから，回帰(R) ⇨ 非線型(N) と選択します．

	年	十年単位	作付面積
1	1790	0	1.5
2	1800	1	3.6
3	1810	2	5.8
4	1820	3	9.4
5	1830	4	13.1
6	1840	5	20.5
7	1850	6	44.7
8	1860	7	60.2
9	1870	8	84.5
10	1880	9	104.5
11	1890	10	133.6
12	1900	11	162.4
13	1910	12	189.3
14	1920	13	209.6
15	1930	14	215.2
16	1940	15	242.7
17	1950	16	274.9
18	1960	17	327.1

手順 2 次の非線型回帰の画面になったら，

人口調査を 従属変数(D) の中へ入れ， パラメータ(A) をクリック．

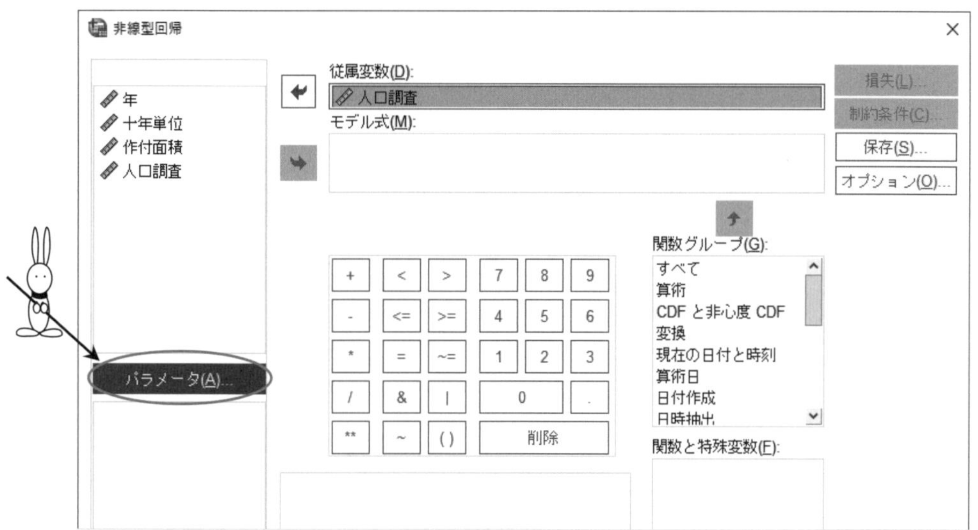
非線型回帰
従属変数(D):
人口調査
モデル式(M):
年
十年単位
作付面積
人口調査
パラメータ(A)...
損失(L)...
制約条件(C)...
保存(S)...
オプション(O)...
関数グループ(G):
すべて
算術
CDF と非心度 CDF
変換
現在の日付と時刻
算術日
日付作成
関数と特殊変数(F):
削除

手順 3 パラメータの画面になったら…

この回帰式では，3つのパラメータ a, b, c を使うので，

まずはじめに， 名前(N) のところへ a を入力．

続いて， 初期値(S) のところへ 0.901 を入力します．

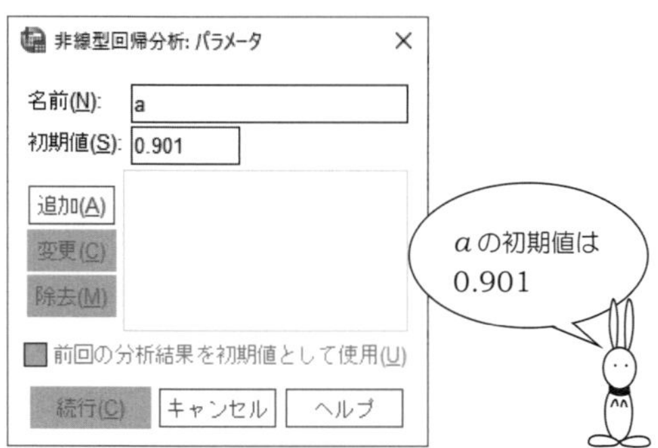
非線型回帰分析: パラメータ
名前(N): a
初期値(S): 0.901
追加(A)
変更(C)
除去(M)
前回の分析結果を初期値として使用(U)
続行(C)
キャンセル
ヘルプ
a の初期値は
0.901

手順 4 追加(A) をクリックすると，次のようになるので，
残りのパラメータ b, c についても，同じように入力して
追加(A) を !!

非線型回帰分析: パラメータ

名前(N):
初期値(S):
追加(A) a(0.901)
変更(C)
除去(M)
前回の分析結果を初期値として使用(U)
続行(C) キャンセル ヘルプ

b の初期値は 0.526

c の初期値は 0.368

手順 5 ワクの中が次のようになったら，続行(C) をカチッ．
すると，画面は**手順 2** の画面にもどります．

非線型回帰分析: パラメータ

名前(N):
初期値(S):
追加(A) a(0.901)
変更(C) b(0.526)
除去(M) c(0.368)
前回の分析結果を初期値として使用(U)
続行(C) キャンセル ヘルプ

a(0.901)
b(0.526)
c(0.368)
の数値を
これで準備完了！

手順 6 ここで，モデル式(M) の中に，非線型回帰式を入力します．

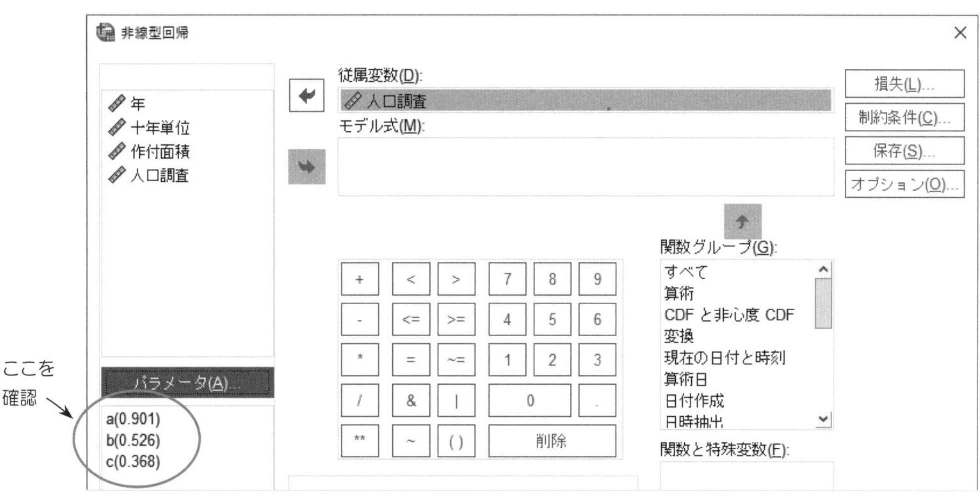
非線型回帰
従属変数(D):
人口調査
モデル式(M):
年
十年単位
作付面積
人口調査
パラメータ(A)...
a(0.901)
b(0.526)
c(0.368)
ここを
確認
損失(L)...
制約条件(C)...
保存(S)...
オプション(O)...
関数グループ(G):
すべて
算術
CDF と非心度 CDF
変換
現在の日付と時刻
算術日
日付作成
削除
関数と特殊変数(F):

手順 7 $a+bx$ の部分は，パラメータ(A) と モデル式(M) の ➡ を利用して次のように入力します．

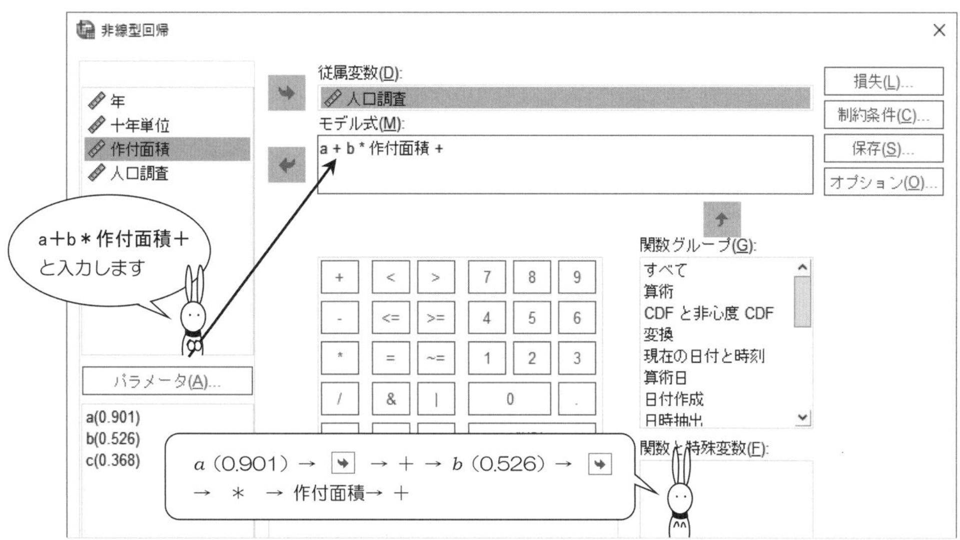
非線型回帰
従属変数(D):
人口調査
モデル式(M):
a + b * 作付面積 +
年
十年単位
作付面積
人口調査
a+b＊作付面積＋
と入力します
パラメータ(A)...
a(0.901)
b(0.526)
c(0.368)
損失(L)...
制約条件(C)...
保存(S)...
オプション(O)...
関数グループ(G):
すべて
算術
CDF と非心度 CDF
変換
現在の日付と時刻
算術日
日付作成
a (0.901) → ➡ → ＋ → b (0.526) → ➡
→ ＊ → 作付面積→ ＋

手順 8 次に，指数関数は，関数と特殊変数(F) の中の Exp をクリック．

続いて，[↑] をクリックすると EXP(?)となります．

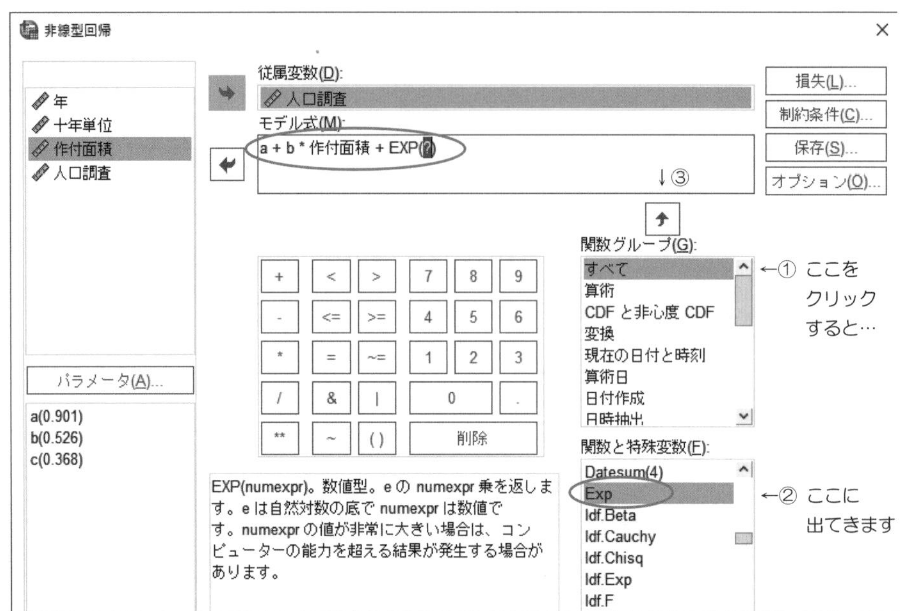
非線型回帰
従属変数(D):
人口調査
モデル式(M):
a + b * 作付面積 + EXP(?)
↓③
年
十年単位
作付面積
人口調査
パラメータ(A)...
a(0.901)
b(0.526)
c(0.368)
損失(L)...
制約条件(C)...
保存(S)...
オプション(O)...
関数グループ(G):
すべて
算術
CDF と非心度 CDF
変換
現在の日付と時刻
算術日
日付作成
←① ここを
クリック
すると…
関数と特殊変数(F):
Datesum(4)
Exp
Idf.Beta
Idf.Cauchy
Idf.Chisq
Idf.Exp
Idf.F
←② ここに
出てきます
削除
EXP(numexpr)。数値型。e の numexpr 乗を返します。e は自然対数の底で numexpr は数値です。numexpr の値が非常に大きい場合は、コンピューターの能力を超える結果が発生する場合があります。

手順 9 そこで，パラメータ c(0.368) をクリックして，

モデル式(M) の左の [➡] をクリック，さらに [*] をクリック．

最後に，十年単位をクリックして，モデル式(M) の左の [➡] をクリック．

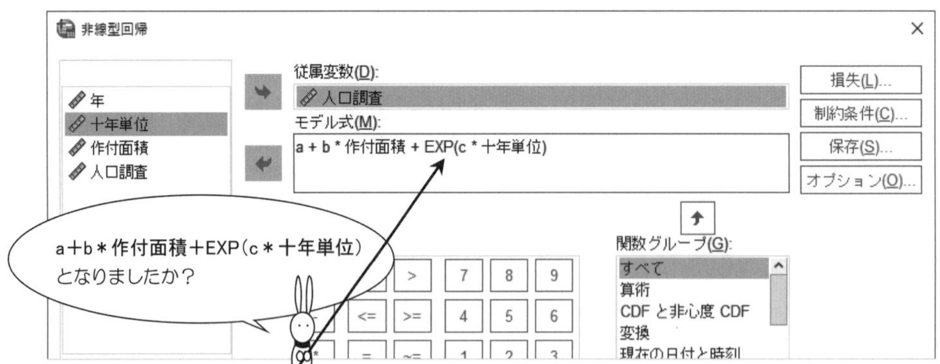
非線型回帰
従属変数(D):
人口調査
モデル式(M):
a + b * 作付面積 + EXP(c * 十年単位)
年
十年単位
作付面積
人口調査
損失(L)...
制約条件(C)...
保存(S)...
オプション(O)...
関数グループ(G):
すべて
算術
CDF と非心度 CDF
変換
a+b＊作付面積+EXP(c＊十年単位)
となりましたか？

手順 10 予測値を知りたいときは，**手順 9** の 保存(S) をクリックして

□ 予測値(P)

をチェック．

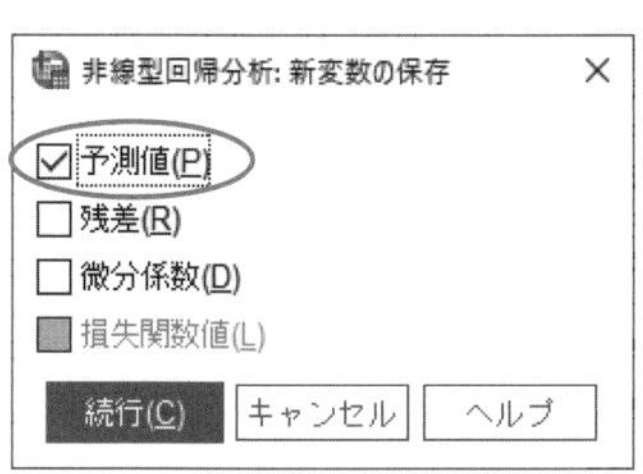
非線型回帰分析: 新変数の保存
予測値(P)
残差(R)
微分係数(D)
損失関数値(L)
続行(C)
キャンセル
ヘルプ

予測値は
大切だよ！

手順 11 続行(C) をクリックすると，次の画面になるので，

あとは， OK ボタンをマウスでカチッ！

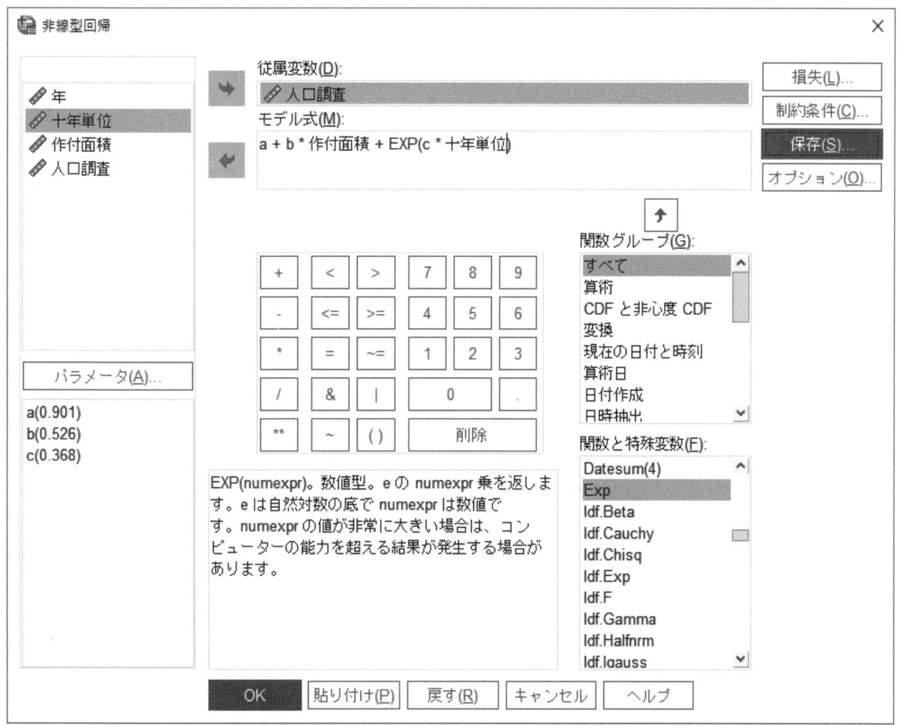
非線型回帰
年
十年単位
作付面積
人口調査
従属変数(D):
人口調査
モデル式(M):
a + b * 作付面積 + EXP(c * 十年単位)
損失(L)...
制約条件(C)...
保存(S)...
オプション(O)...
関数グループ(G):
すべて
算術
CDF と非心度 CDF
変換
現在の日付と時刻
算術日
日付作成
パラメータ(A)...
a(0.901)
b(0.526)
c(0.368)
削除
関数と特殊変数(F):
Datesum(4)
Exp
Idf.Beta
Idf.Cauchy
Idf.Chisq
Idf.Exp
Idf.F
Idf.Gamma
Idf.Halfnrm
EXP(numexpr)。数値型。e の numexpr 乗を返します。e は自然対数の底で numexpr は数値です。numexpr の値が非常に大きい場合は、コンピューターの能力を超える結果が発生する場合があります。
OK
貼り付け(P)
戻す(R)
キャンセル
ヘルプ

【SPSS による出力・その 1】　――非線型回帰分析――

非線型回帰分析

反復の記述[b]

反復数[a]	残差平方和	パラメータ a	b	c	
1.0	511953.413	.901	.526	.368	←①
1.1	34668.715	4.010	.293	.318	
2.0	34668.715	4.010	.293	.318	
2.1	4099.362	3.022	.363	.274	
3.0	4099.362	3.022	.363	.274	
3.1	444.920	2.834	.389	.244	
4.0	444.920	2.834	.389	.244	
4.1	197.513	2.868	.394	.232	
5.0	197.513	2.868	.394	.232	
5.1	194.658	2.899	.394	.231	
6.0	194.658	2.899	.394	.231	
6.1	194.657	2.902	.394	.231	
7.0	194.657	2.902	.394	.231	
7.1	194.657	2.902	.394	.231	←②

微分係数は数値で計算されます。

a. 主要な反復回数が小数点の左側に表示され、副次的な反復回数が小数点の右側に表示されます。

b. 連続する残差平方和間の相対減少率は最大 SSCON = 1.000E-8 であるため、14 回のモデル評価と 7 回の微分係数評価の後に実行が停止しました。

【出力結果の読み取り方・その 1】

⬅① パラメータ a, b, c の初期値です.

a = 0.901

b = 0.526

c = 0.368

実はここから，反復計算が始まっています.

⬅② パラメータ a, b, c の最終推定値です.

a = 2.902

b = 0.394

c = 0.231

反復による残差が基準以下になると，計算がストップし，そのときの値が求めるパラメータの推定値となります.

この値が
パラメータの推定値
ということだね！

【SPSS による出力・その 2】 ——非線型回帰分析——

パラメータ推定値

パラメータ	推定値	標準誤差	95% 信頼区間 下限	95% 信頼区間 上限
a	2.902	1.437	-.161	5.965
b	.394	.021	.350	.438
c	.231	.009	.212	.250

← ③ (b の行)

パラメータ推定値の相関行列

	a	b	c
a	1.000	-.678	.448
b	-.678	1.000	-.918
c	.448	-.918	1.000

分散分析[a]

ソース	平方和	自由度	平均平方和
回帰	123045.371	3	41015.124
残差	194.657	15	12.977
無修正総和	123240.028	18	
修正総和	53293.925	17	

← ⑤ (残差の行)

従属変数: 人口調査

a. R2 乗 = 1 - (残差平方和) / (修正済み平方和) = .996。

④

【出力結果の読み取り方・その 2】

⬅③　求める非線型回帰式は

$$\boxed{人口調査} = 2.902 + 0.394 \times \boxed{作付面積} + e^{0.231 \times \boxed{十年単位}}$$

となります．

パラメータ b の 95%信頼区間は

(0.350,　0.438)

となっています．

信頼区間に 0 が含まれていないということは

“パラメータ b の値は 0 にならない”

つまり，

“ 作付面積 は 人口調査 に影響を与えている”

ということです！

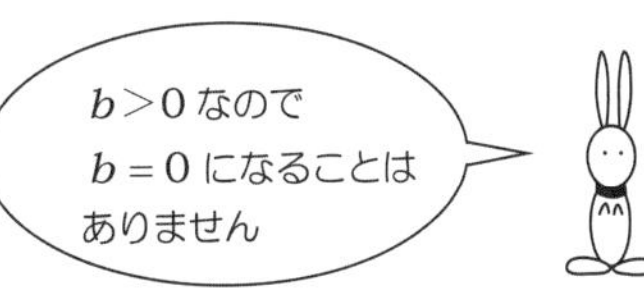
$b>0$ なので
$b=0$ になることは
ありません

パラメータ c の 95%信頼区間にも 0 が含まれていないので，

十年単位 は 人口調査 に影響を与えていることがわかります．

⬅④＋⑤　R 2 乗＝決定係数 R^2 のこと．

$$R\,2\,乗 = 1 - \frac{194.657}{53293.925} = 0.996$$

R 2 乗＝0.996 は 1 に近いので，

この非線型回帰式は

よくあてはまっていることがわかります．

【SPSS による出力・その 3】 ――非線型回帰分析――

⑥

	年	十年単位	作付面積	人口調査	PRED_	var	var	var
1	1790	0	1.5	3.895	4.49			
2	1800	1	3.6	5.267	5.58			
3	1810	2	5.8	7.182	6.77			
4	1820	3	9.4	9.566	8.60			
5	1830	4	13.1	12.834	10.58			
6	1840	5	20.5	16.985	14.15			
7	1850	6	44.7	23.069	24.51			
8	1860	7	60.2	31.278	31.65			
9	1870	8	84.5	38.416	42.53			
10	1880	9	104.5	49.924	52.05			
11	1890	10	133.6	62.692	65.59			
12	1900	11	162.4	75.734	79.54			
13	1910	12	189.3	91.812	93.43			
14	1920	13	209.6	109.806	105.56			
15	1930	14	215.2	122.775	112.98			
16	1940	15	242.7	131.669	130.38			
17	1950	16	274.9	150.697	151.34			
18	1960	17	327.1	178.464	182.32			
19								
20								

各ケースの
予測値です

十年単位＝20，作付面積＝350　と入力しておくと
予測値＝241.80 を計算します

	年	十年単位	作付面積	人口調査	PRED_
14	1920	13	209.6	109.806	105.56
15	1930	14	215.2	122.775	112.98
16	1940	15	242.7	131.669	130.38
17	1950	16	274.9	150.697	151.34
18	1960	17	327.1	178.464	182.32
19	.	20	350.0	.	241.80
20					

【出力結果の読み取り方・その3】

⬅⑥　PRED は予測値のことです．

各ケースの予測値は，データファイルのところに出力されます．

孫の手

SPSS の曲線推定式には，次のような式が用意されています

1次　$Y=b_0+b_1 t$

対数　$Y=b_0+b_1 \cdot \log(t)$

逆数　$Y=b_0+\frac{b_1}{t}$

2次　$Y=b_0+b_1 t+b_2 t^2$

3次　$Y=b_0+b_1 t+b_2 t^2+b_2 t^3$

複合成長　$Y=b_0 \cdot b_1{}^t$

ベキ乗　$Y=b_0 \cdot t^{b1}$

S曲線　$Y=e^{b_0+\frac{b_1}{t}}$

成長曲線　$Y=e^{b_0+b_1{}^t}$

指数　$Y=b_0 \cdot e^{b_1{}^t}$

ロジスティック　$Y=\dfrac{1}{\frac{1}{u}+b_0 \cdot b_1{}^t}$

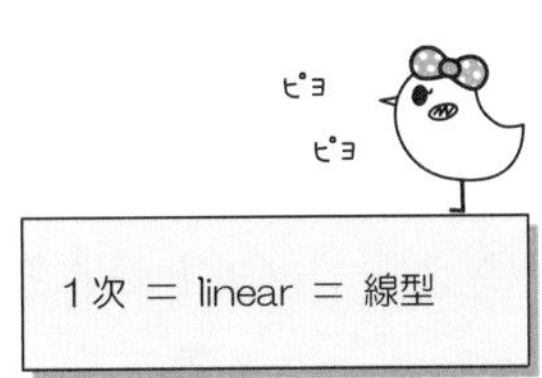
ピヨ
ピヨ
1次 ＝ linear ＝ 線型

こんなにあるんだ・・・

第6章 対数線型分析

6.1 はじめに

次のデータは，シートベルト着用と損傷程度に関する自動車事故の報告です．

表 6.1　自動車事故とシートベルト

シートベルト ＼ 損傷程度	致命傷	軽　傷
非着用	1601	162527
着　用	510	412368

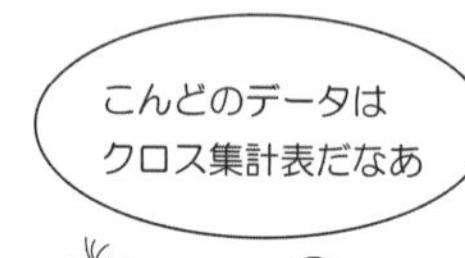
こんどのデータは
クロス集計表だなあ

分析したいことは？

- ◉ シートベルトの非着用と致命傷の**間**に，どのような**関係**があるのだろうか？
- ◉ その関係の**強**さを**測**ることができるだろうか？

ところで，対数線型モデルは

$$\log_e(m_{ij}) = \mu + \alpha_i + \beta_j + \gamma_{ij}$$

という形をしています．　☞ p.101

【データ入力の型】

表 6.1 のようなクロス集計表のデータの入力には，細心の注意が必要です *!!*

死傷者数 のところは データ(D) ⇨ ケースの重み付け(W) を忘れずに *!!*

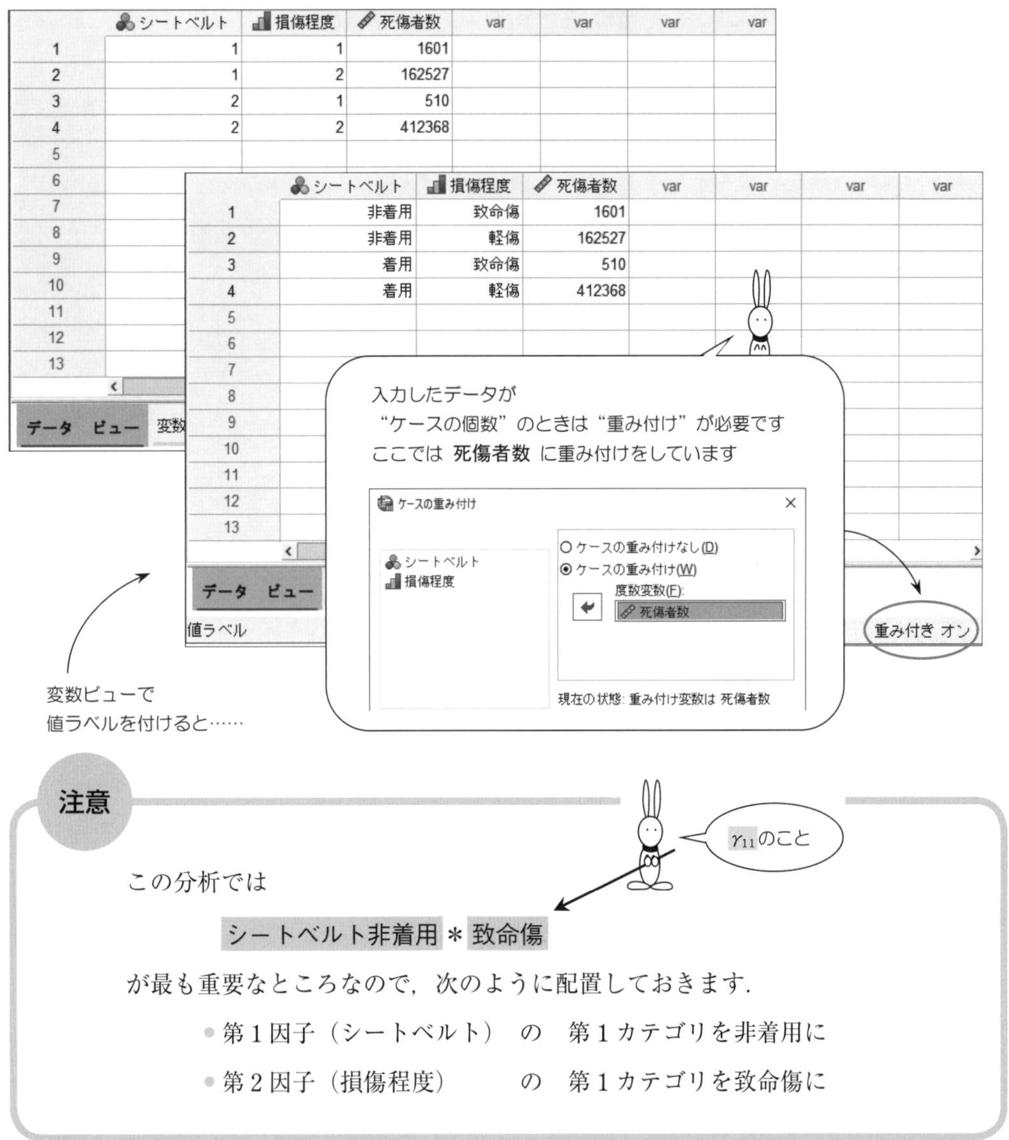

シートベルト
損傷程度
死傷者数
var
1
2
3
4
1601
162527
510
412368
データ ビュー
非着用
着用
致命傷
軽傷
値ラベル
入力したデータが
“ケースの個数” のときは “重み付け” が必要です
ここでは 死傷者数 に重み付けをしています
ケースの重み付け
ケースの重み付けなし(D)
ケースの重み付け(W)
度数変数(F):
現在の状態: 重み付け変数は 死傷者数
重み付き オン
変数ビューで
値ラベルを付けると……

注意

γ_{11}のこと

この分析では

シートベルト非着用 ∗ 致命傷

が最も重要なところなので，次のように配置しておきます．

- 第 1 因子（シートベルト） の 第 1 カテゴリを非着用に
- 第 2 因子（損傷程度） の 第 1 カテゴリを致命傷に

6.2 対数線型分析のための手順

【統計処理の手順】

手順 1 データを入力したら，分析(A) をクリック．続いて…

メニューの中の 対数線型(O) を選択すると，

サブメニューに 一般的(G) があるので，ここをクリック．

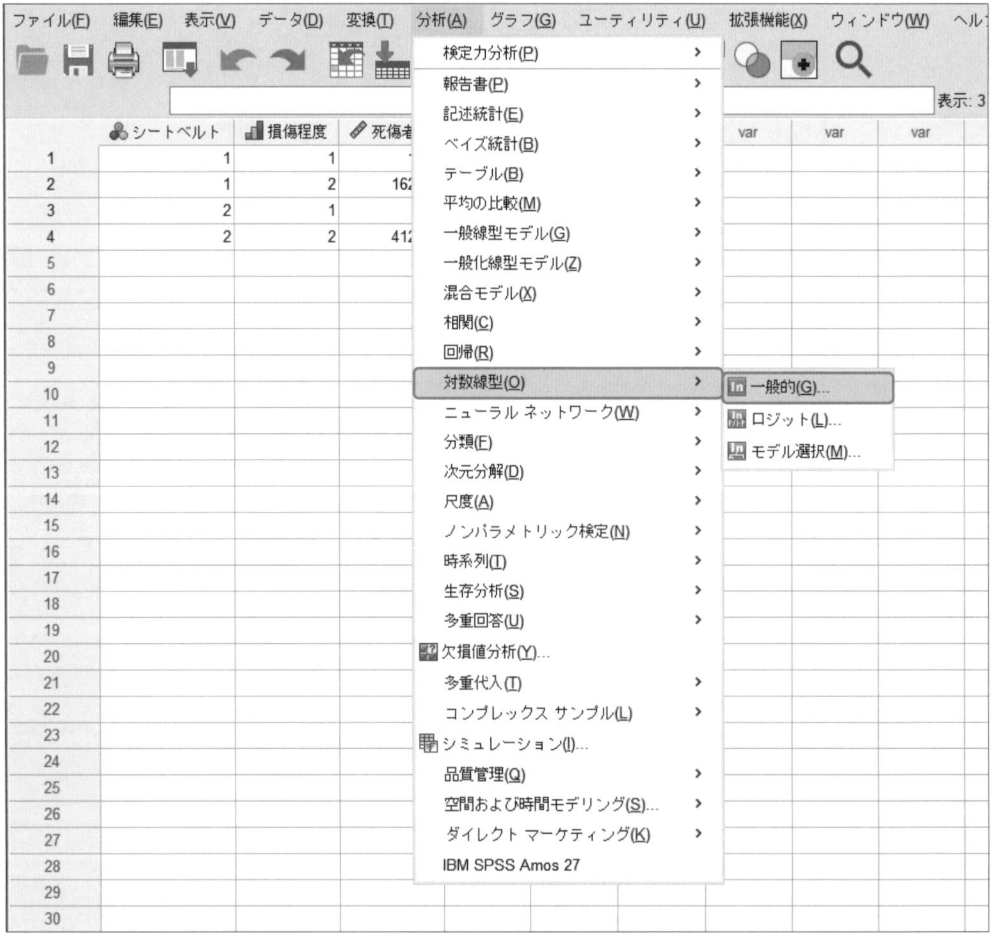

手順 2 次の一般対数線型分析の画面になったら，

シートベルトをカチッとして 因子(F) の左側の ➡ をクリック．

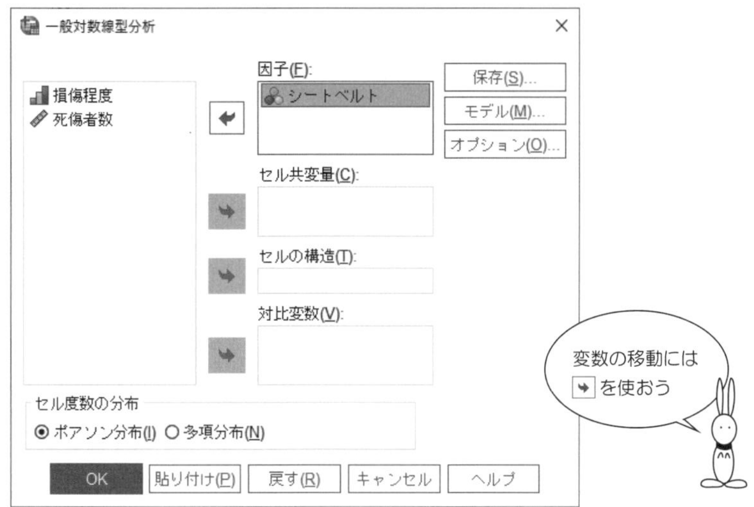
一般対数線型分析
損傷程度
死傷者数
因子(F):
シートベルト
セル共変量(C):
セルの構造(T):
対比変数(V):
保存(S)...
モデル(M)...
オプション(O)...
セル度数の分布
ポアソン分布(I)
多項分布(N)
OK
貼り付け(P)
戻す(R)
キャンセル
ヘルプ
変数の移動には
➡ を使おう

手順 3 シートベルトが 因子(F) の中に入ったら，同じように

損傷程度も 因子(F) の中に入れます．

一般対数線型分析
死傷者数
因子(F):
シートベルト
損傷程度
セル共変量(C):
セルの構造(T):
対比変数(V):
保存(S)...
モデル(M)...
オプション(O)...
セル度数の分布
ポアソン分布(I)
多項分布(N)
OK
貼り付け(P)
戻す(R)
キャンセル
ヘルプ

手順 4 続いて，モデル(M) をクリックすると，次の画面が現れます．

モデルを自分で作るときには○ 項の構築 を利用しますが

ここでは，飽和モデルなので，そのまま‼

続行(C) をクリックすると，**手順 3** の画面にもどります．

一般的な対数線型分析: モデル
モデルの指定
飽和モデル(S)
項の構築(B)
因子と共変量(F):
シートベルト
損傷程度
モデルに含まれる項(T):
ここでは
このままで OK！

手順 5 オプション(O) をクリックすると，次の画面になるので

□ 計画行列(G)　　□ 推定値(E)

をチェック．そして，続行(C)．

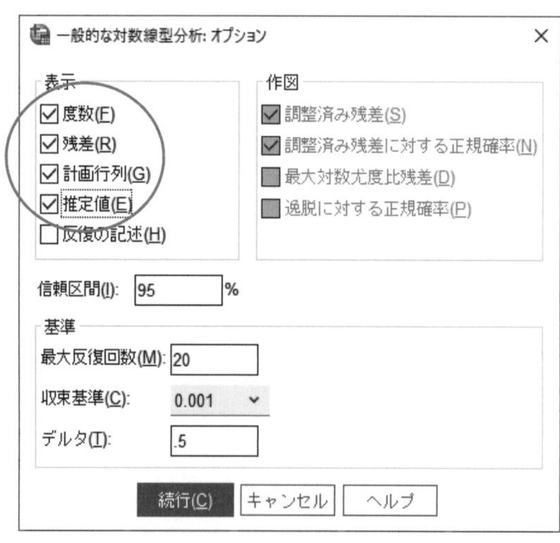
一般的な対数線型分析: オプション
表示
度数(F)
残差(R)
計画行列(G)
推定値(E)
反復の記述(H)
作図
調整済み残差(S)
調整済み残差に対する正規確率(N)
最大対数尤度比残差(D)
逸脱に対する正規確率(P)
信頼区間(I): 95 %
基準
最大反復回数(M): 20
収束基準(C): 0.001
デルタ(T): .5
続行(C)
キャンセル
ヘルプ

デザイン行列
＝design matrix

手順 6 次の画面にもどったら， OK ボタンをマウスでカチッ！

一般対数線型分析
死傷者数
因子(F):
シートベルト
損傷程度
保存(S)...
モデル(M)...
オプション(O)...
セル共変量(C):
セルの構造(T):
対比変数(V):
セル度数の分布
ポアソン分布(I)
多項分布(N)
OK
貼り付け(P)
戻す(R)
キャンセル
ヘルプ

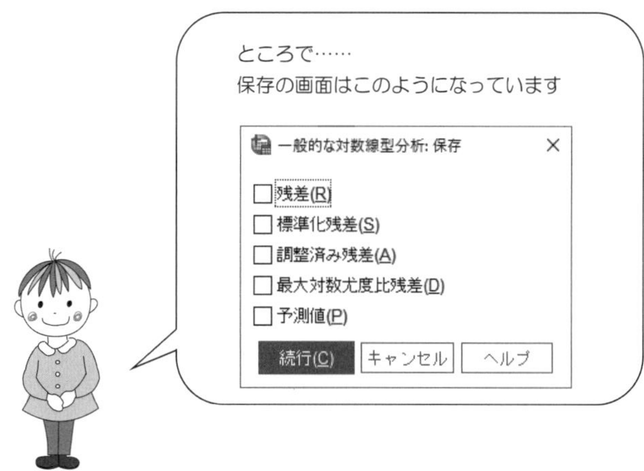
ところで……
保存の画面はこのようになっています
一般的な対数線型分析: 保存
残差(R)
標準化残差(S)
調整済み残差(A)
最大対数尤度比残差(D)
予測値(P)
続行(C)
キャンセル
ヘルプ

【SPSS による出力・その 1】 ――対数線型分析――

一般的な対数線型

パラメータ推定値[b,c]

パラメータ	推定値	標準誤差
定数	12.930	.002
[シートベルト = 1]	-.931	.003
[シートベルト = 2]	0[a]	.
[損傷程度 = 1]	-6.694	.044
[損傷程度 = 2]	0[a]	.
[シートベルト = 1] * [損傷程度 = 1]	2.074	.051
[シートベルト = 1] * [損傷程度 = 2]	0[a]	.
[シートベルト = 2] * [損傷程度 = 1]	0[a]	.
[シートベルト = 2] * [損傷程度 = 2]	0[a]	.

← ②

a. このパラメータは冗長であるため 0 に設定されています。

b. モデル: ポアソン分布

c. 計画: 定数 + シートベルト + 損傷程度 + シートベルト * 損傷程度  ①

これが9個の
パラメータです

定数 ……………………………………… μ
シートベルト＝1……………………………… α_1
シートベルト＝2……………………………… $\alpha_2=0$
損傷程度＝1 ………………………………… β_1
損傷程度＝2 ………………………………… $\beta_2=0$
シートベルト＝1＊損傷程度＝1 ………… γ_{11}
シートベルト＝1＊損傷程度＝2 ………… $\gamma_{12}=0$
シートベルト＝2＊損傷程度＝1 ………… $\gamma_{21}=0$
シートベルト＝2＊損傷程度＝2 ………… $\gamma_{22}=0$

【出力結果の読み取り方・その 1】

⬅① これが今，取り上げている対数線型モデルです．

式で表すと……

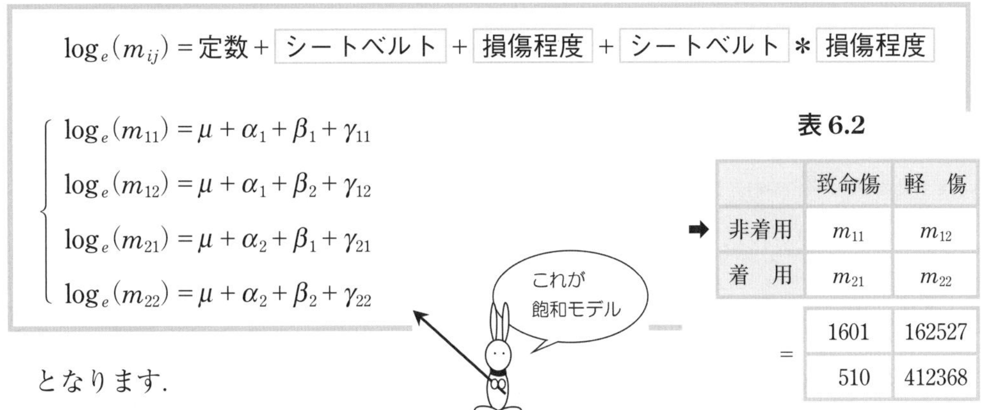

これが
飽和モデル

$$\log_e(m_{ij}) = \text{定数} + \boxed{\text{シートベルト}} + \boxed{\text{損傷程度}} + \boxed{\text{シートベルト}} * \boxed{\text{損傷程度}}$$

$$\begin{cases} \log_e(m_{11}) = \mu + \alpha_1 + \beta_1 + \gamma_{11} \\ \log_e(m_{12}) = \mu + \alpha_1 + \beta_2 + \gamma_{12} \\ \log_e(m_{21}) = \mu + \alpha_2 + \beta_1 + \gamma_{21} \\ \log_e(m_{22}) = \mu + \alpha_2 + \beta_2 + \gamma_{22} \end{cases}$$

表 6.2

	致命傷	軽　傷
非着用	m_{11}	m_{12}
着　用	m_{21}	m_{22}

=

1601	162527
510	412368

となります．

⬅② 与えられているデータは

$$m_{11} = 1601, \quad m_{12} = 162527, \quad m_{21} = 510, \quad m_{22} = 412368$$

の 4 個なのですが，パラメータの方は

$$\mu, \ \alpha_1, \ \alpha_2, \ \beta_1, \ \beta_2, \ \gamma_{11}, \ \gamma_{12}, \ \gamma_{21}, \ \gamma_{22}$$

の 9 個もあります．

そこで，次の 5 個のパラメータを

$$\alpha_2 = 0, \quad \beta_2 = 0, \quad \gamma_{12} = 0, \quad \gamma_{21} = 0, \quad \gamma_{22} = 0$$

として，

残りの $\mu, \alpha_1, \beta_1, \gamma_{11}$ を推定します．

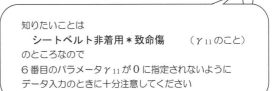

知りたいことは
シートベルト非着用＊致命傷　（γ_{11}のこと）
のところなので
6 番目のパラメータγ_{11}が 0 に指定されないように
データ入力のときに十分注意してください

【SPSS による出力・その 2】 ——対数線型分析——

計画行列[a,b]

シートベルト	損傷程度	セルの構造	パラメータ 定数	[シートベルト = 1]	[損傷程度 = 1]	[シートベルト = 1] * [損傷程度 = 1]
非着用	致命傷	1	1	1	1	1
	軽傷	1	1	1	0	0 ← ③
着用	致命傷	1	1	0	1	0
	軽傷	1	1	0	0	0

計画行列のデフォルト表示が入れ替わります。余分なパラメータは表示されません。

a. モデル: ポアソン分布

b. 計画: 定数 + シートベルト + 損傷程度 + シートベルト * 損傷程度

行と列の入れ換えは
表をダブルクリックして
ピボット(P)
⇒ 行と列の入れ換え(T)

セル度数と残差[a,b]

シートベルト	損傷程度	観測 度数	観測 %	期待 度数	期待 %	残差	標準化 残差	調整済み 残差	逸脱
非着用	致命傷	1601.500	0.3%	1601.500	0.3%	.000	.000	.000	.000
	軽傷	162527.500	28.2%	162527.500	28.2%	.000	.000	.000	.000
着用	致命傷	510.500	0.1%	510.500	0.1%	.000	.000	.000	.000
	軽傷	412368.500	71.5%	412368.500	71.5%	.000	.000	.	.000

a. モデル: ポアソン分布

b. 計画: 定数 + シートベルト + 損傷程度 + シートベルト * 損傷程度

計画行列のパラメータは
つまり，こういうこと！

表 6.3

シートベルト	損傷程度	定数	シートベルト	損傷程度	シートベルト×損傷程度
非着用	致命傷	μ	α_1	β_1	γ_{11}
	軽　傷	μ	α_1	0	0
着　用	致命傷	μ	0	β_1	0
	軽　傷	μ	0	0	0

【出力結果の読み取り方・その 2】

⬅③ 計画行列です．したがって，9 個のパラメータに対して

$$\begin{cases} \log_e(m_{11}) = \mu + \alpha_1 + \beta_1 + \gamma_{11} \\ \log_e(m_{12}) = \mu + \alpha_1 \\ \log_e(m_{21}) = \mu \qquad + \beta_1 \\ \log_e(m_{22}) = \mu \end{cases} \Longleftrightarrow \begin{cases} 1 \quad 1 \quad 1 \quad 1 \\ 1 \quad 1 \quad 0 \quad 0 \\ 1 \quad 0 \quad 1 \quad 0 \\ 1 \quad 0 \quad 0 \quad 0 \end{cases}$$

のように対応しています．そこで，この式を解いてみると

$$\begin{cases} \mu = \log(m_{22}) \\ \alpha_1 = \log(m_{12}) - \log(m_{22}) = \log\left(\dfrac{m_{12}}{m_{22}}\right) \\ \beta_1 = \log(m_{21}) - \log(m_{22}) = \log\left(\dfrac{m_{21}}{m_{22}}\right) \\ \gamma_{11} = \log(m_{11}) - \log(m_{12}) - \log(m_{21}) + \log(m_{22}) = \log\left(\dfrac{\dfrac{m_{11}}{m_{12}}}{\dfrac{m_{21}}{m_{22}}}\right) \end{cases}$$

$\dfrac{m_{12}}{m_{22}}$ …… オッズ

$\log\left(\dfrac{m_{12}}{m_{22}}\right)$ …… 対数オッズ

となります．

ここで重要なところは，γ_{11} の部分，つまりオッズ比

$$\frac{\dfrac{m_{11}}{m_{12}}}{\dfrac{m_{21}}{m_{22}}} = \frac{\text{シートベルト非着用のときの致命傷と軽傷の比}}{\text{シートベルト着用のときの致命傷と軽傷の比}}$$

のところです．このオッズ比が 1 のときは，シートベルトを着用してもしなくても致命傷になる割合は変わりません．

このことを対数オッズ比でいいかえると，次のようになります．

$$\gamma_{11} = \log\left(\frac{m_{11}m_{22}}{m_{12}m_{21}}\right) = 0 \iff \text{シートベルトと致命傷は独立である}$$

【SPSS による出力・その 3】 ——対数線型分析——

パラメータ推定値[b,c]

パラメータ	推定値	標準誤差	Z	有意確率	95% 信頼区間 下限	95% 信頼区間 上限
定数	12.930	.002	8302.909	.000	12.927	12.933
[シートベルト = 1]	-.931	.003	-317.902	.000	-.937	-.925
[シートベルト = 2]	0[a]	.	.	.	.	.
[損傷程度 = 1]	-6.694	.044	-151.239	.000	-6.781	-6.608
[損傷程度 = 2]	0[a]	.	.	.	.	.
[シートベルト = 1] * [損傷程度 = 1]	2.074	.051	40.762	.000	1.975	2.174
[シートベルト = 1] * [損傷程度 = 2]	0[a]	.	.	.	.	.
[シートベルト = 2] * [損傷程度 = 1]	0[a]	.	.	.	.	.
[シートベルト = 2] * [損傷程度 = 2]	0[a]	.	.	.	.	.

a. このパラメータは冗長であるため 0 に設定されています。

b. モデル: ポアソン分布

c. 計画: 定数 + シートベルト + 損傷程度 + シートベルト * 損傷程度

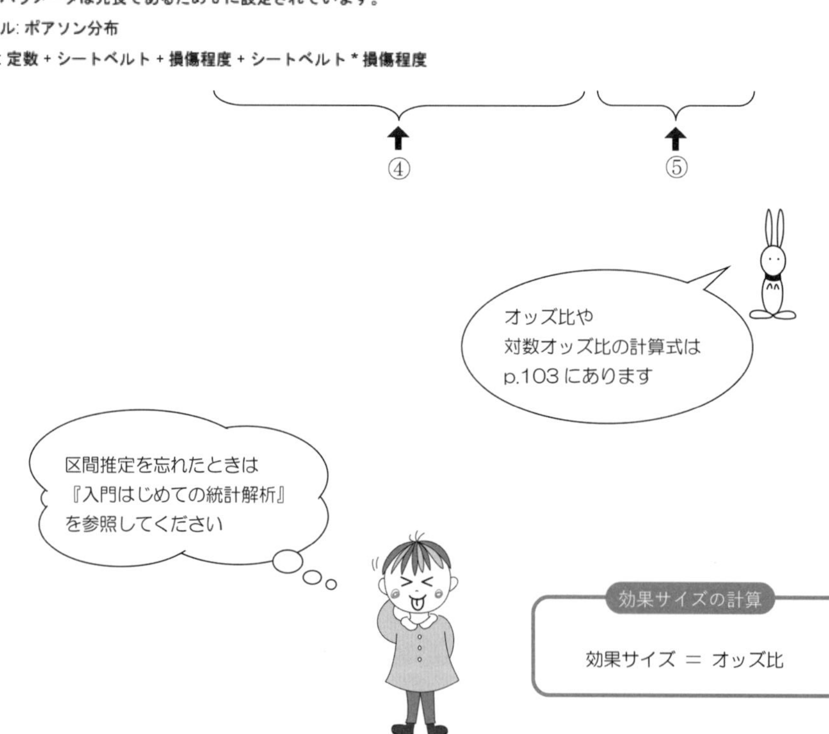
④
⑤
オッズ比や
対数オッズ比の計算式は
p.103 にあります
区間推定を忘れたときは
『入門はじめての統計解析』
を参照してください
効果サイズの計算
効果サイズ ＝ オッズ比

【出力結果の読み取り方・その 3】

⬅④⑤　4 個のパラメータの推定値と，95%の区間推定を求めています．

1	……	$\mu=12.930$	……	$12.927 \leqq \mu \leqq 12.933$
2	……	$\alpha_1=-0.931$	……	$-0.937 \leqq \alpha_1 \leqq -0.925$
3	……	$a_2=0$		
4	……	$\beta_1=-6.694$	……	$-6.781 \leqq \beta_1 \leqq -6.608$
5	……	$\beta_2=0$		
6	……	$\gamma_{11}=2.074$	……	$1.975 \leqq \gamma_{11} \leqq 2.174$

特に，パラメータ 6 に注目 !!

γ_{11} はシートベルト非着用＊致命傷なので，シートベルト着用に比べてシートベルト非着用のときの致命傷と軽傷の対数オッズ比は，2.074 です．

信頼係数 95%で，1.975 から 2.174 の間に入っています．

オッズ比に変換すると，シートベルトを着用しているときに比べてシートベルト非着用のときの致命傷と軽傷のオッズ比は 7.96 です．

信頼係数 95%で，7.21＝exp(1.975) から 8.79＝exp(2.174) の間です．

つまり，交通事故にあったとき，

> シートベルトを着用していなかったら
> シートベルトを着用したときに比べて，
> 7.21 倍から 8.79 倍，危険だ

ということです !!

第7章　ロジット対数線型分析

7.1 はじめに

次のデータは，シートベルト着用の損傷程度に関する自動車事故の報告です．

表 7.1　自動車事故とシートベルト

シートベルト ＼ 損傷程度	致命傷	軽　傷
非着用	1601	162527
着　用	510	412368

6章と同じ
クロス集計表の
データだね

分析したいことは？

◉ シートベルトを着用していないとき致命傷になる **割合** は，シートベルトを着用しているときに比べて，どのくらい **異** なるのだろうか？

ところで，ロジット対数線型モデルは

$$\log_e\left(\frac{m_{ij}}{m_{ik}}\right)=\lambda+\delta_i$$

という形をしています．　☞ p.111

【データ入力の型】

表7.1のようなクロス集計表のデータの入力には，細心の注意が必要です !!

死傷者数のところは

データ(D) ⇨ ケースの重み付け(W)

を忘れずに！

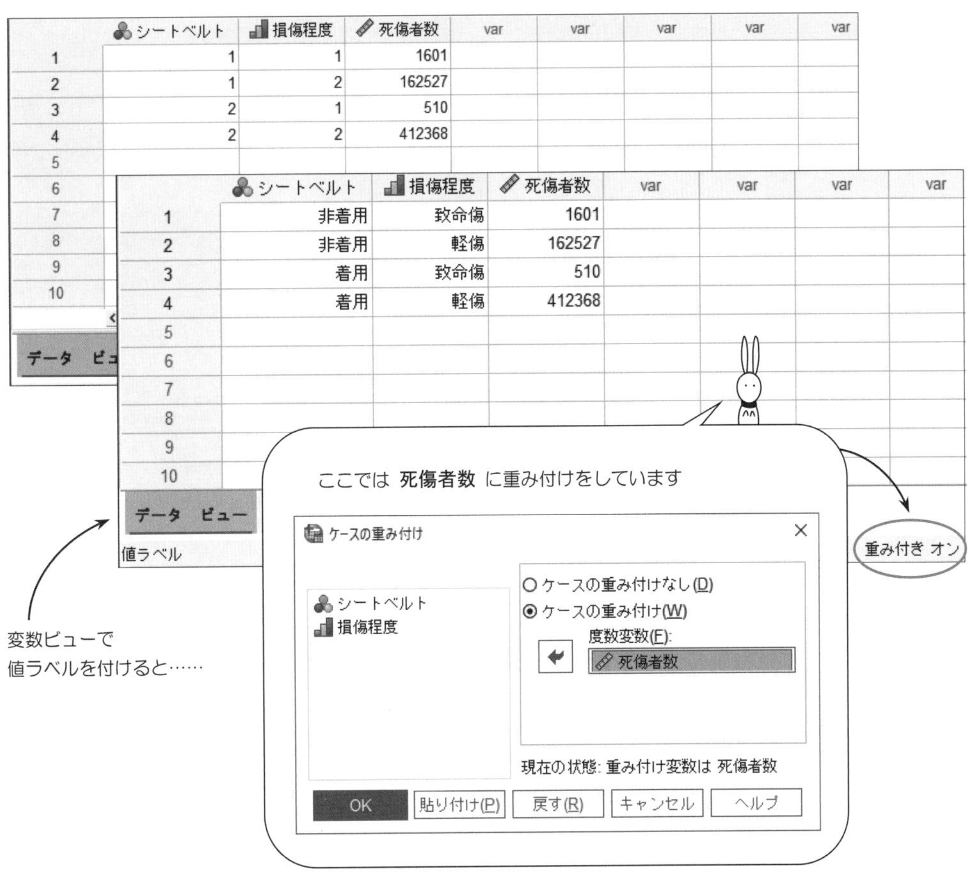

シートベルト
損傷程度
死傷者数
var
1 1 1 1601
2 1 2 162527
3 2 1 510
4 2 2 412368
データ ビュー
シートベルト
損傷程度
死傷者数
1 非着用 致命傷 1601
2 非着用 軽傷 162527
3 着用 致命傷 510
4 着用 軽傷 412368
データ ビュー
値ラベル
ここでは 死傷者数 に重み付けをしています
ケースの重み付け
ケースの重み付けなし(D)
ケースの重み付け(W)
度数変数(F):
死傷者数
現在の状態: 重み付け変数は 死傷者数
OK
貼り付け(P)
戻す(R)
キャンセル
ヘルプ
重み付き オン
変数ビューで
値ラベルを付けると……

7.2 ロジット対数線型分析のための手順

【統計処理の手順】

手順 1 データを入力したら，分析(A) をクリック．続いて，

メニューから 対数線型(O) ⇨ ロジット(L) と選択．

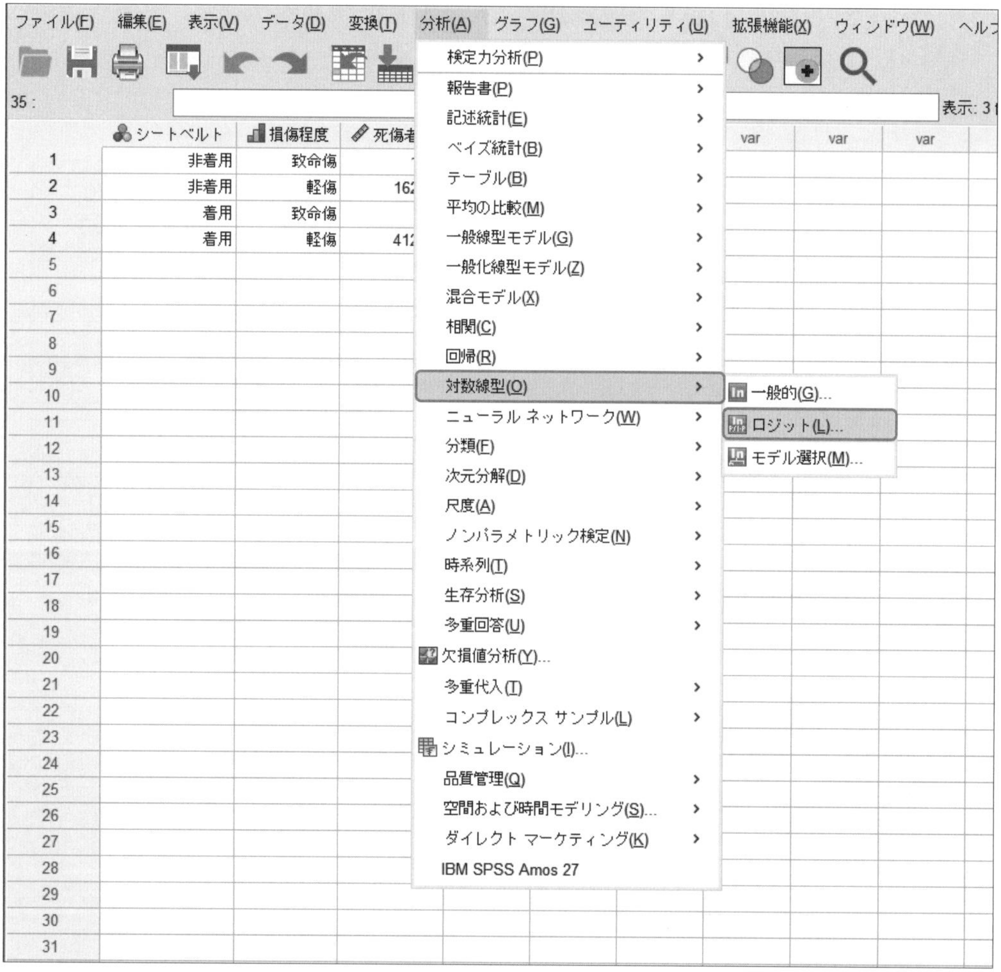

手順 2 次の画面が現れたら，損傷程度を 従属変数(D) の中へ，そして

シートベルトを 因子(F) の中へ入れて， オプション(O) をカチッ．

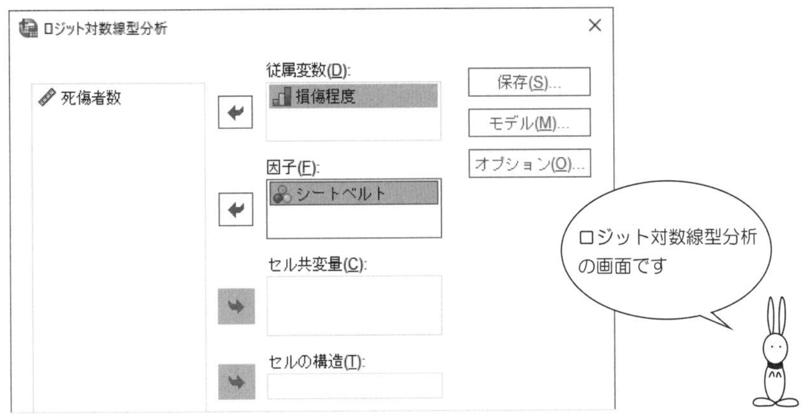
ロジット対数線型分析
従属変数(D):
損傷程度
死傷者数
保存(S)...
モデル(M)...
オプション(O)...
因子(F):
シートベルト
セル共変量(C):
セルの構造(T):
ロジット対数線型分析
の画面です

手順 3 オプション(O) の画面の中に

□ 計画行列(G)　　□ 推定値(E)

があるので，ここをチェックして， 続行(C) ．そして， OK ．

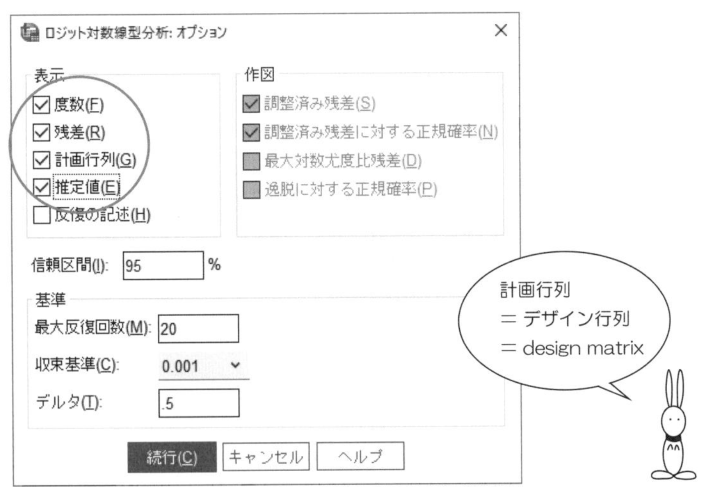
ロジット対数線型分析: オプション
表示
度数(F)
残差(R)
計画行列(G)
推定値(E)
反復の記述(H)
作図
調整済み残差(S)
調整済み残差に対する正規確率(N)
最大対数尤度比残差(D)
逸脱に対する正規確率(P)
信頼区間(I): 95 %
基準
最大反復回数(M): 20
収束基準(C): 0.001
デルタ(T): .5
続行(C)
キャンセル
ヘルプ
計画行列
＝デザイン行列
＝design matrix

【SPSS による出力・その 1】 ——ロジット対数線型分析——

計画行列[a,b,c]

シートベルト	損傷程度	セルの構造	パラメータ 定数 [シートベルト = 1]	[シートベルト = 2]	[損傷程度 = 1]	[損傷程度 = 1] * [シートベルト = 1]
非着用	致命傷	1	1	0	1	1 ← ①
	軽傷	1	1	0	0	0
着用	致命傷	1	0	1	1	0
	軽傷	1	0	1	0	0

計画行列のデフォルト表示が入れ替わります。余分なパラメータは表示されません。

a. モデル: 多項ロジット

b. 計画: 定数 + 損傷程度 + 損傷程度 * シートベルト

c. 独立因子のレベルの各組み合わせに対して個別の定数項があります。

セル度数と残差[a,b]

シートベルト	損傷程度	観測 度数	観測 %	期待 度数	期待 %	残差	標準化残差	調整済み残差	逸脱
非着用	致命傷	1601.500	1.0%	1601.500	1.0%	.000	.000	.000	.000
	軽傷	162527.500	99.0%	162527.500	99.0%	.000	.000	.000	.000
着用	致命傷	510.500	0.1%	510.500	0.1%	.000	.000	.000	-.010
	軽傷	412368.500	99.9%	412368.500	99.9%	.000	.000	.	.010

a. モデル: 多項ロジット

b. 計画: 定数 + 損傷程度 + 損傷程度 * シートベルト

計画行列のパラメータはつまりこういうこと！

シートベルト	損傷程度	ベルト＝1	ベルト＝2	損傷程度＝1	(損傷程度＝1)×(シートベルト＝1)
非着用	致命傷	α_1	0	β_1	γ_{11}
	軽　傷	α_1	0	0	0
着　用	致命傷	0	α_2	β_1	0
	軽　傷	0	α_2	0	0

【出力結果の読み取り方・その 1】

⬅① ロジット対数モデルは，次のようになっています．

$$\begin{cases} \log\left(\dfrac{m_{11}}{m_{12}}\right) = \lambda + \delta_1 \\ \log\left(\dfrac{m_{21}}{m_{22}}\right) = \lambda + \delta_2 \end{cases}$$

表 7.2

	致命傷	軽　傷
⬅ 非着用	m_{11}	m_{12}
着　用	m_{21}	m_{22}

実は，このロジット対数線型モデルは，次の対数線型モデルと同じです !!

$$\begin{cases} \log(m_{11}) = \alpha_1 + \beta_1 + \gamma_{11} \\ \log(m_{12}) = \alpha_1 + \beta_2 + \gamma_{12} \\ \log(m_{21}) = \alpha_2 + \beta_1 + \gamma_{21} \\ \log(m_{22}) = \alpha_2 + \beta_2 + \gamma_{22} \end{cases}$$

⬅ p.101 のモデルとの対応

$= \mu + \alpha_1 + \beta_1 + \gamma_{11}$

$= \mu + \alpha_1 + \beta_2 + \gamma_{12}$

$= \mu + \alpha_2 + \beta_1 + \gamma_{21}$

$= \mu + \alpha_2 + \beta_2 + \gamma_{22}$

つまり

$$\begin{cases} \log\left(\dfrac{m_{11}}{m_{12}}\right) = \log(m_{11}) - \log(m_{12}) = (\beta_1 - \beta_2) + (\gamma_{11} - \gamma_{12}) \\ \log\left(\dfrac{m_{21}}{m_{22}}\right) = \log(m_{21}) - \log(m_{22}) = (\beta_1 - \beta_2) + (\gamma_{21} - \gamma_{22}) \end{cases}$$

となるので

$$\begin{cases} \lambda = \beta_1 - \beta_2, \quad \delta_1 = \gamma_{11} - \gamma_{12} \\ \lambda = \beta_1 - \beta_2, \quad \delta_2 = \gamma_{21} - \gamma_{22} \end{cases}$$

に対応しています．

したがって，ロジット対数線型分析は，p.101 の対数線型モデルで

$$\mu + \alpha_1 \longrightarrow \alpha_1 \qquad \beta_1 \longleftrightarrow \beta_1 \qquad \gamma_{11} \longleftrightarrow \gamma_{11}$$

$$\mu + \alpha_2 \longrightarrow \alpha_2$$

に対応しているので，次の 4 つのパラメータを推定すれば十分ですね！

$$\left\{ \alpha_1 \quad \alpha_2 \quad \beta_1 \quad \beta_2 \quad \gamma_{11} \quad \gamma_{12} \quad \gamma_{21} \quad \gamma_{22} \right\}$$

【SPSS による出力・その 2】 ——ロジット対数線型分析——

パラメータ推定値[c,d]

パラメータ		推定値	標準誤差	Z	有意確率	95% 信頼区間 下限	95% 信頼区間 上限
定数	[シートベルト = 1]	11.999[a]					
	[シートベルト = 2]	12.930[a]					
[損傷程度 = 1]		-6.694	.044	-151.194	.000	-6.781	-6.608
[損傷程度 = 2]		0[b]	.	.	.	.	.
[損傷程度 = 1] * [シートベルト = 1]		2.074	.051	40.753	.000	1.975	2.174
[損傷程度 = 1] * [シートベルト = 2]		0[b]	.	.	.	.	.
[損傷程度 = 2] * [シートベルト = 1]		.000	.	.	.	.	.
[損傷程度 = 2] * [シートベルト = 2]		0[b]	.	.	.	.	.

a. 定数は、多項仮定ではパラメータではありません。したがって、これらの標準誤差は計算されません。

b. このパラメータは冗長であるため 0 に設定されています。

c. モデル: 多項ロジット

d. 計画: 定数 + 損傷程度 + 損傷程度 * シートベルト

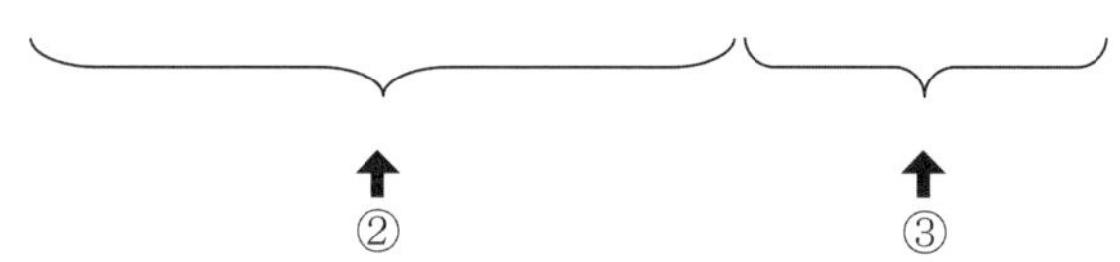
②
③

$$\log(\text{オッズ}) = 2.074$$

⇕

$$\text{オッズ} = e^{2.074} = 7.957$$

【出力結果の読み取り方・その2】

⬅②+③　4つのパラメータの推定値と95%信頼区間を求めています.

$\alpha_1 = 11.999$ ⬅ $\mu + \alpha_1 = 12.930 - 0.931$

$\alpha_2 = 12.930$ ⬅ $\mu + \alpha_2 = 12.930 + 0$

$\beta_1 = -6.694$ …… $-6.781 \leqq \beta_1 \leqq -6.608$

$\beta_2 = 0$

$\gamma_{11} = 2.074$ …… $1.975 \leqq \gamma_{11} \leqq 2.174$

$\gamma_{12} = 0$

$\gamma_{21} = 0$

$\gamma_{22} = 0$

したがって，ロジット対数線型モデルのパラメータは

$$\lambda = \beta_1 - \beta_2 = -6.694 - 0 = -6.694$$

$$\delta_1 = \gamma_{11} - \gamma_{12} = 2.074 - 0 = 2.074$$

$$\delta_2 = \gamma_{21} - \gamma_{22} = 0 - 0 = 0$$

となります.

知りたいことは，

“シートベルトの着用時と非着用時における致命傷の情報”

なので，$\delta_1 = 2.074$ と $\delta_2 = 0$ の値に注目します.

したがって，シートベルト非着用時の致命傷の対数オッズは，シートベルト着用時に対して，2.074倍になっています.

オッズにいいかえると，シートベルト非着用時のオッズは，シートベルト着用時のオッズに対し7.957倍にもなります.

第8章 決定木

8.1 はじめに

次のデータは，60 人の被験者に対し，脳卒中とそのいくつかの要因について調査した結果です．

データは
HP から

表 8.1　脳卒中とそのいくつかの要因

被験者 No.	脳卒中	体重	アルコール	タバコ	血圧
1	危険性なし	肥満	飲まない	禁煙	正常
2	危険性なし	正常	飲まない	禁煙	正常
3	危険性あり	肥満	飲む	喫煙	高い
4	危険性あり	肥満	飲まない	喫煙	高い
5	危険性あり	正常	飲む	喫煙	高い
6	危険性なし	肥満	飲む	禁煙	正常
⋮	⋮	⋮	⋮	⋮	⋮
59	危険性なし	正常	飲まない	喫煙	高い
60	危険性なし	正常	飲まない	禁煙	正常
61	?	肥満	飲む	喫煙	高い

?の予測値は?

表 8.1 のデータは，5 つの変数

脳卒中	体重	アルコール	タバコ	血圧

からなっています．

そこで……

分析したいことは？

◉ 脳卒中と**関連**のある要因は，体重，アルコール，タバコ，血圧のうち，どの変数なのか？

◉ 体重，アルコール，タバコ，血圧の条件から，脳卒中の可能性を**予測**したい．

そんなときは，決定木を描いてみましょう．

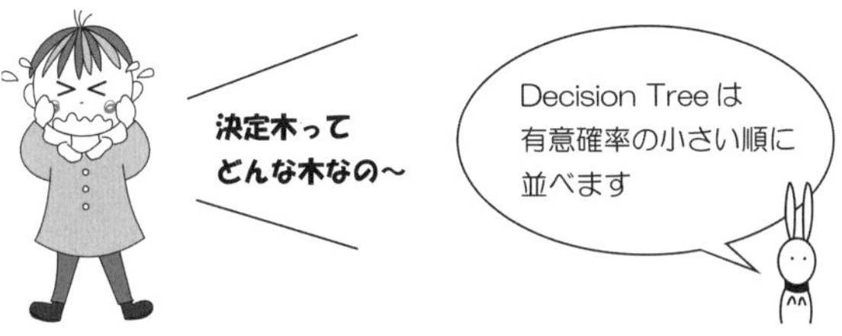
決定木って
どんな木なの〜
Decision Tree は
有意確率の小さい順に
並べます

変数の値ラベル

脳卒中 { 危険性あり＝1, 危険性なし＝0 }

体重……………肥満＝1，正常＝ 0

アルコール……飲む＝1，飲まない＝ 0

タバコ…………喫煙＝1，禁煙＝ 0

血圧……………高い＝1，正常＝ 0

ところで，決定木とは，次のような図のことです．

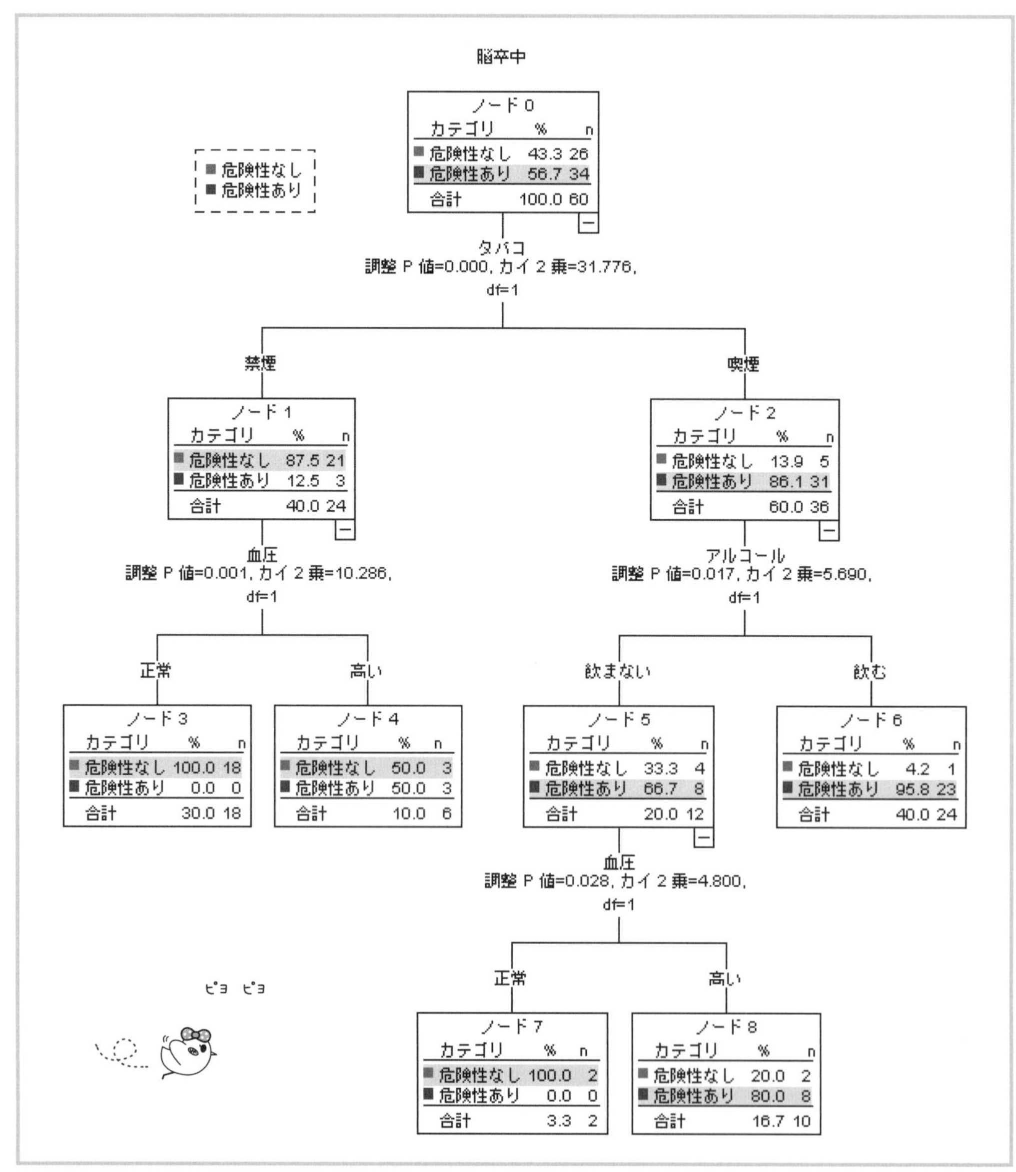
脳卒中
危険性なし
危険性あり
ノード 0
カテゴリ % n
危険性なし 43.3 26
危険性あり 56.7 34
合計 100.0 60
タバコ
調整 P 値=0.000, カイ 2 乗=31.776,
df=1
禁煙
喫煙
ノード 1
カテゴリ % n
危険性なし 87.5 21
危険性あり 12.5 3
合計 40.0 24
ノード 2
カテゴリ % n
危険性なし 13.9 5
危険性あり 86.1 31
合計 60.0 36
血圧
調整 P 値=0.001, カイ 2 乗=10.286,
df=1
アルコール
調整 P 値=0.017, カイ 2 乗=5.690,
df=1
正常
高い
飲まない
飲む
ノード 3
カテゴリ % n
危険性なし 100.0 18
危険性あり 0.0 0
合計 30.0 18
ノード 4
カテゴリ % n
危険性なし 50.0 3
危険性あり 50.0 3
合計 10.0 6
ノード 5
カテゴリ % n
危険性なし 33.3 4
危険性あり 66.7 8
合計 20.0 12
ノード 6
カテゴリ % n
危険性なし 4.2 1
危険性あり 95.8 23
合計 40.0 24
血圧
調整 P 値=0.028, カイ 2 乗=4.800,
df=1
正常
高い
ピヨ ピヨ
ノード 7
カテゴリ % n
危険性なし 100.0 2
危険性あり 0.0 0
合計 3.3 2
ノード 8
カテゴリ % n
危険性なし 20.0 2
危険性あり 80.0 8
合計 16.7 10

図 8.1　決定木とはこんな Tree です!!

【データ入力の型】

表 8.1 のデータは，次のように入力して，

予測したい被験者のデータは，最後のデータの下に追加します．

	脳卒中	体重	アルコール	タバコ	血圧
1	0	1	0	0	0
2	0	0	0	0	0
3	1	1	1	1	1
4	1	1	0	1	1
5	1	0	1	1	1
6	0	1	1	0	0
7	1	0	1	1	1
8	1	1			
9	1	0			
10	1	1			
11	1	1			
12	1	1			
13	1	1			
14	1	0			
15		1			
52	0				
53	1	1			
54	0	0			
55	1	0			
56	1	1			
57	1	0			
58	0	0			
59	0	0			
60	0	0			
61	.	1			
62					

ここでは
変数の尺度は
名義
にします

	脳卒中	体重	アルコール	タバコ	血圧
1	危険性なし	肥満	飲まない	禁煙	正常
2	危険性なし	正常	飲まない	禁煙	正常
3	危険性あり	肥満	飲む	喫煙	高い
4	危険性あり	肥満	飲まない	喫煙	高い
5	危険性あり	正常	飲む	喫煙	高い
6	危険性なし	肥満	飲む	禁煙	正常
7	危険性あり	正常	飲む	喫煙	高い
8	危険性あり	肥満	飲まない	喫煙	高い
9	危険性あり	正常	飲む	喫煙	高い
10	危険性あり	肥満	飲む	喫煙	正常
11	危険性あり	肥満	飲む	喫煙	高い
12	危険性あり	肥満	飲む	喫煙	正常
13	危険性あり	肥満	飲む	禁煙	高い
14	危険性あり	正常	飲む	禁煙	高い
15	危険性な	肥満	飲ま	禁煙	正
52	険性なし		飲まない		正常
53	危険性あり	肥満	飲む	喫煙	高い
54	危険性なし	正常	飲まない	喫煙	高い
55	危険性あり	正常	飲む	喫煙	高い
56	危険性あり	肥満	飲まない	喫煙	高い
57	危険性あり	正常	飲まない	禁煙	高い
58	危険性なし	正常	飲まない	禁煙	正常
59	危険性なし	正常	飲まない	喫煙	高い
60	危険性なし	正常	飲まない	禁煙	正常
61	.	肥満	飲む	喫煙	高い
62					

ここは
予測したい方のデータなので
この脳卒中のセルは
空欄になっています

この条件の
脳卒中の可能性を
予測します

8.2 決定木のための手順

【統計処理の手順】

手順 1 データを入力したら，分析(A) をクリック．続いて，

メニューから 分類(F) ⇨ ツリー(R) を選択します．

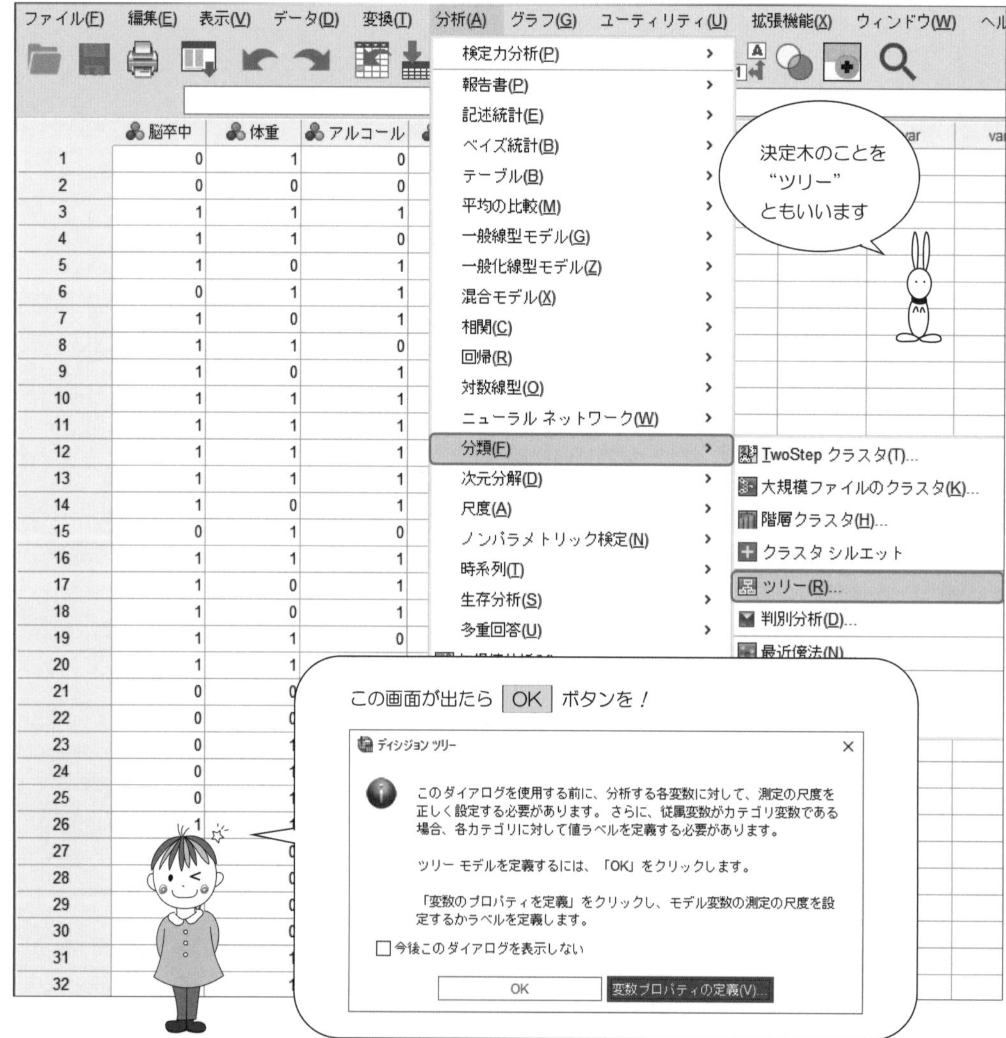

ファイル(F) 編集(E) 表示(V) データ(D) 変換(T) 分析(A) グラフ(G) ユーティリティ(U) 拡張機能(X) ウィンドウ(W)
脳卒中 体重 アルコール
検定力分析(P)
報告書(P)
記述統計(E)
ベイズ統計(B)
テーブル(B)
平均の比較(M)
一般線型モデル(G)
一般化線型モデル(Z)
混合モデル(X)
相関(C)
回帰(R)
対数線型(O)
ニューラル ネットワーク(W)
分類(F)
次元分解(D)
尺度(A)
ノンパラメトリック検定(N)
時系列(T)
生存分析(S)
多重回答(U)
TwoStep クラスタ(T)...
大規模ファイルのクラスタ(K)...
階層クラスタ(H)...
クラスタ シルエット
ツリー(R)...
判別分析(D)...
決定木のことを “ツリー” ともいいます
この画面が出たら OK ボタンを！
ディシジョン ツリー
このダイアログを使用する前に、分析する各変数に対して、測定の尺度を正しく設定する必要があります。さらに、従属変数がカテゴリ変数である場合、各カテゴリに対して値ラベルを定義する必要があります。
ツリー モデルを定義するには、「OK」をクリックします。
「変数のプロパティを定義」をクリックし、モデル変数の測定の尺度を設定するかラベルを定義します。
今後このダイアログを表示しない
OK
変数プロパティの定義(V)...

手順 2 次のディシジョンツリーの画面になったら，

脳卒中　を　従属変数(D)　の中に移動します．

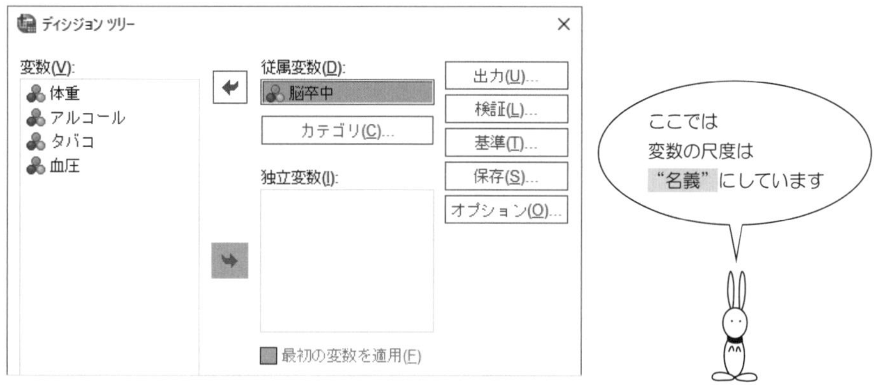

ディシジョン ツリー
変数(V):
体重
アルコール
タバコ
血圧
従属変数(D):
脳卒中
カテゴリ(C)...
独立変数(I):
最初の変数を適用(F)
出力(U)...
検証(L)...
基準(T)...
保存(S)...
オプション(O)...
ここでは
変数の尺度は
“名義”にしています

手順 3 続いて，体重，アルコール，タバコ，血圧を

独立変数(I) の中に移動し，基準(T) をクリック．

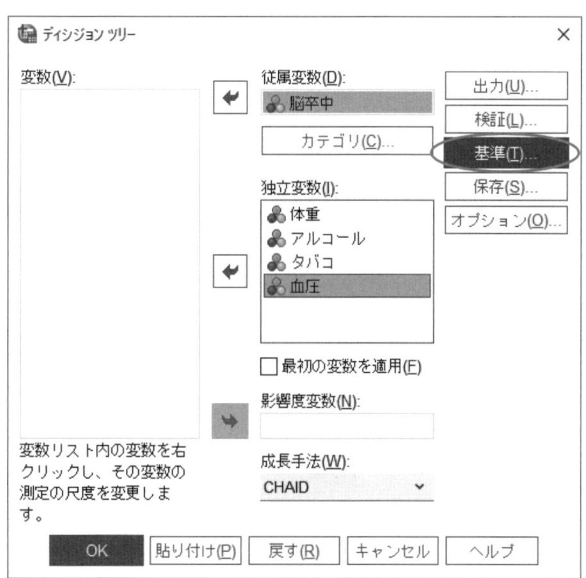

ディシジョン ツリー
変数(V):
従属変数(D):
脳卒中
カテゴリ(C)...
独立変数(I):
体重
アルコール
タバコ
血圧
最初の変数を適用(F)
影響度変数(N):
成長手法(W):
CHAID
出力(U)...
検証(L)...
基準(T)...
保存(S)...
オプション(O)...
変数リスト内の変数を右クリックし、その変数の測定の尺度を変更します。
OK
貼り付け(P)
戻す(R)
キャンセル
ヘルプ

手順 4 次の 基準(T) の画面になったら

親ノード(P) に 10 を 子ノード(H) に 2 を入力します.

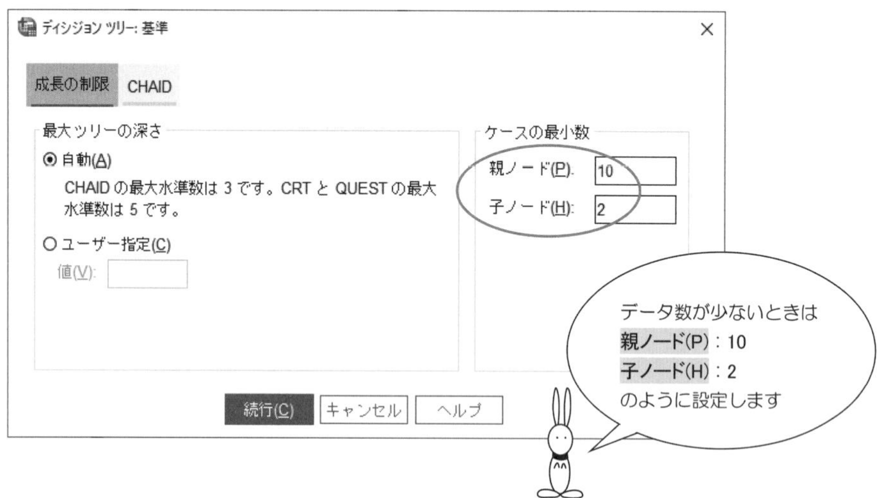
ディシジョン ツリー: 基準
成長の制限
CHAID
最大ツリーの深さ
自動(A)
CHAID の最大水準数は 3 です。CRT と QUEST の最大水準数は 5 です。
ユーザー指定(C)
値(V):
ケースの最小数
親ノード(P): 10
子ノード(H): 2
データ数が少ないときは
親ノード(P):10
子ノード(H):2
のように設定します
続行(C)
キャンセル
ヘルプ

手順 5 続いて, CHAID タブをクリックすると, 次の画面になります.

◎ Pearson(P)

を確認したら, このまま 続行(C) をクリック.

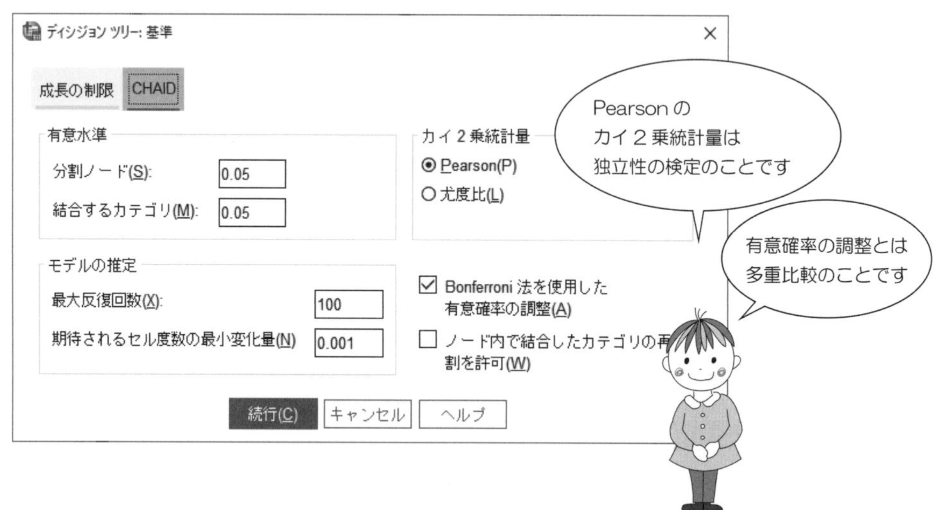
ディシジョン ツリー: 基準
成長の制限
CHAID
有意水準
分割ノード(S): 0.05
結合するカテゴリ(M): 0.05
カイ 2 乗統計量
Pearson(P)
尤度比(L)
Pearson の
カイ 2 乗統計量は
独立性の検定のことです
有意確率の調整とは
多重比較のことです
モデルの推定
最大反復回数(X): 100
期待されるセル度数の最小変化量(N) 0.001
Bonferroni 法を使用した有意確率の調整(A)
ノード内で結合したカテゴリの再分割を許可(W)
続行(C)
キャンセル
ヘルプ

手順 6 手順３の 検証(L) をクリックすると，次の画面になります．
このまま 続行(C) をクリック．

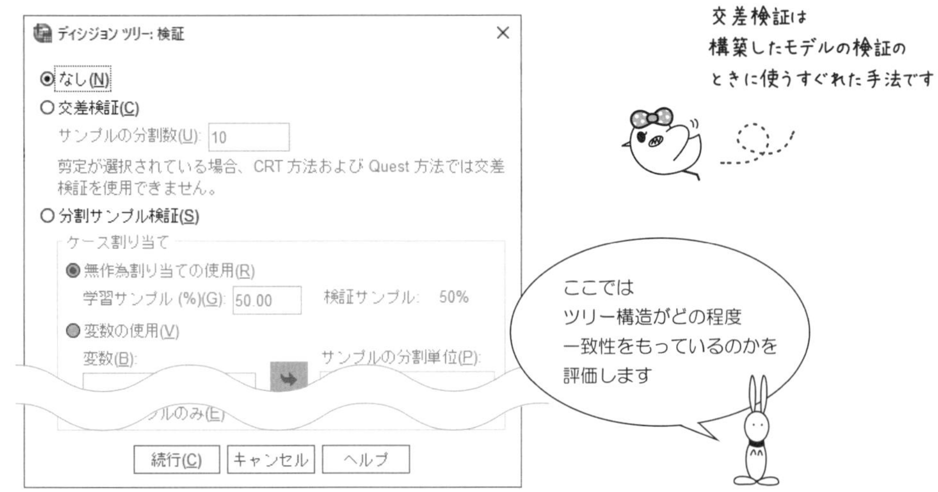
ディシジョン ツリー: 検証
なし(N)
交差検証(C)
サンプルの分割数(U): 10
剪定が選択されている場合、CRT 方法および Quest 方法では交差検証を使用できません。
分割サンプル検証(S)
ケース割り当て
無作為割り当ての使用(R)
学習サンプル (%)(G): 50.00
検証サンプル: 50%
変数の使用(V)
変数(B):
サンプルの分割単位(P):
続行(C)
キャンセル
ヘルプ
交差検証は
構築したモデルの検証の
ときに使うすぐれた手法です
ここでは
ツリー構造がどの程度
一致性をもっているのかを
評価します

手順 7 手順３の 保存(S) をクリックすると，次の画面になります．

☐ 予測値(P)

☐ 予測された確率(R)

にチェックをして， 続行(C) をクリック．

ディシジョン ツリー: 保存

保存変数
☐ ターミナル ノード番号(T)
☑ 予測値(P)
☑ 予測された確率(R)
☐ サンプルの割り当て (学習/検証用)(S)

XML としてツリー モデルをエクスポート
☐ 学習サンプル(A)
ファイル(F): 参照(B)...
☐ 検証サンプル(M)
ファイル(I): 参照(O)...

続行(C) キャンセル ヘルプ

手順 **8** 手順3の 出力(U) をクリックすると，次の画面になります．

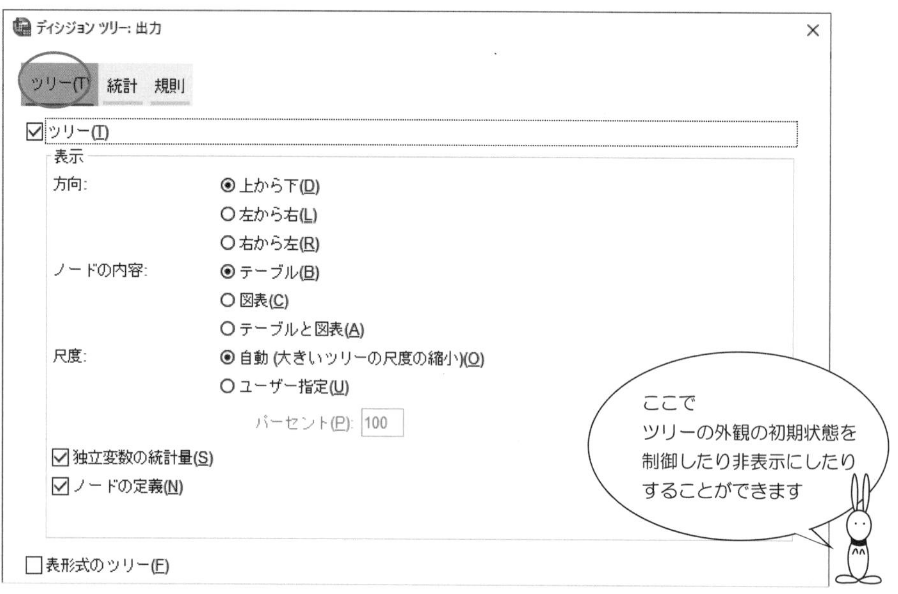
ディシジョン ツリー: 出力
ツリー(T)
統計
規則
ツリー(T)
表示
方向:
上から下(D)
左から右(L)
右から左(R)
ノードの内容:
テーブル(B)
図表(C)
テーブルと図表(A)
尺度:
自動 (大きいツリーの尺度の縮小)(O)
ユーザー指定(U)
パーセント(P):
100
独立変数の統計量(S)
ノードの定義(N)
表形式のツリー(F)
ここで
ツリーの外観の初期状態を
制御したり非表示にしたり
することができます

手順 **9** 続いて，統計 タブをクリックすると，次の画面になります．

分類表(C) にもチェックして……

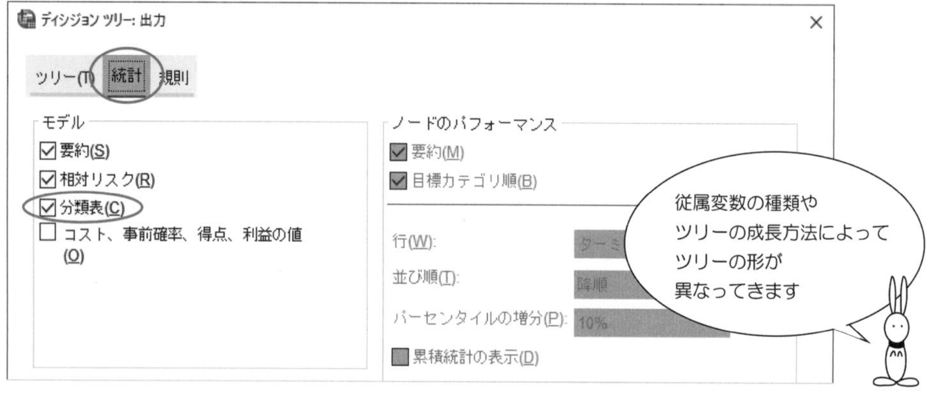
ディシジョン ツリー: 出力
ツリー(T)
統計
規則
モデル
要約(S)
相対リスク(R)
分類表(C)
コスト、事前確率、得点、利益の値 (O)
ノードのパフォーマンス
要約(M)
目標カテゴリ順(B)
行(W):
並び順(T):
降順
パーセンタイルの増分(P):
10%
累積統計の表示(D)
従属変数の種類や
ツリーの成長方法によって
ツリーの形が
異なってきます

手順 10 さらに，規則 タブをクリックすると，次の画面になります．

□ 分類規則の生成(G)

をチェックして，続行(C) をクリック．

ディシジョン ツリー: 出力
ツリー(T) 統計 規則
☑ 分類規則の生成(G)
シンタックス
◉ SPSS Statistics(S)
○ SQL(Q)
○ シンプル テキスト(M)
☑ 変数ラベルと値ラベルを使用(U)
タイプ
◉ ケースに値を割り当てる(A)
○ ケースの選択(L)
ノード
◉ すべてのターミナル ノード(T)
● 最適なターミナル ノード数(B)
ノードの数(N):
● ケースの指定されたパーセントまでの最適なターミナル ノード数(E)
パーセント(P):
● インデックス値が分割値と一致するかその値を超えるターミナル ノード数(R)
続行(C) キャンセル ヘルプ

手順 11 次の画面に戻るので，最後に OK ボタンをカチッ！

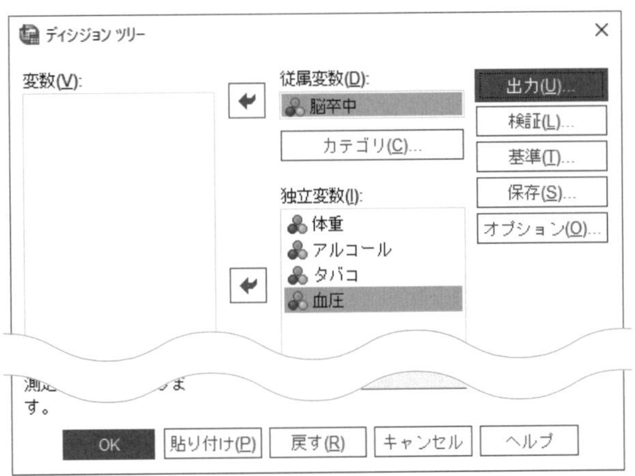
ディシジョン ツリー
変数(V):
従属変数(D):
脳卒中
カテゴリ(C)...
独立変数(I):
体重
アルコール
タバコ
血圧
出力(U)...
検証(L)...
基準(T)...
保存(S)...
オプション(O)...
す。
OK
貼り付け(P)
戻す(R)
キャンセル
ヘルプ

【SPSS による出力・その 1】

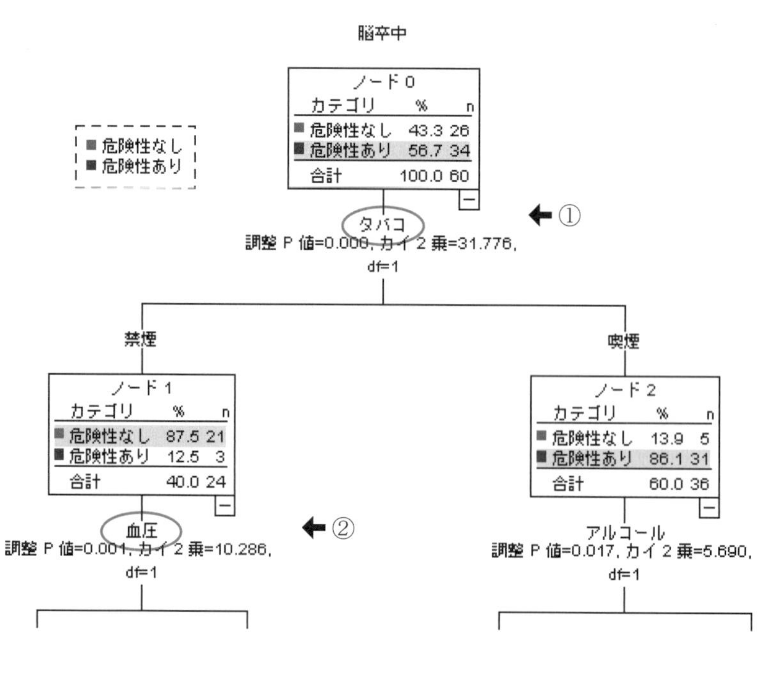

脳卒中
ノード 0
カテゴリ % n
危険性なし 43.3 26
危険性あり 56.7 34
合計 100.0 60
危険性なし
危険性あり
タバコ
調整 P 値=0.000, カイ 2 乗=31.776,
df=1
①
禁煙
喫煙
ノード 1
カテゴリ % n
危険性なし 87.5 21
危険性あり 12.5 3
合計 40.0 24
ノード 2
カテゴリ % n
危険性なし 13.9 5
危険性あり 86.1 31
合計 60.0 36
血圧
調整 P 値=0.001, カイ 2 乗=10.286,
df=1
②
アルコール
調整 P 値=0.017, カイ 2 乗=5.690,
df=1

モデルの要約

指定	成長方法	CHAID
	従属変数	脳卒中
	独立変数	体重, アルコール, タバコ, 血圧
	検証	なし
	ツリーの最大の深さ	3
	親ノードの最小ケース	10
	子ノードの最小ケース	2
結果	含まれている独立変数	タバコ, 血圧, アルコール
	ノードの数	9
	ターミナル ノードの数	5
	ツリーの深さ	3

【出力結果の読み取り方・その 1】

⬅① 決定木を見ると，脳卒中の下に

タバコ

があります．したがって，

“脳卒中ともっとも関連のある要因は，タバコである”

ことがわかります．

⬅② その下では，決定木は……

禁煙のグループと喫煙のグループに分かれています．

禁煙のグループの下が

血圧

となっています．

これは，次のことを調べています．

> 禁煙のグループにおいて，脳卒中と関連のある変数は
> 体重，アルコール，血圧のうちどれなのか？

したがって

禁煙のグループでは，

“脳卒中ともっとも関連のある要因は，血圧である”

ということがわかります．

【SPSS による出力・その 2】

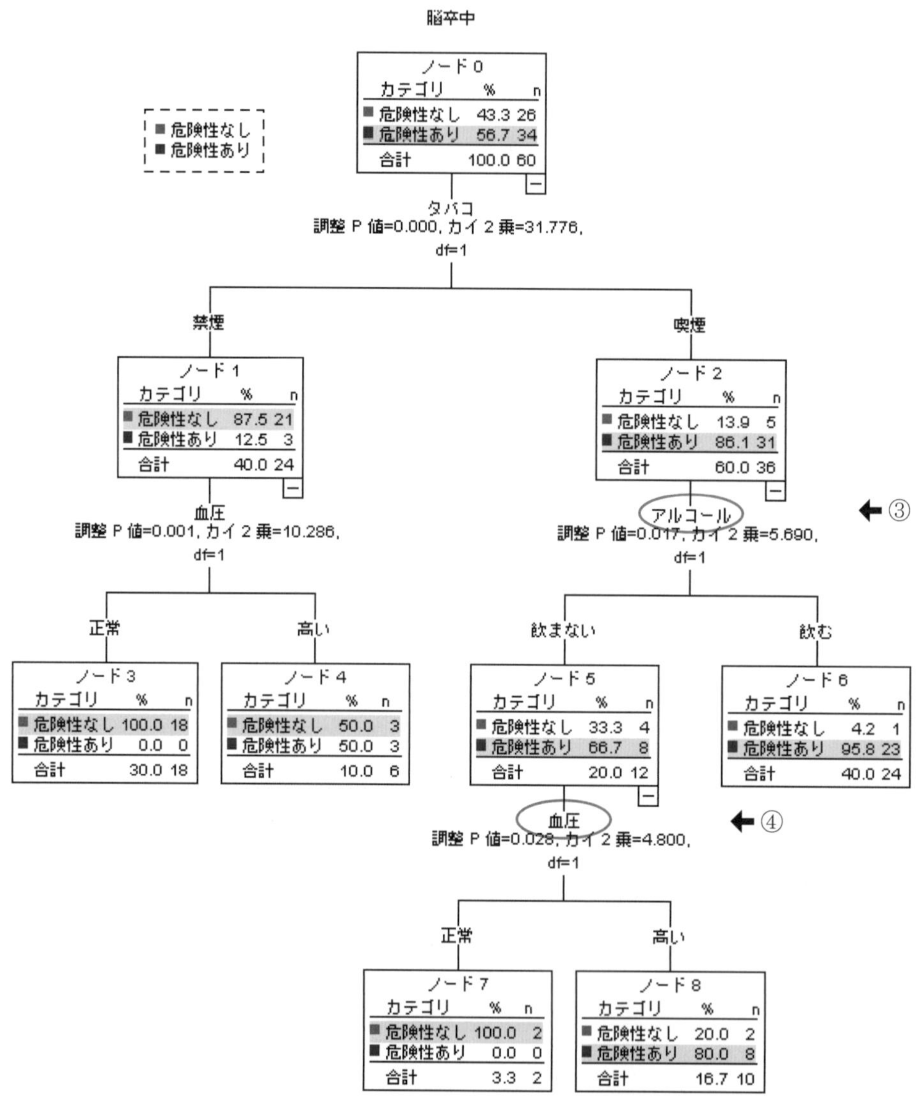

脳卒中
危険性なし
危険性あり
ノード 0
カテゴリ % n
危険性なし 43.3 26
危険性あり 56.7 34
合計 100.0 60
タバコ
調整 P 値=0.000, カイ 2 乗=31.776,
df=1
禁煙
喫煙
ノード 1
カテゴリ % n
危険性なし 87.5 21
危険性あり 12.5 3
合計 40.0 24
ノード 2
カテゴリ % n
危険性なし 13.9 5
危険性あり 86.1 31
合計 60.0 36
血圧
調整 P 値=0.001, カイ 2 乗=10.286,
df=1
アルコール
調整 P 値=0.017, カイ 2 乗=5.690,
df=1
③
正常
高い
飲まない
飲む
ノード 3
カテゴリ % n
危険性なし 100.0 18
危険性あり 0.0 0
合計 30.0 18
ノード 4
カテゴリ % n
危険性なし 50.0 3
危険性あり 50.0 3
合計 10.0 6
ノード 5
カテゴリ % n
危険性なし 33.3 4
危険性あり 66.7 8
合計 20.0 12
ノード 6
カテゴリ % n
危険性なし 4.2 1
危険性あり 95.8 23
合計 40.0 24
血圧
調整 P 値=0.028, カイ 2 乗=4.800,
df=1
④
正常
高い
ノード 7
カテゴリ % n
危険性なし 100.0 2
危険性あり 0.0 0
合計 3.3 2
ノード 8
カテゴリ % n
危険性なし 20.0 2
危険性あり 80.0 8
合計 16.7 10

【出力結果の読み取り方・その 2】

⬅③　右側の 喫煙 のグループの下が

アルコール

となっています．

これは，次のことを調べています．

> 喫煙 のグループにおいて， 脳卒中 と関連のある変数は
> 体重 ， アルコール ， 血圧 のうちどれなのか？

したがって

喫煙 のグループでは，

“ 脳卒中 ともっとも関連のある要因は，アルコールである”

ということがわかります．

⬅④　次に， 飲まない グループを見ると

血圧

となっています．

これは，次のことを調べています．

> 喫煙 ＋ 飲まない グループにおいて， 脳卒中 と関連のある変数は
> 体重 ， 血圧 のうちどれなのか？

したがって

喫煙 ＋ 飲まない グループでは，

“ 脳卒中 ともっとも関連のある要因は，血圧である”

ということがわかります．

【SPSS による出力・その 3】

分類

観測	予測 危険性なし	危険性あり	正解の割合
危険性なし	23	3	88.5%
危険性あり	3	31	91.2%
全体のパーセント	43.3%	56.7%	90.0%

成長手法: CHAID
従属変数: 脳卒中

← ⑤

	脳卒中	体重	アルコール	タバコ	血圧	Predicted Value	PredictedProbability_1	PredictedProbability_2
1	0	1	0	0	0	0	1.00	.00
2	0	0	0	0	0	0	1.00	.00
3	1	1	1	1	1	1	.04	.96
4	1	1	0	1	1	1	.20	.80
5	1	0	1	1	1	1	.04	.96
6	0	1	1	0	0	0	1.00	.00
7	1	0	1	1	1	1	.04	.96
8	1	1	0	1	1	1	.20	.80
9	1	0	1	1	1	1	.04	.96
			1		0			
				1		1		
49	1	0	1	1	1	1	.04	.96
50	1	1	1	1	0	1	.04	.96
51	0	1	0	0	0	0	1.00	.00
52	0	0	0	0	0	0	1.00	.00
53	1	1	1	1	1	1	.04	.96
54	0	0	0	1	1	1	.20	.80
55	1	0	1	1	1	1	.04	.96
56	1	1	0	1	1	1	.20	.80
57	1	0	0	0	1	0	.50	.50
58	0	0	0	0	0	0	1.00	.00
59	0	0	0	1	1	1	.20	.80
60	0	0	0	0	0	0	1.00	.00
61	.	1	1	1	1	1	.04	.96
62								

↑ ⑥　　↑ ⑦

予測値はこのように
出力されます

【出力結果の読み取り方・その3】

⬅⑤　この分類は，観測による脳卒中と予測による脳卒中のクロス集計表です．

● $88.5\% = \dfrac{\text{予測による脳卒中の危険性なし}}{\text{観測による脳卒中の危険性なし}}$

$= \dfrac{23}{23+3} \times 100\%$

● $91.2\% = \dfrac{\text{予測による脳卒中の危険性あり}}{\text{観測による脳卒中の危険性あり}}$

$= \dfrac{31}{3+31} \times 100\%$

⬅⑥　被検者 No.61 の予測値です．

予測値は 1 なので

“脳卒中の危険性あり”

となります．

⬅⑦　予測される確率です．

● 脳卒中の危険性なしの予測確率　=　0.04

● 脳卒中の危険性ありの予測確率　=　0.96

第9章 主成分分析

9.1 はじめに

次のデータは，生命保険会社について，株式占率から外貨建資産占率までを調査した結果です．

表 9.1　アブナイ生保は？

No.	生命保険	株式占率	公社債占率	外国証券占有率	貸付金占率	外貨建資産占率
1	日本	18.8	22.0	7.6	37.3	5.2
2	第一	20.3	24.0	6.6	34.7	5.3
3	住友	15.5	27.4	7.7	33.7	4.3
4	明治	21.1	20.9	3.4	39.1	3.3
5	朝日	23.0	14.0	10.3	38.4	10.1
6	三井	19.8	15.2	4.7	43.4	4.6
⋮	⋮	⋮	⋮	⋮	⋮	⋮
15	第百	16.4	21.0	6.7	41.1	5.9
16	日産	12.3	8.8	21.1	40.5	18.3

分析したいことは？

◉ 生命保険会社 16 社の 総合的 実力度ランキングを求めてみたい．

【データ入力の型】

表 9.1 のデータは，次のように入力します．

	生命保険	株式	公社債	外国証券	貸付金	外貨建	var
1	日本	18.8	22.0	7.6	37.3	5.2	
2	第一	20.3	24.0	6.6	34.7	5.3	
3	住友	15.5	27.4	7.7	33.7	4.3	
4	明治	21.1	20.9	3.4	39.1	3.3	
5	朝日	23.0	14.0	10.3	38.4	10.1	
6	三井	19.8	15.2	4.7	43.4	4.6	
7	安田	18.7	16.3	10.0	41.7	7.6	
8	千代田	18.7	8.7	7.0	50.3	6.3	
9	太陽	11.6	24.2	5.1	43.1	2.1	
10	協栄	8.2	24.1	7.3	41.9	6.8	
11	大同	9.1	43.4	4.7	30.0	2.4	
12	東邦	12.9	15.8	13.6	37.2	12.2	
13	富国	13.8	23.5	10.8	36.1	6.8	
14	日本団体	8.1	12.2	20.5	43.2	17.6	
15	第百	16.4	21.0	6.7	41.1	5.9	
16	日産	12.3	8.8	21.1	40.5	18.3	
17							

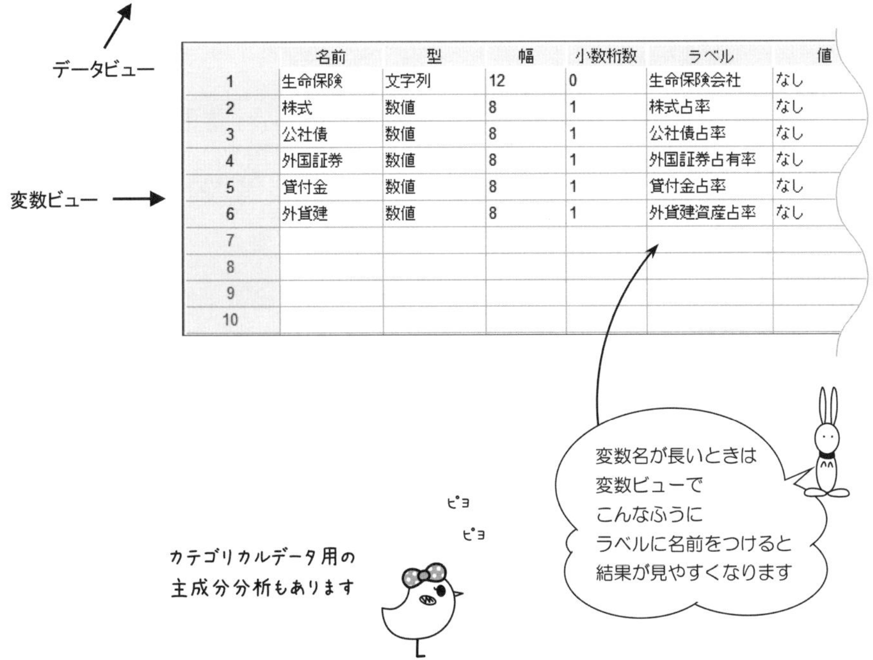

	名前	型	幅	小数桁数	ラベル	値
1	生命保険	文字列	12	0	生命保険会社	なし
2	株式	数値	8	1	株式占率	なし
3	公社債	数値	8	1	公社債占率	なし
4	外国証券	数値	8	1	外国証券占有率	なし
5	貸付金	数値	8	1	貸付金占率	なし
6	外貨建	数値	8	1	外貨建資産占率	なし
7						
8						
9						
10						

データビュー
変数ビュー
変数名が長いときは
変数ビューで
こんなふうに
ラベルに名前をつけると
結果が見やすくなります
ピヨ
ピヨ
カテゴリカルデータ用の
主成分分析もあります

9.2 主成分分析のための手順

【統計処理の手順】

手順 1　データを入力したら，分析(A) をクリック．続いて，

メニューの中の 次元分解(D) ⇨ 因子分析(F) を選択．

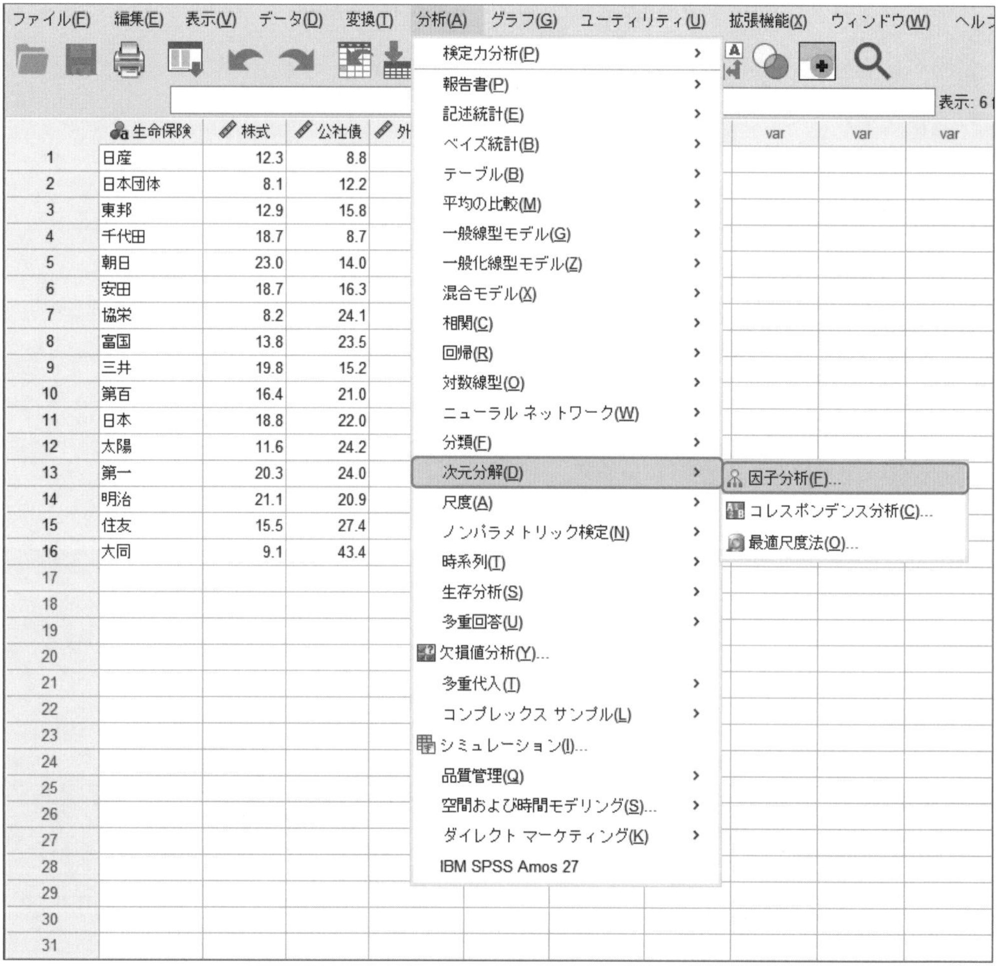

ファイル(F)　編集(E)　表示(V)　データ(D)　変換(T)　分析(A)　グラフ(G)　ユーティリティ(U)　拡張機能(X)　ウィンドウ(W)　ヘルプ

	生命保険	株式	公社債	外
1	日産	12.3	8.8	
2	日本団体	8.1	12.2	
3	東邦	12.9	15.8	
4	千代田	18.7	8.7	
5	朝日	23.0	14.0	
6	安田	18.7	16.3	
7	協栄	8.2	24.1	
8	富国	13.8	23.5	
9	三井	19.8	15.2	
10	第百	16.4	21.0	
11	日本	18.8	22.0	
12	太陽	11.6	24.2	
13	第一	20.3	24.0	
14	明治	21.1	20.9	
15	住友	15.5	27.4	
16	大同	9.1	43.4	

検定力分析(P)
報告書(P)
記述統計(E)
ベイズ統計(B)
テーブル(B)
平均の比較(M)
一般線型モデル(G)
一般化線型モデル(Z)
混合モデル(X)
相関(C)
回帰(R)
対数線型(O)
ニューラル ネットワーク(W)
分類(F)
次元分解(D)
尺度(A)
ノンパラメトリック検定(N)
時系列(T)
生存分析(S)
多重回答(U)
欠損値分析(Y)...
多重代入(T)
コンプレックス サンプル(L)
シミュレーション(I)...
品質管理(Q)
空間および時間モデリング(S)...
ダイレクト マーケティング(K)
IBM SPSS Amos 27

因子分析(F)...
コレスポンデンス分析(C)...
最適尺度法(O)...

手順 2 次の因子分析の画面が現れたら，

株式から外貨建まで，変数(V) の中へ！

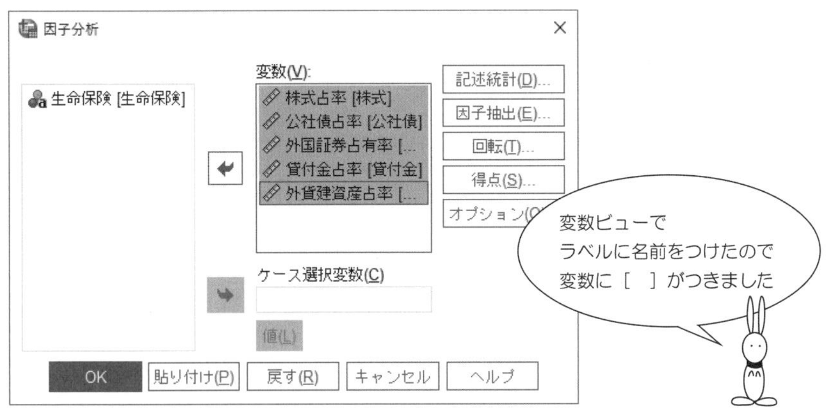
因子分析
変数(V):
生命保険 [生命保険]
株式占率 [株式]
公社債占率 [公社債]
外国証券占有率 [...
貸付金占率 [貸付金]
外貨建資産占率 [...
記述統計(D)...
因子抽出(E)...
回転(T)...
得点(S)...
ケース選択変数(C)
値(L)
OK
貼り付け(P)
戻す(R)
キャンセル
ヘルプ
変数ビューで
ラベルに名前をつけたので
変数に [ ] がつきました

手順 3 続いて，得点(S) をクリックすると

次の 因子得点 の画面になります．そこで

□ 変数として保存(S)

□ 因子得点係数行列を表示(D)

をチェックして，続行(C)．

因子分析: 因子得点
変数として保存(S)
方法
回帰分析(R)
Bartlett 法(B)
Anderson-Rubin 法(A)
因子得点係数行列を表示(D)
続行(C)
キャンセル
ヘルプ
この得点は
主成分得点だね

手順 4 **手順2**の画面にもどるので，［因子抽出(E)］をクリックすると，

次の 因子抽出 の画面になります．分析(A) のところに

○ 相関行列(R)

○ 分散共分散行列(V)

とあるので，相関行列(R) を選択．そして［続行(C)］．

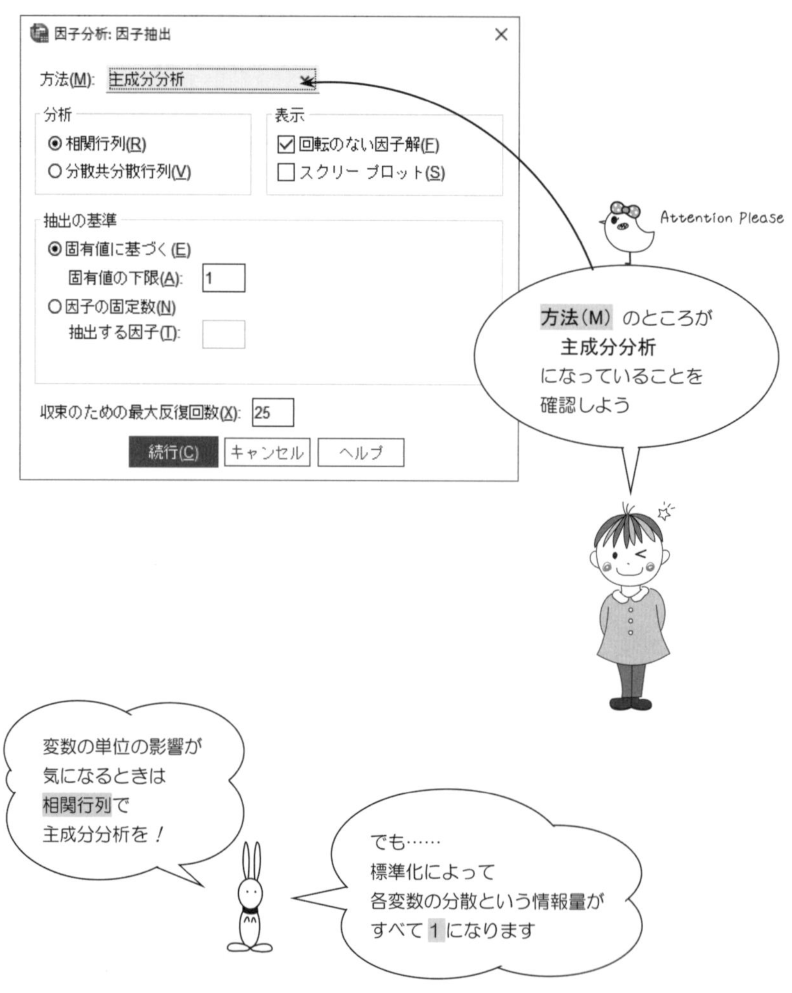
因子分析: 因子抽出
方法(M): 主成分分析
分析
相関行列(R)
分散共分散行列(V)
表示
回転のない因子解(F)
スクリー プロット(S)
抽出の基準
固有値に基づく(E)
固有値の下限(A): 1
因子の固定数(N)
抽出する因子(T):
収束のための最大反復回数(X): 25
続行(C)
キャンセル
ヘルプ
Attention Please
方法(M) のところが
主成分分析
になっていることを
確認しよう
変数の単位の影響が
気になるときは
相関行列で
主成分分析を！
でも……
標準化によって
各変数の分散という情報量が
すべて 1 になります

手順 5 手順 2 の画面にもどるので， 回転(T) をクリックすると

次の 回転 の画面になるので

□ 因子負荷プロット(L)

をチェック．そして， 続行(C)．

因子分析: 回転
方法
なし(N)
クォーティマックス(Q)
バリマックス(V)
エカマックス(E)
直接オブリミン(O)
プロマックス(P)
デルタ(D): 0
カッパ(K) 4
表示
回転後の解(R)
因子負荷プロット(L)
収束のための最大反復回数(X): 25
続行(C)
キャンセル
ヘルプ
主成分を
読み取りやすくするために
バリマックス回転を
することがあります

手順 6 手順 2 の画面にもどるので， オプション(O) をクリック．

次の オプション の画面になるので

□ サイズによる並び替え(S)

をチェックして， 続行(C)．あとは， OK をカチッ！

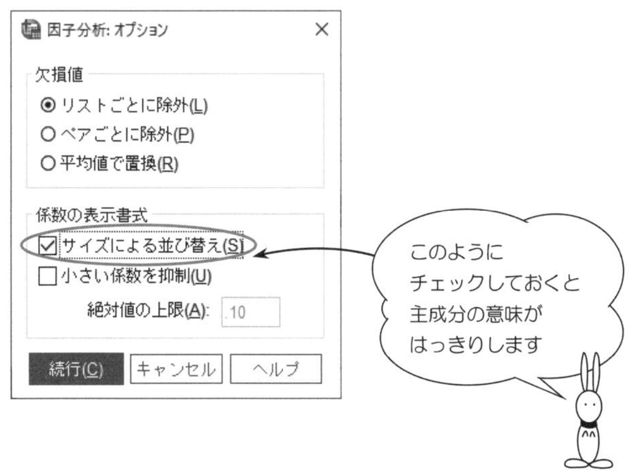
因子分析: オプション
欠損値
リストごとに除外(L)
ペアごとに除外(P)
平均値で置換(R)
係数の表示書式
サイズによる並び替え(S)
小さい係数を抑制(U)
絶対値の上限(A): .10
続行(C)
キャンセル
ヘルプ
このように
チェックしておくと
主成分の意味が
はっきりします

【SPSS による出力・その 1】 ——主成分分析——

因子分析 ←①

共通性

	初期	因子抽出後
株式占率	1.000	.680
公社債占率	1.000	.985
外国証券占有率	1.000	.953
貸付金占率	1.000	.678
外貨建資産占率	1.000	.948

因子抽出法: 主成分分析

←②

説明された分散の合計

	初期の固有値			抽出後の負荷量平方和		
成分	合計	分散の %	累積 %	合計	分散の %	累積 %
1	2.687	53.737	53.737	2.687	53.737	53.737
2	1.557	31.146	84.882	1.557	31.146	84.882
3	.716	14.319	99.201			
4	.021	.419	99.620			
5	.019	.380	100.000			

因子抽出法: 主成分分析

←③

"累積"って
合計のことですよ〜
ピヨ
ピヨ

【出力結果の読み取り方・その 1】

⬅① 因子分析となっていますが，もちろん，ここでは主成分分析をしています．

⬅② 外貨建資産占率のところは……④から

抽出後の共通性 $0.948 = (0.931)^2 + (-0.284)^2$

貸付金占率のところは……④から

抽出後の共通性 $0.678 = (0.536)^2 + (0.624)^2$

相関行列による分析なので，初期の共通性は **1** になります．

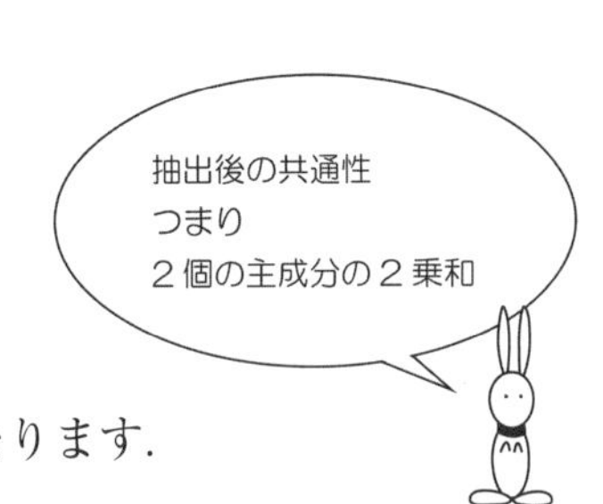
抽出後の共通性
つまり
2 個の主成分の 2 乗和

⬅③ 固有値（＝分散）をすべて合計してみると

$$2.687 + 1.557 + 0.716 + 0.021 + 0.019 = 5$$

となります．この **5** は変数の個数に一致しています．つまり，

相関行列による分析なので，各変数の情報量は，それぞれ **1** です．

そして，主成分分析により，5 の情報量は第 1 主成分から

第 5 主成分までに分けられ，そのうち

第 1 主成分の情報量＝2.687

第 2 主成分の情報量＝1.557

となりました．

情報量を少数の因子に総合化するのが主成分分析の目的なので，

情報量が **1** より小さい主成分は無視されています．

この情報量をパーセント（＝分散の％）になおすと

$$53.737 = \frac{2.687}{5} \times 100 \qquad 31.146 = \frac{1.557}{5} \times 100$$

となります．

第 1 主成分と第 2 主成分の情報量の合計は 84.882％です．

標準化をすると
分散＝1

【SPSS による出力・その 2】 ——主成分分析——

成分行列[a]

	成分	
	1	2
外貨建資産占率	.931	-.284
外国証券占有率	.887	-.408
公社債占率	-.842	-.525
株式占率	-.188	.803
貸付金占率	.536	.624

因子抽出法: 主成分分析
a. 2 個の成分が抽出されました

④

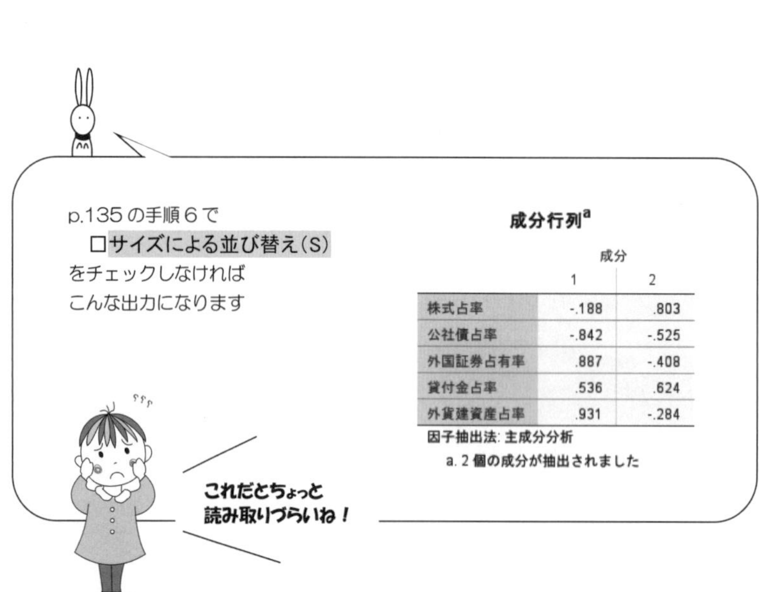
p.135 の手順 6 で
□サイズによる並び替え(S)
をチェックしなければ
こんな出力になります
これだとちょっと
読み取りづらいね！

成分行列[a]

	成分	
	1	2
株式占率	-.188	.803
公社債占率	-.842	-.525
外国証券占有率	.887	-.408
貸付金占率	.536	.624
外貨建資産占率	.931	-.284

因子抽出法: 主成分分析
a. 2 個の成分が抽出されました

【出力結果の読み取り方・その 2】

⬅④　ここが主成分分析の中心部分です．

第 1 主成分＝	0.931 × 外貨建 ＋ 0.887 × 外国証券 − 0.842 × 公社債
	− 0.188 × 株式 ＋ 0.536 × 貸付金

この係数の絶対値の大小や，プラス・マイナスに注目しながら，第 1 主成分の意味を読み取ります．

ところで，金融・証券の専門家 W 氏によると，…

- 第 1 主成分は

  “生命保険会社の負の体力”

  となるそうです．
- 第 2 主成分については

  “企業支配度”

  となるようです．

p.144 からの
孫の手を
見てください

ところで，この値は固有ベクトルではなく，因子負荷になっていることに注意しましょう．

ピヨッ

主成分の名前のつけ方は
研究者にまかされています

【SPSS による出力・その 3】 ――主成分分析――

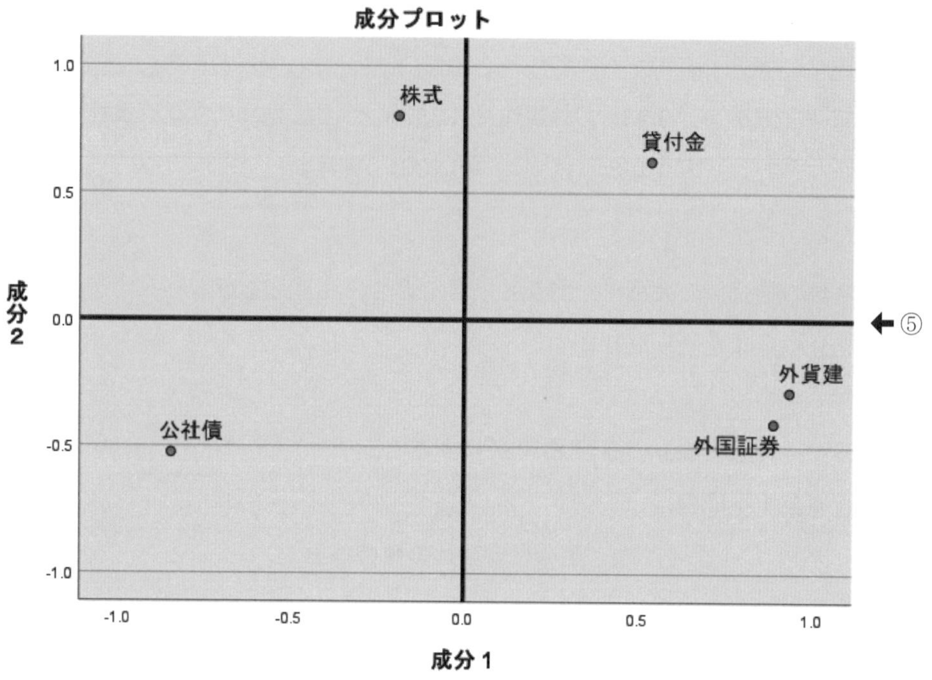
成分プロット
1.0
0.5
0.0
-0.5
-1.0
成分2
株式
貸付金
外貨建
外国証券
公社債
-1.0
-0.5
0.0
0.5
1.0
成分 1
← ⑤

主成分得点係数行列

	成分	
	1	2
株式占率	-.070	.516
公社債占率	-.314	-.337
外国証券占有率	.330	-.262
貸付金占率	.200	.401
外貨建資産占率	.347	-.182

← ⑥

因子抽出法: 主成分分析
成分得点

【出力結果の読み取り方・その3】

⬅⑤　④の値を（x, y）の座標とみなして，平面上に図示したものです．

この図から5つの変数の関係を視覚的に読み取ることができます．

⬅⑥　④の値＝③の固有値×⑥の値

● $-0.188 = \underset{\uparrow}{2.687} \times (-0.070)$　← 株式占率の成分1

第1主成分の固有値

● $0.803 = \underset{\uparrow}{1.557} \times 0.516$　← 株式占率の成分2

第2主成分の固有値

主成分分析で
回転をしたいときは
バリマックス回転を
おススメします
というのも
主成分は互いに
直交しているので……

【SPSS による出力・その 4】 ――主成分分析――

⑦

	生命保険	株式	公社債	外国証券	貸付金	外貨建	FAC1_1	FAC2_1	var
1	日本	18.8	22.0	7.6	37.3	5.2	-.46896	.25692	
2	第一	20.3	24.0	6.6	34.7	5.3	-.72950	.16667	
3	住友	15.5	27.4	7.7	33.7	4.3	-.82906	-.58601	
4	明治	21.1	20.9	3.4	39.1	3.3	-.78727	.98054	
5	朝日	23.0	14.0	10.3	38.4	10.1	.33203	.80010	
6	三井	19.8	15.2	4.7	43.4	4.6	-.20278	1.31473	
7	安田	18.7	16.3	10.0	41.7	7.6	.25011	.63210	
8	千代田	18.7	8.7	7.0	50.3	6.3	.60867	1.85531	
9	太陽	11.6	24.2	5.1	43.1	2.1	-.58209	.12376	
10	協栄	8.2	24.1	7.3	41.9	6.8	-.10464	-.62470	
11	大同	9.1	43.4	4.7	30.0	2.4	-1.80767	-1.99971	
12	東邦	12.9	15.8	13.6	37.2	12.2	.72081	-.70158	
13	富国	13.8	23.5	10.8	36.1	6.8	-.18551	-.66105	
14	日本団体	8.1	12.2	20.5	43.2	17.6	1.99562	-1.11872	
15	第百	16.4	21.0	6.7	41.1	5.9	-.24503	.37653	
16	日産	12.3	8.8	21.1	40.5	18.3	2.03529	-.81488	
17									
18									
19									
20									

これは
相関行列による
主成分分析だね！
データの標準化なので
分散＝1
となります
データの標準化 = データ − 平均値 / 標準偏差

【出力結果の読み取り方・その4】

⬅⑦　それぞれの生命保険会社の主成分得点を求めています.

主成分得点は，それぞれの変数を標準化した値と

⑥の主成分得点係数行列をかけ算して得られます.

【主成分得点の並べ替え】

第1主成分は生命保険会社の**負の体力**なので，

得点の大きい順に並べ替えてみましょう.

日産，日本団体，東邦　といったところが,

ランキングの上位になっているのがよくわかりますね！

得点の並べ替えは……
データ(D)
⇒ ケースの並べ替え(O)

	生命保険	株式	公社債	外国証券	貸付金	外貨建	FAC1_1	FAC2_1
1	日産	12.3	8.8	21.1	40.5	18.3	2.03529	-.81488
2	日本団体	8.1	12.2	20.5	43.2	17.6	1.99562	-1.11872
3	東邦	12.9	15.8	13.6	37.2	12.2	.72081	-.70158
4	千代田	18.7	8.7	7.0	50.3	6.3	.60867	1.85531
5	朝日	23.0	14.0	10.3	38.4	10.1	.33203	.80010
6	安田	18.7	16.3	10.0	41.7	7.6	.25011	.63210
7	協栄	8.2	24.1	7.3	41.9	6.8	-.10464	-.62470
8	富国	13.8	23.5	10.8	36.1	6.8	-.18551	-.66105
9	三井	19.8	15.2	4.7	43.4	4.6	-.20278	1.31473
10	第百	16.4	21.0	6.7	41.1	5.9	-.24503	.37653
11	日本	18.8	22.0	7.6	37.3	5.2	-.46896	.25692
12	太陽	11.6	24.2	5.1	43.1	2.1	-.58209	.12376
13	第一	20.3	24.0	6.6	34.7	5.3	-.72950	.16667
14	明治	21.1	20.9	3.4	39.1	3.3	-.78727	.98054
15	住友	15.5	27.4	7.7	33.7	4.3	-.82906	-.58601
16	大同	9.1	43.4	4.7	30.0	2.4	-1.80767	-1.99971
17								

アブナイ生保 ↑

↓ 健全な生保

↑ 生保の負の体力

孫の手

【主成分の読み取り方】

表 9.1 の分析結果を見たある金融・証券マンの意見を紹介しましょう.

第 1 主成分は“生保の負の体力”と思います.

その理由は……

主成分得点の大きい順に並べてみると,“危ない”と言われている生保が上位に並んでいます. 逆に, 得点の小さい方に“良い”生保がきています.

独立変数でみると公社債と株式が多いほど主成分得点は小さくなり, 逆に外国証券と外貨建資産が多いほど主成分得点が大きくなります.

これの意味するところは, 国内債権や国内株式を多く所有しているところほど多くの含み益があり, この含み益こそがこれら生保の“体力”そのものなのです.

実際に国内景気の先行き不透明感により, 国内債権の価格はかなり高い水準で推移しており, 多額の含み益が発生しています. 株式については, 各社とも決算や不良債権償却のために相当額を益出したため, それほどの含み益はないと思われますが, 因子負荷の値が小さくなっているのはこのせいと思われます.

株式と公社債の合計が 30% 以下のところに“危ない”生保が並んでいるのを見ると, 上記のことが十分説明できます.

外国証券や外貨建資産の因子負荷については, 国内債権の十分なストックがない分, 高金利の外国証券や高収益の外貨建資産の保有率が高くなったものと解釈できます.

第２主成分は“企業支配度”と考えられます．

その理由は……

貸付金と株式に注目しました．株式は企業の資本そのものですので，この値が大きいということは，企業への積極的な資本参加，経営参加を意味します．貸付金は企業の設備資金，運転資金となり，いわば企業の“血”です．

この点から単純に解釈すると“企業への関与度”になるわけですが，これではおもしろくないので，大胆に“企業支配度”としてみましたが……

今ひとつ，自信ありません．

以上が，W氏の意見です．

というわけで，主成分分析はなかなか面白い分析ですね．

ピヨ
ピヨ

生保の負の体力

公社債占率
外国証券占有率
外貨建資産占率

企業支配度

貸付金占率
株式占率

第10章 因子分析

10.1 はじめに

次のデータは，ストレスや健康行動，健康習慣といった社会医療に関するアンケート調査の結果です．

表 10.1　社会医療の質の向上をめざして

No.	ストレス	健康行動	健康習慣	社会支援	社会役割	健康度	生活環境	医療機関
1	3	0	5	4	8	3	2	3
2	3	0	1	2	5	3	2	2
3	3	1	5	8	7	3	3	3
4	3	2	7	7	6	3	2	3
5	2	1	5	8	4	2	2	4
6	7	1	2	2	6	4	5	2
7	4	1	3	3	5	3	3	3
8	1	3	6	8	8	2	3	2
9	5	4	5	6	6	3	3	3
10	3	1	5	3	6	3	3	3
⋮	⋮	⋮	⋮	⋮	⋮	⋮	⋮	⋮
346	5	1	5	5	6	2	2	2
347	5	1	4	7	8	2	2	3

分析したいことは？

◉ ストレス・健康行動・健康習慣・……・生活環境・医療機関といった 8つの変数の中に，どのような **共通要因** が **潜** んでいるのだろうか？

【データ入力の型】

表 10.1 のデータは，次のように入力します．

	ストレス	健康行動	健康習慣	社会支援	社会役割	健康度	生活環境	医療機関	va
1	3	0	5	4	8	3	2	3	
2	3	0	1	2	5	3	2	2	
3	3	1	5	8	7	3	3	3	
4	3	2	7	7	6	3	2	3	
5	2	1	5	8	4	2	2	4	
6	7	1	2	2	6	4	5	2	
7	4	1	3	3	5	3	3	3	
8	1	3	6	8	8	2	3	2	
9	5	4	5	6	6	3	3	3	
10	3	1	5	3	6	3	3	3	
11	5	1	4	7	5	5	3	3	
			2		6		4		
	2			8		2			
338	6	0	0	2	4	5	4	3	
339	5	1	7	8	8	3	3	3	
340	7	1			6	5	5	3	
341	5	1			7	2	3	3	
342	6	1			8	4	4	3	
343	2	0			7		3	3	
344	3	0						2	
345	6	2	3	8				4	
346	5			5				2	
347	5		4	7				3	
348									

8つの変数の間に
どんな共通要因が
潜んでいるのかなあ？
8つの変数 …… 観測変数 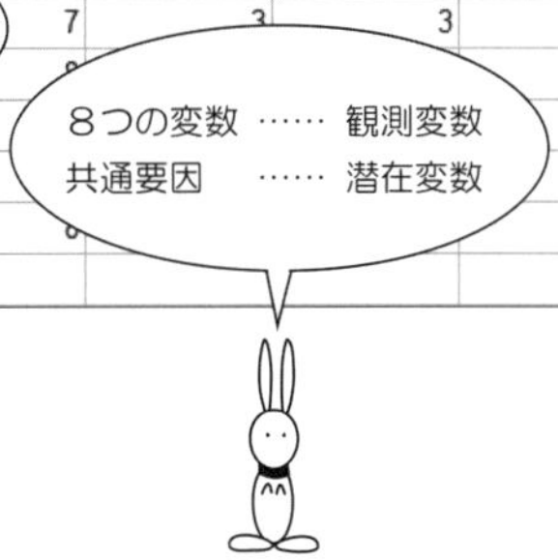
共通要因 …… 潜在変数
データは 
HP から

10.2 因子分析のための手順［主因子法］

【統計処理の手順】

手順 1 データを入力したら， 分析(A) をクリック．続いて，

メニューから， 次元分解(D) ⇨ 因子分析(F) を選択．

手順 2 次の 因子分析 画面が現れたら，

ストレスから医療機関まで， 変数(V) の中へ移動します．

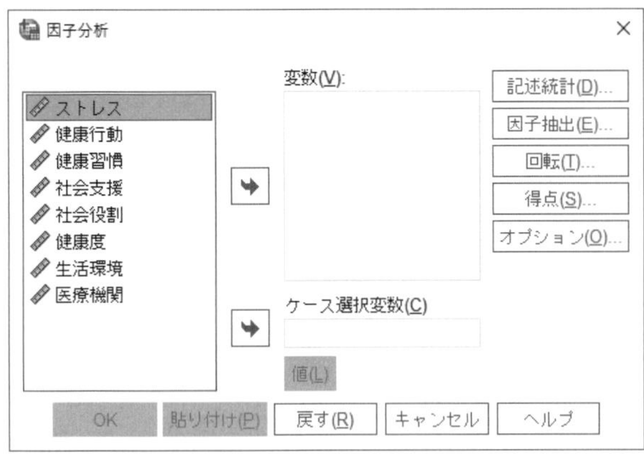
因子分析
変数(V):
記述統計(D)...
因子抽出(E)...
回転(T)...
得点(S)...
オプション(O)...
ストレス
健康行動
健康習慣
社会支援
社会役割
健康度
生活環境
医療機関
ケース選択変数(C)
値(L)
OK
貼り付け(P)
戻す(R)
キャンセル
ヘルプ

手順 3 変数(V) の中へ，ストレスから医療機関まで入ったら，

まずはじめに， 因子抽出(E) をクリック．

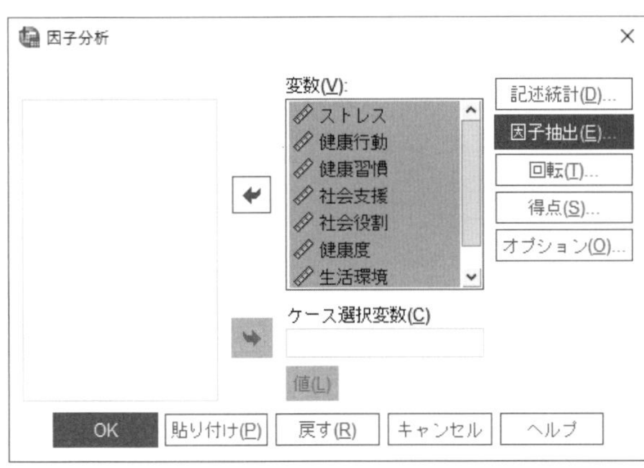
因子分析
変数(V):
ストレス
健康行動
健康習慣
社会支援
社会役割
健康度
生活環境
記述統計(D)...
因子抽出(E)...
回転(T)...
得点(S)...
オプション(O)...
ケース選択変数(C)
値(L)
OK
貼り付け(P)
戻す(R)
キャンセル
ヘルプ

手順 4 次の 因子抽出 の画面が現れたら，

方法(M) のところの ▼ をクリックします．

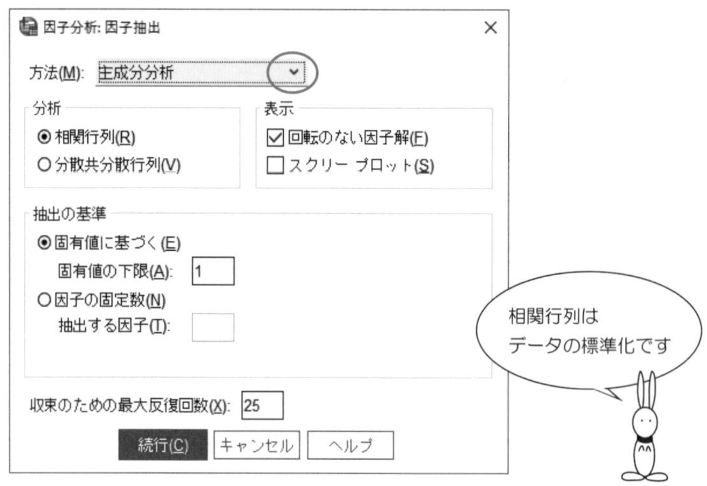
因子分析: 因子抽出
方法(M): 主成分分析
分析
相関行列(R)
分散共分散行列(V)
表示
回転のない因子解(F)
スクリー プロット(S)
抽出の基準
固有値に基づく(E)
固有値の下限(A): 1
因子の固定数(N)
抽出する因子(T):
収束のための最大反復回数(X): 25
続行(C)
キャンセル
ヘルプ
相関行列は
データの標準化です

手順 5 すると，いろいろな因子抽出法が現れるので，

主因子法を選んで……

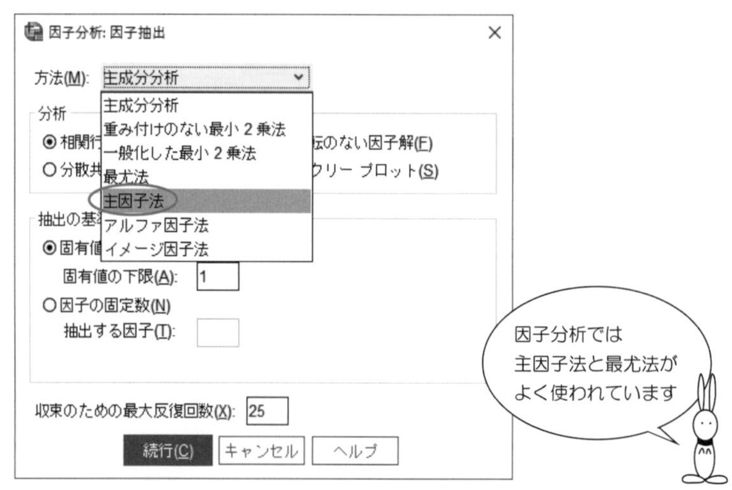
因子分析: 因子抽出
方法(M): 主成分分析
主成分分析
重み付けのない最小 2 乗法
一般化した最小 2 乗法
最尤法
主因子法
アルファ因子法
イメージ因子法
固有値の下限(A): 1
因子の固定数(N)
抽出する因子(T):
収束のための最大反復回数(X): 25
続行(C)
キャンセル
ヘルプ
因子分析では
主因子法と最尤法が
よく使われています

手順 6 続いて，

□ スクリープロット(S)

もチェック．そして，続行(C)．

因子分析: 因子抽出
方法(M): 主因子法
分析
相関行列(R)
分散共分散行列(V)
表示
回転のない因子解(F)
スクリー プロット(S)
抽出の基準
固有値に基づく(E)
固有値の下限(A): 1
因子の固定数(N)
抽出する因子(T):
収束のための最大反復回数(X): 25
続行(C)
キャンセル
ヘルプ
スクリープロット
= Scree Plot

手順 7 次は，回転(T) をクリックします．

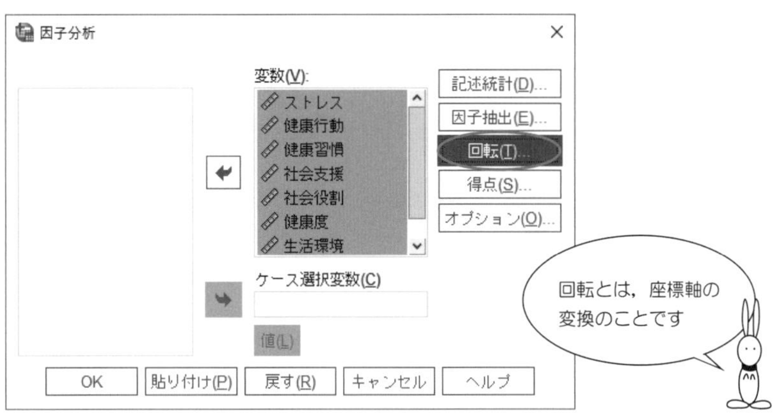
因子分析
変数(V):
ストレス
健康行動
健康習慣
社会支援
社会役割
健康度
生活環境
記述統計(D)...
因子抽出(E)...
回転(T)...
得点(S)...
オプション(O)...
ケース選択変数(C)
値(L)
OK
貼り付け(P)
戻す(R)
キャンセル
ヘルプ
回転とは，座標軸の
変換のことです

手順 8 次の回転の画面になったら，主因子法のときは，

○ バリマックス(V)

□ 因子負荷プロット(L)

をチェック．そして，[続行(C)]．

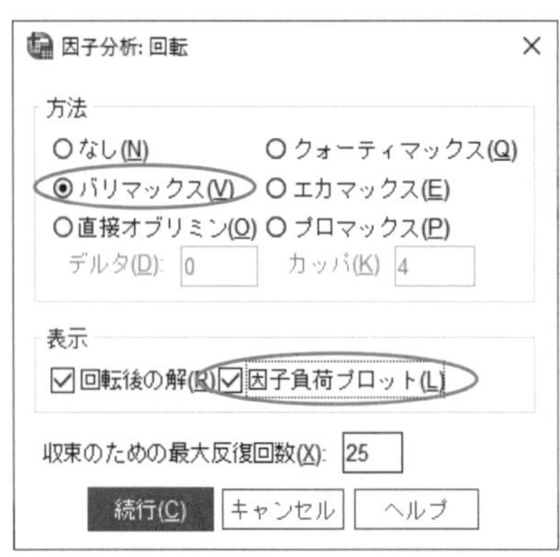
因子分析: 回転
方法
なし(N)
クォーティマックス(Q)
バリマックス(V)
エカマックス(E)
直接オブリミン(O)
プロマックス(P)
デルタ(D): 0
カッパ(K): 4
表示
回転後の解(R)
因子負荷プロット(L)
収束のための最大反復回数(X): 25
続行(C)
キャンセル
ヘルプ

主因子法は
バリマックス回転
つまり
直交回転だね

手順 9 手順 7 の画面にもどったら，[得点(S)] をクリックします．

次の 因子得点 の画面が現れたら

□ 変数として保存(S)

をチェック．そして，[続行(C)]．

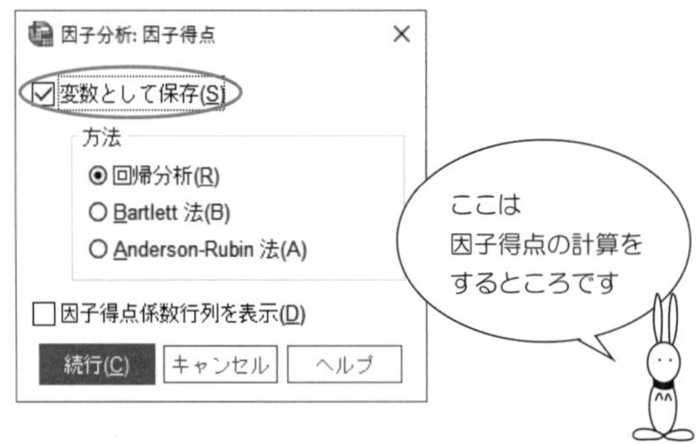
因子分析: 因子得点
変数として保存(S)
方法
回帰分析(R)
Bartlett 法(B)
Anderson-Rubin 法(A)
因子得点係数行列を表示(D)
続行(C)
キャンセル
ヘルプ
ここは
因子得点の計算を
するところです

手順 10 **手順 7** の回転の画面にもどったら，［オプション(O)］をクリック．

次の オプション の画面になったら，

□ サイズによる並び替え(S)

をチェック．そして，［続行(C)］．

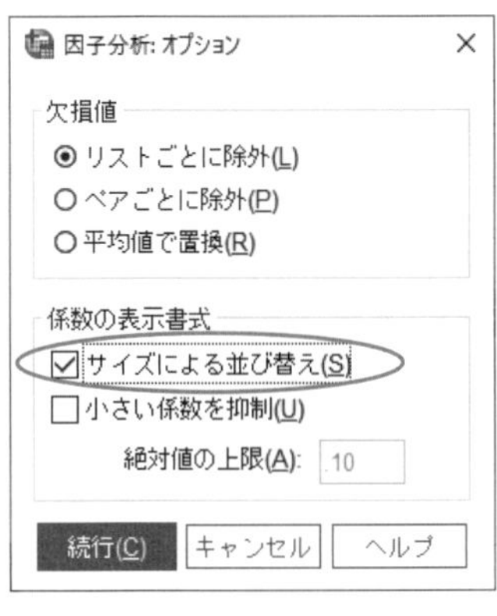
因子分析: オプション
欠損値
リストごとに除外(L)
ペアごとに除外(P)
平均値で置換(R)
係数の表示書式
サイズによる並び替え(S)
小さい係数を抑制(U)
絶対値の上限(A): .10
続行(C)
キャンセル
ヘルプ

ここの
サイズによる並び替え(S)
はとても便利！

手順 11 **手順 7** の画面にもどったら，［記述統計(D)］をチェック．

次の 記述統計 の画面になったら

□ KMO と Bartlett の球面性検定(K)

をチェックして，［続行(C)］．あとは，［OK］をカチッ!!

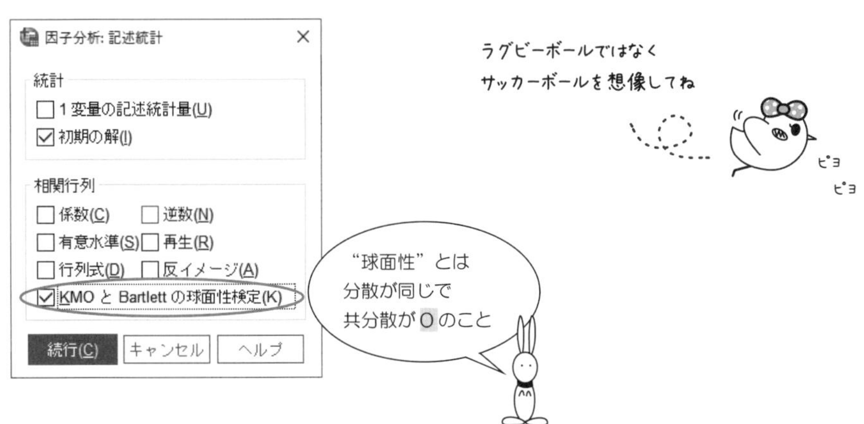
因子分析: 記述統計
統計
1 変量の記述統計量(U)
初期の解(I)
相関行列
係数(C)
逆数(N)
有意水準(S)
再生(R)
行列式(D)
反イメージ(A)
KMO と Bartlett の球面性検定(K)
続行(C)
キャンセル
ヘルプ
ラグビーボールではなく
サッカーボールを想像してね
ピヨ
ピヨ
“球面性” とは
分散が同じで
共分散が 0 のこと

【SPSS による出力・その 1】 ——因子分析（主因子法）——

因子分析

KMO および Bartlett の検定

Kaiser-Meyer-Olkin の標本妥当性の測度		.637	← ①
Bartlett の球面性検定	近似カイ 2 乗	223.472	
	自由度	28	
	有意確率	.000	

カイザー・マイヤー・オルキンの
妥当性の値が 0.5 未満のときは
因子分析をすることに意味がない
と考えられています

共通性

	初期	因子抽出後
ストレス	.217	.356 ← ②
健康行動	.068	.170
健康習慣	.109	.197
社会支援	.097	.163
社会役割	.121	.196
健康度	.223	.515
生活環境	.147	.653
医療機関	.111	.120

因子抽出法: 主因子法

データの標準化をすると
分散共分散行列は
相関行列になります
分散　⇒ 1
共分散 ⇒ 相関行列

【出力結果の読み取り方・その1】

⬅① KMOは8つの変数

ストレス，健康行動，……，医療機関

を使って因子分析をすることの妥当性を表しています．

この値が0.5より大きいとき，それらの変数を用いて因子分析をすることに意味があります．このデータではKMO＝0.637なので，妥当性があります．

Bartlettの球面性検定は

仮説 H_0：分散共分散行列は単位行列の定数倍に等しい

を検定しています．

有意確率0.000が有意水準 $\alpha=0.05$ より小さいので，この仮説は棄てられます．つまり，0でない共分散が存在するので，変数の間に関連があります．

⬅② 共通性の値が0に近い変数は，その因子分析に貢献していないので，取り除いた方が良い場合があります．

初期の共通性

たとえば，ストレスの共通性0.217は，ストレスを従属変数とし残りの変数を独立変数としたときの重回帰式の決定係数 R^2 のこと．

因子抽出後の共通性

ストレスの共通性＝(第1因子負荷)^2＋(第2因子負荷)^2＋(第3因子負荷)^2

$$0.356=(0.559)^2+(-0.148)^2+(0.145)^2$$ ☞④

この共通性はバリマックス回転後も変わらないので……

$$0.356=(0.542)^2+(0.129)^2+(-0.212)^2$$ ☞⑤

【SPSS による出力・その 2】 ——因子分析（主因子法)——

説明された分散の合計

因子	初期の固有値 合計	分散の %	累積 %	抽出後の負荷量平方和 合計	分散の %	累積 %	回転後の負荷量平方和 合計	分散の %	累積 %	
1	2.048	25.606	25.606	1.405	17.561	17.561	.936	11.699	11.699	
2	1.169	14.609	40.215	.609	7.616	25.177	.799	9.983	21.682	
3	1.068	13.345	53.560	.354	4.431	29.608	.634	7.926	29.608	← ③
4	.974	12.177	65.737							
5	.833	10.407	76.144							
6	.732	9.148	85.292							
7	.642	8.023	93.315							
8	.535	6.685	100.000							

因子抽出法: 主因子法

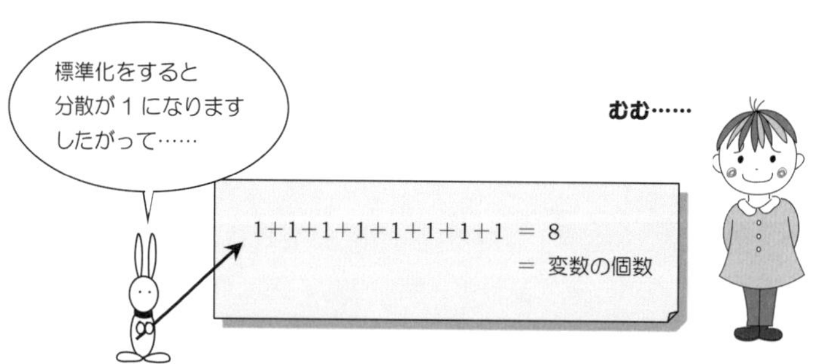
標準化をすると
分散が 1 になります
したがって……
1+1+1+1+1+1+1+1 ＝ 8
＝ 変数の個数
むむ……

固有値・固有ベクトルは
「よくわかる線型代数」
を参照してください

【出力結果の読み取り方・その2】

⬅③　変数が8個あるので，因子も形式的に第1因子から第8因子まで考えられますが，意味のある因子は固有値が **1** より大きい因子だけです．

よって，第1因子から第3因子まで取り上げることになります．

この第1因子から第8因子までの固有値を折れ線グラフで図示したものが，スクリープロットです．　☞p.161

第1因子から第8因子までの固有値を合計すると

$$2.048 + 1.169 + 1.068 + \cdots + 0.642 + 0.535 = 8$$

となり，この8は変数の個数に一致します．

分散の%＝固有値の%のこと．

分散や固有値は
つまり
情報量のことですね

● $25.606 = \dfrac{2.048}{8} \times 100$

● $14.609 = \dfrac{1.169}{8} \times 100$

因子抽出後の因子負荷平方和

$$1.405 = (0.612)^2 + (0.559)^2 + (-0.387)^2 + (-0.329)^2 + (-0.320)^2 + (0.246)^2 + (0.492)^2 + (-0.235)^2$$

⬅④因子行列の第1因子の2乗和

回転後の因子負荷平方和

$$0.936 = (0.702)^2 + (0.542)^2 + (0.161)^2 + (0.029)^2 + (0.012)^2 + (-0.200)^2 + (-0.165)^2 + (-0.234)^2$$

⬅⑤回転後の因子行列の第1因子の2乗和

【SPSS による出力・その 3】 ——因子分析（主因子法）——

因子行列[a]

	因子 1	2	3
健康度	.612	-.175	.331
ストレス	.559	-.148	.145
健康習慣	-.387	.039	.213
社会支援	-.329	.202	.116
社会役割	-.320	.245	.183
医療機関	.246	.199	-.141
生活環境	.492	.641	.016
健康行動	-.235	.061	.333

← ④

因子抽出法: 主因子法

a. 3 個の因子の抽出が試みられました。
25 回以上の反復が必要です。(収束基準 =.011)。抽出が終了しました。

回転後の因子行列[a]

	因子 1	2	3
健康度	.702	.107	-.102
ストレス	.542	.129	-.212
生活環境	.161	.791	.034
医療機関	.029	.312	-.148
健康行動	.012	-.109	.398
社会役割	-.200	.027	.394
健康習慣	-.165	-.187	.367
社会支援	-.234	-.005	.329

← ⑤

因子抽出法: 主因子法
回転法: Kaiser の正規化を伴うバリマックス法

a. 6 回の反復で回転が収束しました。

手順 10 で
サイズによる並び替え
をしたから
結果が見やすいね
因子負荷は
“因子負荷量”
ともいいます

因子変換行列

因子	1	2	3
1	.727	.494	-.477
2	-.321	.859	.399
3	.607	-.137	.783

← ⑥

因子抽出法: 主因子法
回転法: Kaiser の正規化を伴うバリマックス法

【出力結果の読み取り方・その３】

⬅④　主因子法によって，第１因子から第３因子までの因子負荷を求めています．

因子負荷＝因子と変数の相関係数

⬅⑤　④で求めた因子負荷をバリマックス回転して得られた因子負荷．

第１因子では

健康度＝0.702　　ストレス＝0.542

といったところの因子負荷が大きいので

第１因子＝“健康に対する自覚”

を表していると考えられます．同様にして

第２因子＝“健康に関する地域環境”

第３因子＝“健康意識ネットワーク”

のように読み取ります．

読み取り方は
人によっていろいろ
人生いろいろ…

⬅⑥　ストレスに注目してみると，

因子行列，回転後の因子行列，因子変換行列

の関係は，次のようになっています．

回転後の因子行列　　因子行列　　因子変換行列

$$[0.542\ 0.129\ -0.212] = [0.559\ -0.148\ 0.145] \cdot \begin{bmatrix} 0.727 & 0.494 & -0.477 \\ -0.321 & 0.859 & 0.399 \\ 0.607 & -0.137 & 0.783 \end{bmatrix}$$

⬆行列の掛け算『よくわかる線型代数』

この因子変換行列は直交行列です！

【SPSS による出力・その 4】 ——因子分析（主因子法）——

回転後の因子空間の因子プロット

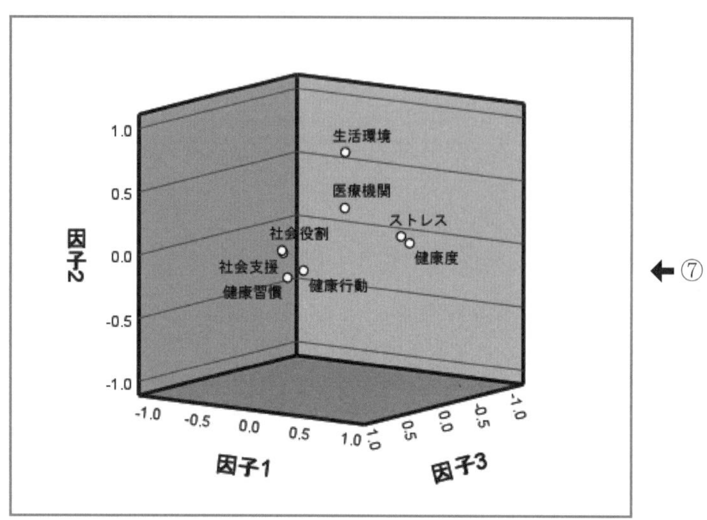

1.0
0.5
0.0
-0.5
-1.0
因子2
生活環境
医療機関
ストレス
健康度
社会役割
社会支援
健康習慣
健康行動
-1.0
-0.5
0.0
0.5
1.0
因子1
因子3

← ⑦

⑧

	ストレス	健康行動	健康習慣	社会支援	社会役割	健康度	生活環境	医療機関	FAC1_1	FAC2_1	FAC3_1
1	3	0	5	4	8	3	2	3	-.24893	-.94998	-.13872
2	3	0	1	2	5	3	2	2	-.04361	-1.06055	-1.16815
3	3	1	5	8	7	3	3	3	-.29251	.12366	.54008
4	3	2	7	7	6	3	2	3	-.18075	-1.03806	.61112
5	2	1	5	8	4	2	2	4	-1.12471	-.69067	-.26559
6	7	1	2	2	6	4	5	2	1.38925	1.94784	-.26125
7	4	1	3	3	5	3	3	3	.11346	.08585	-.59546
8	1	3	6	8	8	2	3	2	-1.16903	-.07573	1.50312
9	5	[illegible]	5	6	[illegible]	3	3	[illegible]	[illegible]	-.00932	[illegible]
[illegible]	[illegible]	[illegible]	[illegible]	[illegible]	[illegible]	[illegible]	[illegible]	[illegible]	[illegible]	.02704	[illegible]
[illegible]	[illegible]	1	[illegible]	[illegible]	6	[illegible]	[illegible]	3	[illegible]	[illegible]	[illegible]
341	5	1	4	[illegible]	7	2	[illegible]	3	-.58343	[illegible]	.13587
342	6	1	4	2	8	4	4	3	1.10412	1.03270	.02887
343	2	0	0	7	7	3	3	3	-.48092	.29093	-.39864
344	3	0	0	8	8	3	3	2	-.31883	.14142	-.03883
345	6	2	3	8	7	4	4	4	.93872	1.30977	.45958
346	5	1	5	5	6	2	2	2	-.45065	-1.07553	-.11638
347	5	1	4	7	8	2	2	3	-.61527	-.81588	.11699
348											

【出力結果の読み取り方・その 4】

⬅⑦　回転後の因子行列⑤の 3 つの因子を 3 本の座標軸にとって，分析に用いたすべての変数を 3 次元空間上に図示しています．

⬅⑧　因子得点は最小 2 乗法などを使って推定しなければなりません．

この因子得点を使って，サンプルを平面上に図示すると，それぞれのサンプルが持つ意味を見つけ出すことができます．

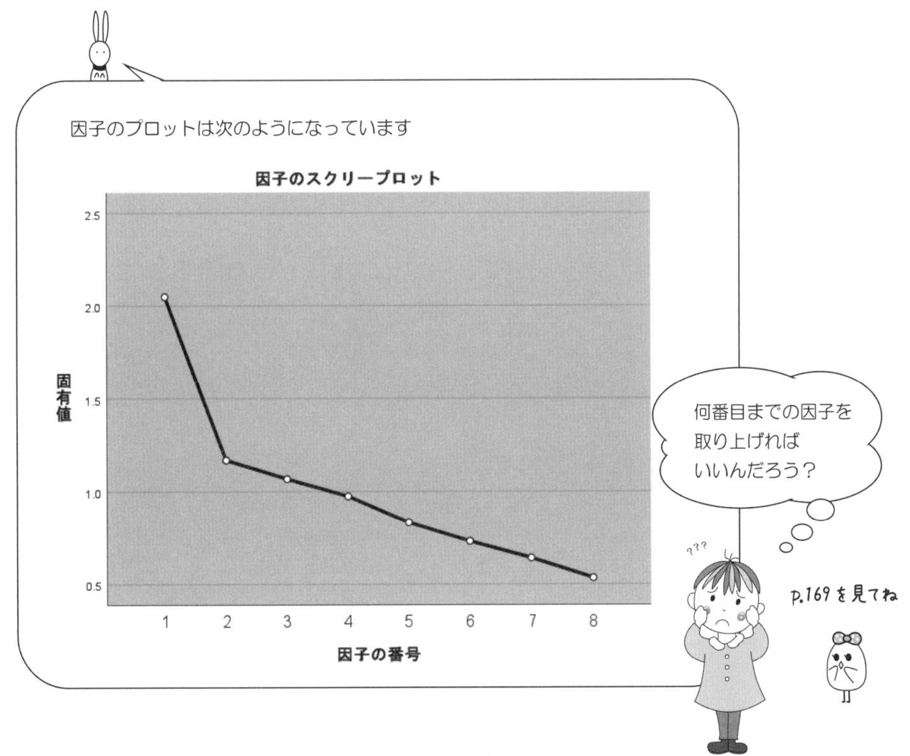
因子のプロットは次のようになっています
因子のスクリープロット
2.5
2.0
1.5
1.0
0.5
固有値
1
2
3
4
5
6
7
8
因子の番号
何番目までの因子を
取り上げれば
いいんだろう？
???
p.169 を見てね

10.3 因子分析のための手順［最尤法］

【統計処理の手順】

手順 1 から**手順 4** までは，主因子法（p.148～149）と同じです．

手順 5 最尤法による因子分析をおこなうときは，

方法(M) の中から，最尤法を選択！

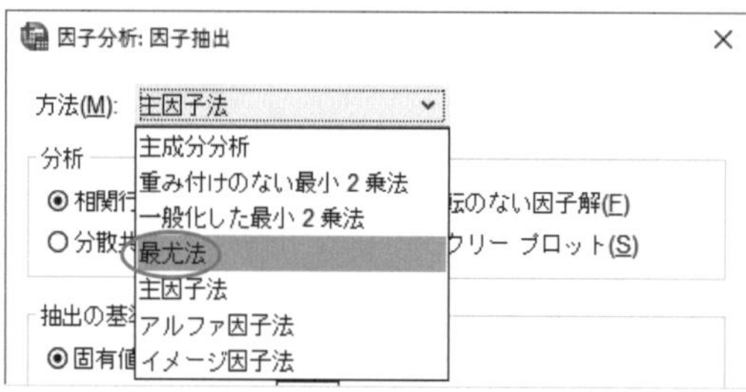

手順 6 さらに，

□ スクリープロット(S)

もチェック．そして，［続行(C)］．

反復回数を
50 回にして
おきましょう
どうして？

手順 7 次の画面になったら，［回転(T)］をクリック．

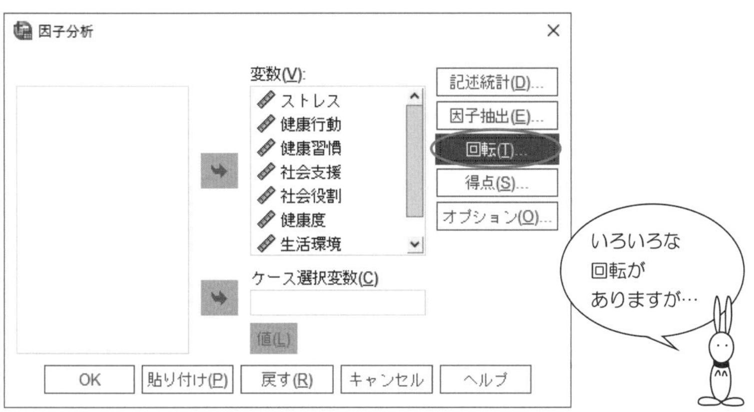
因子分析
変数(V):
ストレス
健康行動
健康習慣
社会支援
社会役割
健康度
生活環境
ケース選択変数(C)
値(L)
記述統計(D)...
因子抽出(E)...
回転(T)...
得点(S)...
オプション(O)...
OK
貼り付け(P)
戻す(R)
キャンセル
ヘルプ
いろいろな
回転が
ありますが…

手順 8 次の 回転 の画面になったら，最尤法のときは，

○ プロマックス(P)

□ 因子負荷プロット(L)

もチェックしておきましょう．そして，［続行(C)］．

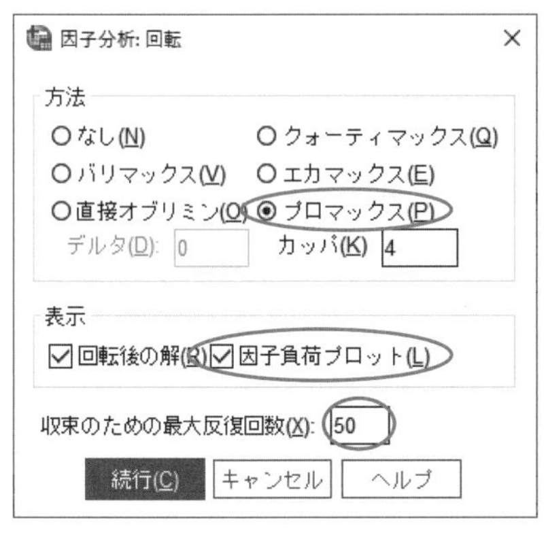
因子分析: 回転
方法
なし(N)
クォーティマックス(Q)
バリマックス(V)
エカマックス(E)
直接オブリミン(O)
プロマックス(P)
デルタ(D): 0
カッパ(K) 4
表示
回転後の解(R)
因子負荷プロット(L)
収束のための最大反復回数(X): 50
続行(C)
キャンセル
ヘルプ

最尤法は
プロマックス回転
つまり
斜交回転です

手順 9 手順 7 の画面にもどったら，［得点(S)］をクリック．

次の 因子得点 の画面になったら

□ 変数として保存(S)

をチェックして，［続行(C)］．

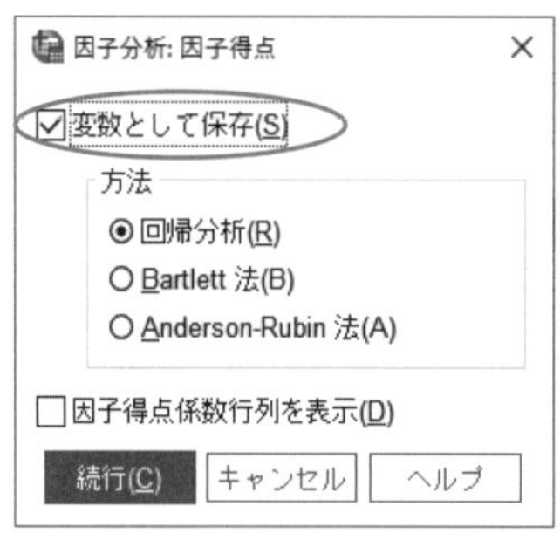

因子分析: 因子得点
変数として保存(S)
方法
回帰分析(R)
Bartlett 法(B)
Anderson-Rubin 法(A)
因子得点係数行列を表示(D)
続行(C)
キャンセル
ヘルプ

ここは
因子得点の計算を
するところです

手順 10 手順 7 の画面にもどったら，［オプション(O)］をクリック．

次の オプション の画面になったら

□ サイズによる並び替え(S)

をチェック．そして，［続行(C)］．

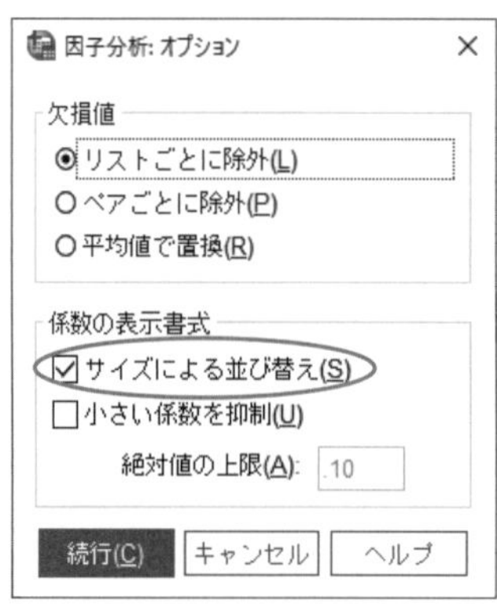

因子分析: オプション
欠損値
リストごとに除外(L)
ペアごとに除外(P)
平均値で置換(R)
係数の表示書式
サイズによる並び替え(S)
小さい係数を抑制(U)
絶対値の上限(A):
.10
続行(C)
キャンセル
ヘルプ

ここの
サイズによる並び替え(S)
はとても便利だね！

手順 11 **手順 7** の画面にもどったら，記述統計(D) をチェック．

次の 記述統計 の画面が現れたら，

□ KMO と Bartlett の球面性検定(K)

を選択して，続行(C)．

因子分析: 記述統計
統計
1 変量の記述統計量(U)
初期の解(I)
相関行列
係数(C)
逆数(N)
有意水準(S)
再生(R)
行列式(D)
反イメージ(A)
KMO と Bartlett の球面性検定(K)
続行(C)
キャンセル
ヘルプ

さっきも出てきた球面性
ピヨ
ピヨ

手順 12 次の画面にもどってきたら，

あとは，OK ボタンをマウスでカチッ！

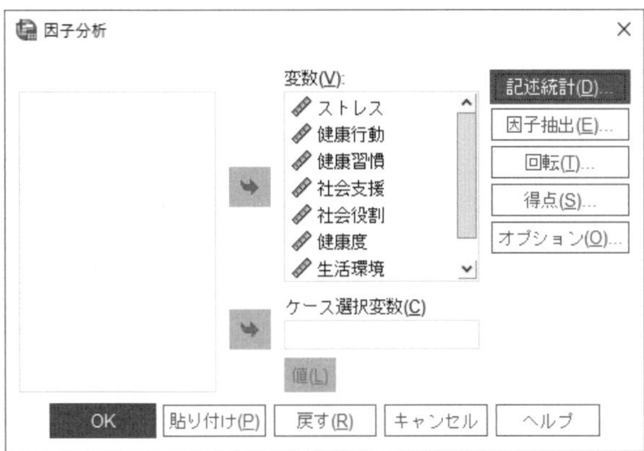

因子分析
変数(V):
ストレス
健康行動
健康習慣
社会支援
社会役割
健康度
生活環境
ケース選択変数(C)
値(L)
記述統計(D)...
因子抽出(E)...
回転(T)...
得点(S)...
オプション(O)...
OK
貼り付け(P)
戻す(R)
キャンセル
ヘルプ

【SPSS による出力・その 1】 ——因子分析（最尤法）——

因子分析

KMO および Bartlett の検定

Kaiser-Meyer-Olkin の標本妥当性の測度		.637
Bartlett の球面性検定	近似カイ 2 乗	223.472
	自由度	28
	有意確率	.000

← ①

← ②

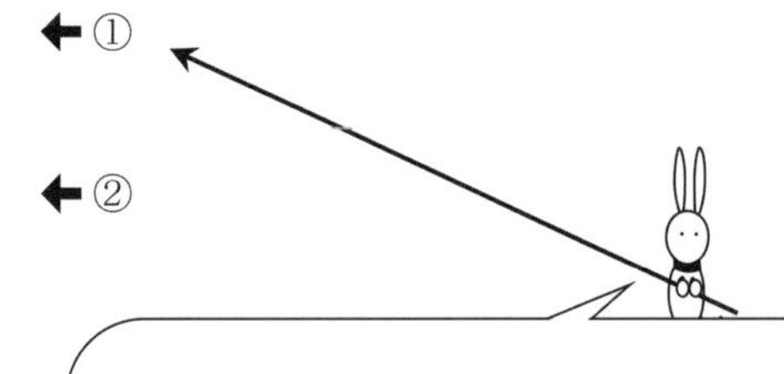

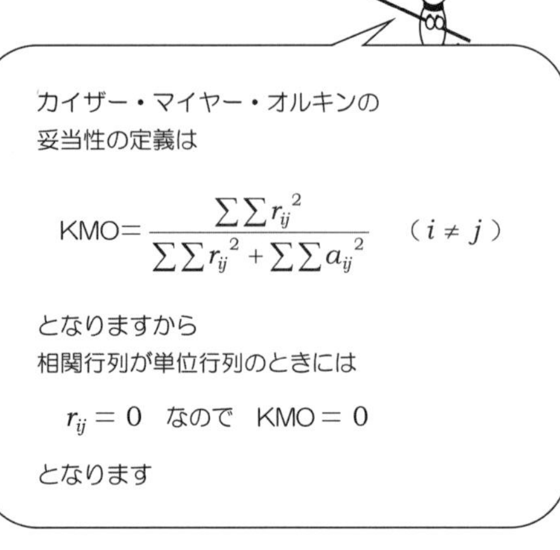

カイザー・マイヤー・オルキンの
妥当性の定義は

$$\text{KMO} = \frac{\sum\sum r_{ij}^{2}}{\sum\sum r_{ij}^{2} + \sum\sum a_{ij}^{2}} \quad (i \neq j)$$

となりますから
相関行列が単位行列のときには

$r_{ij} = 0$　なので　KMO＝0

となります

共通性[a]

	初期	因子抽出後
ストレス	.217	.293
健康行動	.068	.126
健康習慣	.109	.186
社会支援	.097	.147
社会役割	.121	.225
健康度	.223	.716
生活環境	.147	.999
医療機関	.111	.120

因子抽出法: 最尤法

a. 反復中に 1 つまたは複数の1よりも大きい共通性推定値がありました。得られる解の解釈は慎重に行ってください。

← ③

ピヨ
ピヨ

【出力結果の読み取り方・その 1】

⬅① Kaiser-Meyer-Olkin の妥当性です.

この値が 0.5 未満のときは,

"因子分析をおこなうことへの妥当性がない"

と考えられています.

このデータでは 0.637 なので,因子分析をおこなうことに問題はありません.

⬅② Bartlett の球面性検定です.

仮説 H_0：相関行列は単位行列である

に対し

有意確率 0.000 ≦ 有意水準 0.05

なので,仮説 H_0 は棄却されます.

したがって……

変数間に相関があるので,共通因子を考えることに意味があります.

⬅③ 共通性はその変数がもっている情報量です.

したがって,共通性の値が 0 に近い変数は,

分析から除いた方がよいかもしれません.

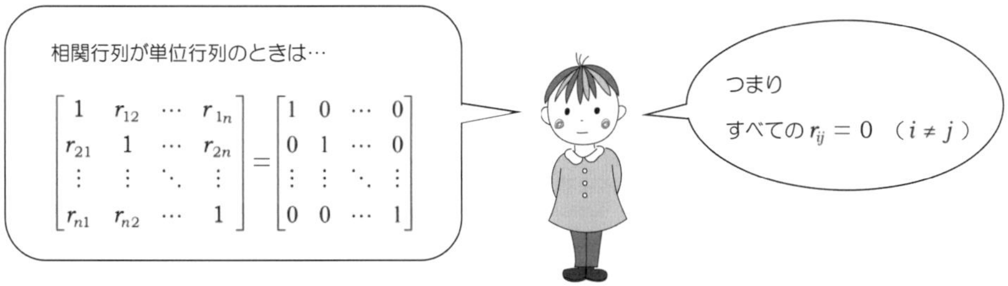
相関行列が単位行列のときは…
$$\begin{bmatrix} 1 & r_{12} & \cdots & r_{1n} \\ r_{21} & 1 & \cdots & r_{2n} \\ \vdots & \vdots & \ddots & \vdots \\ r_{n1} & r_{n2} & \cdots & 1 \end{bmatrix} = \begin{bmatrix} 1 & 0 & \cdots & 0 \\ 0 & 1 & \cdots & 0 \\ \vdots & \vdots & \ddots & \vdots \\ 0 & 0 & \cdots & 1 \end{bmatrix}$$
つまり
すべての $r_{ij} = 0$ （$i \neq j$）

【SPSS による出力・その 2】 ——因子分析（最尤法）——

説明された分散の合計

	初期の固有値			抽出後の負荷量平方和			回転後の負荷量平方和[a]
因子	合計	分散の %	累積 %	合計	分散の %	累積 %	合計
1	2.048	25.606	25.606	1.180	14.747	14.747	1.177
2	1.169	14.609	40.215	1.139	14.244	28.990	1.234
3	1.068	13.345	53.560	.492	6.153	35.144	.919
4	.974	12.177	65.737				
5	.833	10.407	76.144				
6	.732	9.148	85.292				
7	.642	8.023	93.315				
8	.535	6.685	100.000				

因子抽出法: 最尤法

a. 因子が相関する場合は、負荷量平方和を加算しても総分散を得ることはできません。

← ④

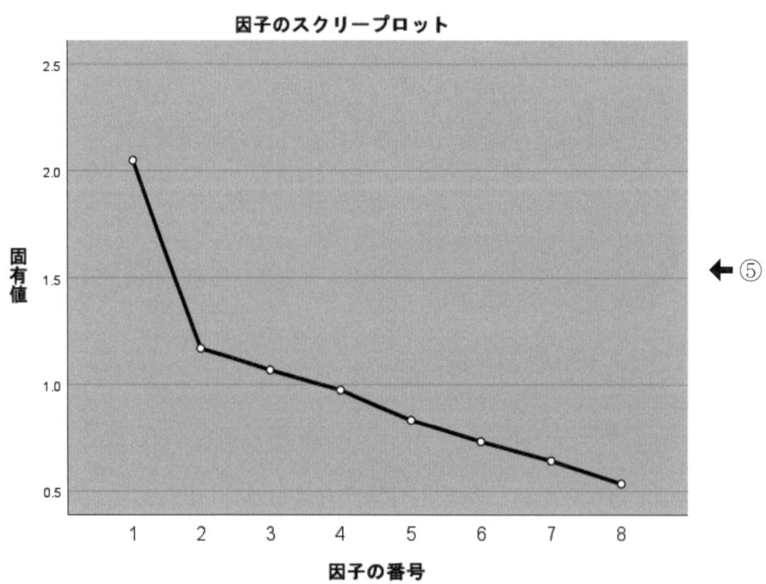
因子のスクリープロット
2.5
2.0
1.5
1.0
0.5
固有値
1
2
3
4
5
6
7
8
因子の番号

← ⑤

【出力結果の読み取り方・その２】

⬅④　因子の固有値を大きさの順に並べています.

分散の％は，固有値の％のことです.

$$25.606 = \frac{2.048}{2.048 + 1.169 + \cdots + 0.535} \times 100$$

$$= \frac{2.048}{8} \times 100$$

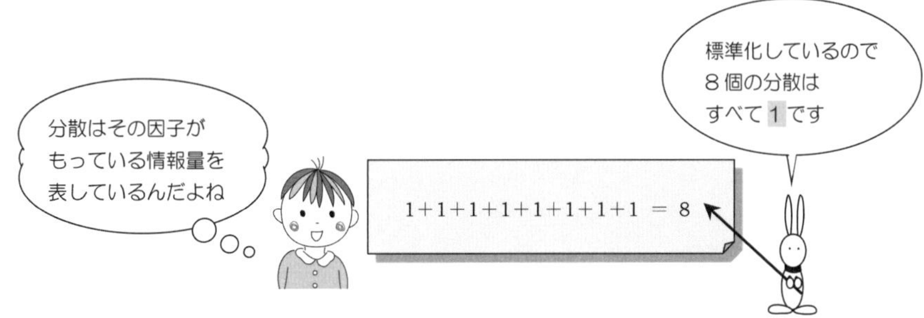
分散はその因子が
もっている情報量を
表しているんだよね
1+1+1+1+1+1+1+1 ＝ 8
標準化しているので
８個の分散は
すべて１です

⬅⑤　因子の固有値をグラフで表現しています.

このグラフを見ながら，何番目までの因子を取り上げるか判定します.

折れ線の傾きがゆるやかになると，固有値はあまり変化しなくなるのでその前後のところまでの因子を取り上げます.

因子の数が２より多くなると，スクリープロットがゆるやかになるので取り上げる因子の数は２または３までが適当なようです.

【SPSS による出力・その 3】 ——因子分析（最尤法）——

因子行列[a]

	因子 1	因子 2	因子 3
生活環境	.999	-.001	.000
医療機関	.262	.022	-.225
健康度	.209	.804	.162
ストレス	.172	.495	-.133
社会支援	-.048	-.285	.252
社会役割	.040	-.310	.357
健康行動	-.085	-.102	.329
健康習慣	-.167	-.244	.314

← ⑥

因子抽出法: 最尤法

a. 3 個の因子が抽出されました。37 回の反復が必要です。

適合度検定

カイ 2 乗	自由度	有意確率
13.585	7	.059

← ⑦

パターン行列[a]

	因子 1	因子 2	因子 3
生活環境	.993	.040	.041
医療機関	.271	-.100	-.238
健康度	-.024	.878	.068
ストレス	.045	.406	-.210
社会役割	.098	-.086	.436
健康習慣	-.122	-.056	.371
健康行動	-.081	.092	.370
社会支援	.011	-.128	.314

← ⑧

因子抽出法: 最尤法

回転法: Kaiser の正規化を伴うプロマックス法

a. 6 回の反復で回転が収束しました。

手順 10 で
サイズによる並び替え
をしたのは
見やすくするためです

【出力結果の読み取り方・その3】

⬅⑥　プロマックス回転前の因子負荷です．

⬅⑦　モデルの適合度検定

仮説 H_0：因子数が3個のモデルに適合している

に対し

有意確率 0.059 ＞有意水準 0.05

なので，仮説 H_0 は棄却されません．

したがって，因子数は3個でよさそうです．

p.162の手順6で
因子の固定数を2個にすると

適合度検定

カイ2乗	自由度	有意確率
33.657	13	.001

となって仮説 H_0 は棄却されますが
因子の固定数を4個にすると

適合度検定

カイ2乗	自由度	有意確率
1.452	2	.484

となるため仮説 H_0 は棄却されません

このことからも
取り上げる因子の数は
3個のほうがよさそうだ
と読み取れるわけだね！

⬅⑧　プロマックス回転後の因子負荷です．

この値を見ながら，共通因子に名前をつけます．

【SPSS による出力・その 4】 ——因子分析（最尤法）——

構造行列

	因子 1	2	3
生活環境	.999	.270	-.078
医療機関	.270	.066	-.224
健康度	.188	.844	-.296
ストレス	.168	.504	-.383
社会役割	.031	-.243	.462
健康習慣	-.175	-.242	.407
社会支援	-.053	-.256	.366
健康行動	-.096	-.082	.340

← ⑨

因子抽出法: 最尤法
回転法: Kaiser の正規化を伴うプロマックス法

因子相関行列

因子	1	2	3
1	1.000	.249	-.104
2	.249	1.000	-.417
3	-.104	-.417	1.000

← ⑩

因子抽出法: 最尤法
回転法: Kaiser の正規化を伴うプロマックス法

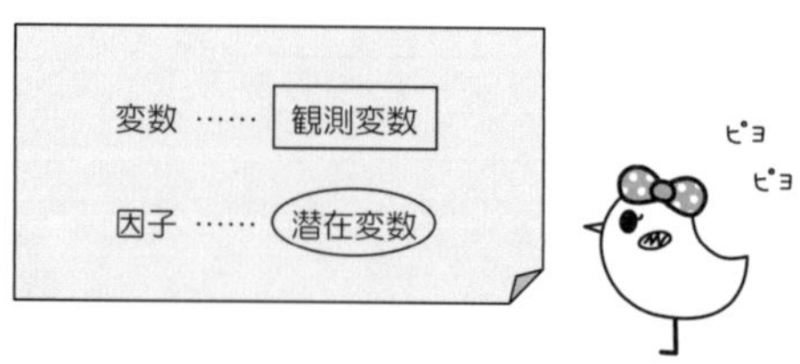
変数 …… 観測変数
因子 …… 潜在変数
ピヨ
ピヨ

【出力結果の読み取り方・その4】

⬅⑨　構造行列です．

⬅⑩　因子相関行列です．

パターン行列，因子相関行列，構造行列の関係は，次のようになっています．

$$\begin{bmatrix}\text{パターン行列}\end{bmatrix} \cdot \begin{bmatrix}\text{因子相関行列}\end{bmatrix} = \begin{bmatrix}\text{構造行列}\end{bmatrix}$$

$$\begin{bmatrix} 0.993 & 0.040 & 0.041 \\ 0.271 & -0.100 & -0.238 \\ -0.024 & 0.878 & 0.068 \\ 0.045 & 0.406 & -0.210 \\ 0.098 & -0.086 & 0.436 \\ -0.122 & -0.056 & 0.371 \\ -0.081 & 0.092 & 0.370 \\ 0.011 & -0.128 & 0.314 \end{bmatrix} \cdot \begin{bmatrix} 1.000 & 0.249 & -0.104 \\ 0.249 & 1.000 & -0.417 \\ -0.104 & -0.417 & 1.000 \end{bmatrix} = \begin{bmatrix} 0.999 & 0.270 & -0.078 \\ 0.270 & 0.066 & -0.224 \\ 0.188 & 0.844 & -0.296 \\ 0.168 & 0.504 & -0.383 \\ 0.031 & -0.243 & 0.462 \\ -0.175 & -0.242 & 0.407 \\ -0.053 & -0.256 & 0.366 \\ -0.096 & -0.082 & 0.340 \end{bmatrix}$$

行列のかけ算は
「すぐわかる線型代数」
を見てくださいね
パターン行列だけでは
因子の特徴づけが
うまくいかなかったら
どうしよう？
パターン行列だけで
因子の特徴づけが
うまくいかないときは
この構造行列も
利用しましょう！

第11章 判別分析

11.1 はじめに

次のデータは地方銀行のA銀行からN銀行について，総資純益から，不債引当率までを調査したものです．

表11.1 その銀行は生き残れるのか？

銀　行	実力度	総資純益	人当資益	自己資本	資金平残	株主純益	粗利経費	国内利ザ	不債比率	不債引当
A	上位	100	293	277	2	151	626	936	841	642
B	上位	440	344	342	12	204	414	1000	985	1000
C	上位	407	411	773	42	185	424	702	873	349
D	上位	407	409	499	49	106	459	702	843	409
E	上位	308	474	491	76	184	450	628	946	131
F	上位	286	386	545	69	127	433	564	907	312
G	上位	187	369	878	120	142	329	309	957	329
⋮	⋮	⋮	⋮	⋮	⋮	⋮	⋮	⋮	⋮	⋮
M	下位	99	107	193	28	96	130	64	688	222
N	下位	187	68	232	4	68	191	277	189	167
P	？	200	40	500	30	150	400	300	500	700

？の判別は？

分析したいことは？

◉ 銀行の実力度の**判別**に影響を与える**要因**を調べてみたい.

◉ 15 番目の地方銀行の実力度を判別したい.

【データ入力の型】

表 11.1 のデータは，次のように入力します.

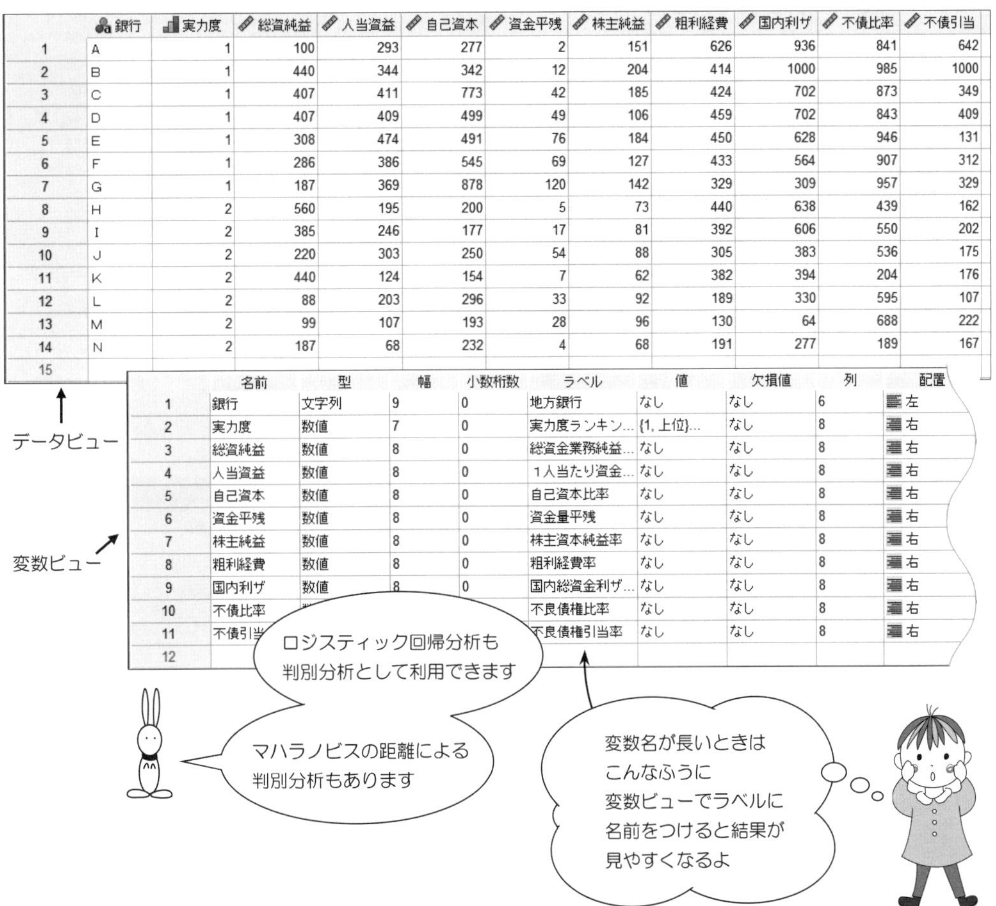

	銀行	実力度	総資純益	人当資益	自己資本	資金平残	株主純益	粗利経費	国内利ザ	不債比率	不債引当
1	A	1	100	293	277	2	151	626	936	841	642
2	B	1	440	344	342	12	204	414	1000	985	1000
3	C	1	407	411	773	42	185	424	702	873	349
4	D	1	407	409	499	49	106	459	702	843	409
5	E	1	308	474	491	76	184	450	628	946	131
6	F	1	286	386	545	69	127	433	564	907	312
7	G	1	187	369	878	120	142	329	309	957	329
8	H	2	560	195	200	5	73	440	638	439	162
9	I	2	385	246	177	17	81	392	606	550	202
10	J	2	220	303	250	54	88	305	383	536	175
11	K	2	440	124	154	7	62	382	394	204	176
12	L	2	88	203	296	33	92	189	330	595	107
13	M	2	99	107	193	28	96	130	64	688	222
14	N	2	187	68	232	4	68	191	277	189	167
15											

	名前	型	幅	小数桁数	ラベル	値	欠損値	列	配置
1	銀行	文字列	9	0	地方銀行	なし	なし	6	左
2	実力度	数値	7	0	実力度ランキン...	{1, 上位}...	なし	8	右
3	総資純益	数値	8	0	総資金業務純益...	なし	なし	8	右
4	人当資益	数値	8	0	1人当たり資金...	なし	なし	8	右
5	自己資本	数値	8	0	自己資本比率	なし	なし	8	右
6	資金平残	数値	8	0	資金量平残	なし	なし	8	右
7	株主純益	数値	8	0	株主資本純益率	なし	なし	8	右
8	粗利経費	数値	8	0	粗利経費率	なし	なし	8	右
9	国内利ザ	数値	8	0	国内総資金利ザ...	なし	なし	8	右
10	不債比率				不良債権比率	なし	なし	8	右
11	不債引当				不良債権引当率	なし	なし	8	右
12									

データビュー
変数ビュー
ロジスティック回帰分析も
判別分析として利用できます
マハラノビスの距離による
判別分析もあります
変数名が長いときは
こんなふうに
変数ビューでラベルに
名前をつけると結果が
見やすくなるよ

11.2 判別分析のための手順

【統計処理の手順】

手順 1 データを入力したら，分析(A) をクリック．続いて，

メニューから，分類(F) ⇨ 判別分析(D) を選択します．

外的基準があるときは
…… 判別分析
外的基準がないときは
…… クラスター分析

手順2 次の 判別分析 の画面が現れたら，実力度をクリックして，

グループ化変数(G) の左側の [→] をクリック．

すると，実力度が グループ化変数(G) の中に入り，

実力度(? ?) となるので，[範囲の定義(D)] をカチッ．

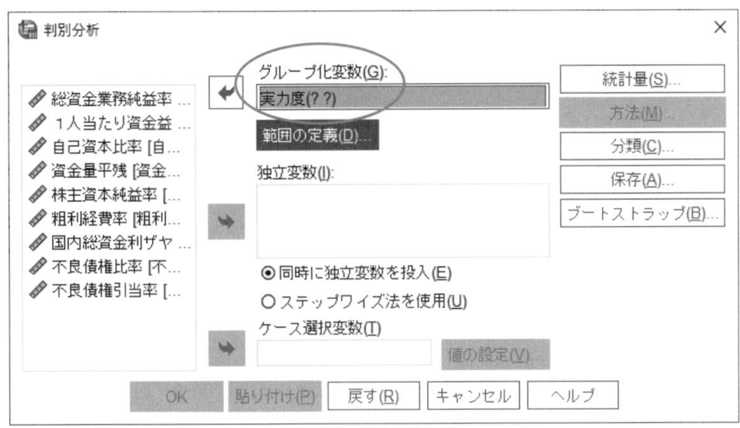
判別分析
グループ化変数(G):
実力度(? ?)
範囲の定義(D)...
独立変数(I):
総資金業務純益率 ...
1人当たり資金益 ...
自己資本比率 [自...
資金量平残 [資金...
株主資本純益率 [...
粗利経費率 [粗利...
国内総資金利ザヤ ...
不良債権比率 [不...
不良債権引当率 [...
同時に独立変数を投入(E)
ステップワイズ法を使用(U)
ケース選択変数(T)
値の設定(V)...
統計量(S)...
方法(M)...
分類(C)...
保存(A)...
ブートストラップ(B)...
OK
貼り付け(P)
戻す(R)
キャンセル
ヘルプ

手順3 次の 範囲の定義 の画面になったら

最小(N) の中に 1

最大(X) の中に 2

を入力．そして，[続行(C)]．

判別分析: 範囲の定義
最小(N): 1
最大(X): 2
続行(C)
キャンセル
ヘルプ
実力度
上位 …… 1
下位 …… 2
グループ化変数(G) が
実力度(1 2)
となります

手順 4 次の画面になったら，残っている変数はすべて，

独立変数(I) の中に移動します．そして，統計量(S) をクリック．

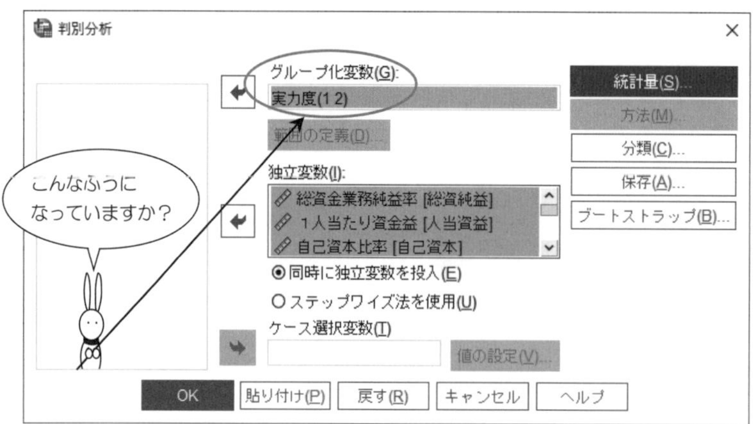
判別分析
グループ化変数(G):
実力度(1 2)
範囲の定義(D)...
独立変数(I):
総資金業務純益率 [総資純益]
1人当たり資金益 [人当資益]
自己資本比率 [自己資本]
同時に独立変数を投入(E)
ステップワイズ法を使用(U)
ケース選択変数(T)
値の設定(V)...
統計量(S)...
方法(M)...
分類(C)...
保存(A)...
ブートストラップ(B)...
OK
貼り付け(P)
戻す(R)
キャンセル
ヘルプ
こんなふうに
なっていますか？

手順 5 次の 統計 の画面になったら，

□ Fisher の分類関数の係数(F)

□ 標準化されていない(U)

をそれぞれチェック．そして，続行(C)．

すると，**手順 4** の画面にもどるので，分類(C) をクリック．

判別分析: 統計

記述統計量
□ グループの平均(M)
□ 1 変量の分散分析(A)
□ Box の M(B)

関数係数
☑ Fisher の分類関数の係数(F)
☑ 標準化されていない(U)

行列
□ グループ内相関行列(R)
□ グループ内分散共分散(V)
□ グループ別分散共分散(E)
□ 全分散共分散(T)

続行(C)　キャンセル

標準化された
係数は自動的に
出力されます

手順 6 次の 分類 の画面になったら，

□ ケースごとの結果(E)　　□ 集計表(U)

をチェック．そして，[続行(C)]．

すると，**手順 4** の画面にもどるので，[保存(A)] をクリック．

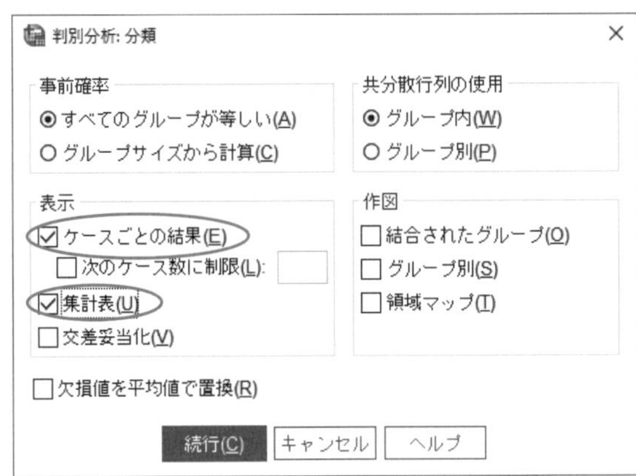
判別分析: 分類
事前確率
すべてのグループが等しい(A)
グループサイズから計算(C)
共分散行列の使用
グループ内(W)
グループ別(P)
表示
ケースごとの結果(E)
次のケース数に制限(L):
集計表(U)
交差妥当化(V)
作図
結合されたグループ(O)
グループ別(S)
領域マップ(T)
欠損値を平均値で置換(R)
続行(C)
キャンセル
ヘルプ

手順 7 次の 保存 の画面になったら

□ 予測された所属グループ(P)

□ 判別得点(D)

□ 所属グループの事後確率(R)

をチェック．そして，[続行(C)]．

手順 4 の画面にもどったら，[OK] ボタンをマウスでカチッ！

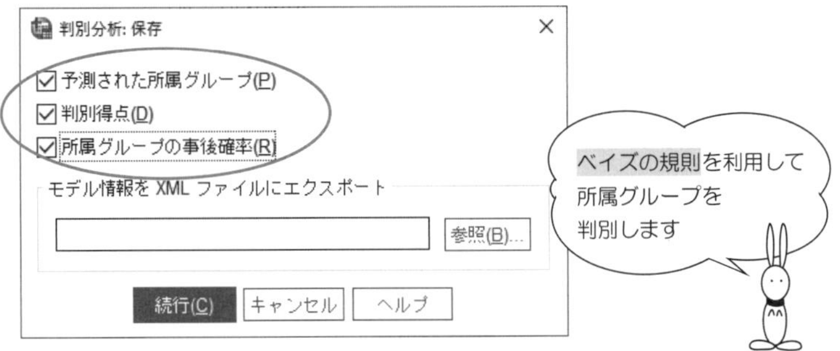
判別分析: 保存
予測された所属グループ(P)
判別得点(D)
所属グループの事後確率(R)
モデル情報を XML ファイルにエクスポート
参照(B)...
続行(C)
キャンセル
ヘルプ
ベイズの規則を利用して
所属グループを
判別します

【SPSS による出力・その 1】 ――判別分析――

正準判別関数の集計

固有値

関数	固有値	分散の %	累積 %	正準相関
1	16.496[a]	100.0	100.0	.971

a. 最初の 1 個の正準判別関数が分析に使用されました。

 ①

Wilks のラムダ

関数の検定	Wilks のラムダ	カイ 2 乗	自由度	有意確率
1	.057	21.465	9	.011

← ②

標準化された正準判別関数係数

	関数 1
総資金業務純益率	-.360
1人当たり資金益	.915
自己資本比率	1.179
資金量平残	-.873
株主資本純益率	.326
粗利経費率	1.502
国内総資金利ザヤ	-1.458
不良債権比率	.184
不良債権引当率	1.203

← ③

構造行列

	関数 1
不良債権比率	.420
株主資本純益率	.385
1人当たり資金益	.384
自己資本比率	.279
粗利経費率	.198
国内総資金利ザヤ	.190
不良債権引当率	.184
資金量平残	.135
総資金業務純益率	.019

判別変数と標準化された正準判別関数間のプールされたグループ内相関変数は関数内の相関の絶対サイズにしたがって並べ替えられます。

← ④

【出力結果の読み取り方・その 1】

⬅① 固有値が大きいほど，求めた線型判別関数によってうまく判別されています．

⬅② ウィルクスの Λ（ラムダ）は 0 と 1 の間の値をとります．

"ウィルクスの Λ は 0 に近いほど，グループがよりよく判別されている"

ことを示しています．

$0 \leqq \Lambda \leqq 1$

ピヨッ

このカイ 2 乗は

仮説 H_0：2 つのグループ間に差はない

を検定しています．有意確率 0.011 は有意水準 $\alpha = 0.05$ より小さいので，

この仮説 H_0 は棄てられます．

つまり，グループ間に差があるので，判別分析をすることに意味があります．

⬅③ 標準化された線型判別関数

この係数の絶対値の大きい独立変数は判別に貢献しているので，

自己資本比率　　　　粗利経費率

国内総資金利ザヤ　　不良債権引当率

などは大切な要因と考えられます．

⬅④ 各変数と標準化された線型判別関数によるプールされたグループ内相関係数．

各変数が標準化された関数とどの程度関連があるかを示しています．

このデータでは，

不良債権比率　株主資本純益率　1 人当たり資金益　自己資本比率

の順で，関連が高いことがわかります．

【SPSS による出力・その 2】 ——判別分析——

正準判別関数係数

	関数
	1
総資金業務純益率	-.002
1人当たり資金益	.013
自己資本比率	.008
資金量平残	-.028
株主資本純益率	.012
粗利経費率	.014
国内総資金利ザヤ	-.007
不良債権比率	.001
不良債権引当率	.006
(定数)	-10.509

非標準化係数

← ⑤

分類統計量

分類関数係数

	実力度ランキング	
	上位	下位
総資金業務純益率	-.010	.008
1人当たり資金益	.108	.011
自己資本比率	.097	.040
資金量平残	-.288	-.078
株主資本純益率	.250	.157
粗利経費率	.230	.124
国内総資金利ザヤ	-.097	-.046
不良債権比率	.038	.029
不良債権引当率	.070	.025
(定数)	-109.430	-30.397

Fisher の線型判別関数

⑥

グループの事前確率

		分析で使用されたケース	
実力度ランキング	事前確率	重み付けなし	重み付け
上位	.500	7	7.000
下位	.500	7	7.000
合計	1.000	14	14.000

↑
⑦

新しいデータが
どちらのグループに属するかを
判別するための関数です

【出力結果の読み取り方・その 2】

⬅⑤　線型判別関数 z は，次のようになります．

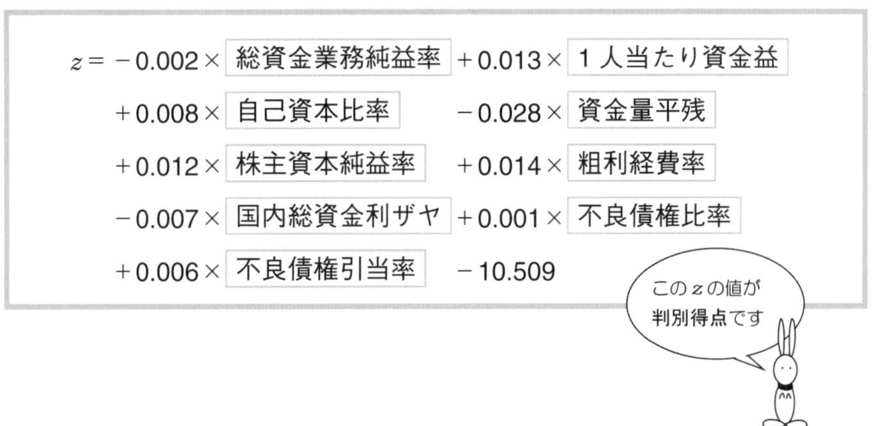

z＝－0.002× 総資金業務純益率 ＋0.013× 1人当たり資金益
＋0.008× 自己資本比率 －0.028× 資金量平残
＋0.012× 株主資本純益率 ＋0.014× 粗利経費率
－0.007× 国内総資金利ザヤ ＋0.001× 不良債権比率
＋0.006× 不良債権引当率 －10.509
この z の値が
判別得点です

⬅⑥　フィッシャーの分類関数の係数

新しいデータと分類関数の係数をかけ算して，Fisher の得点を計算し，得点の高い方のグループに属すると判別します．

⬅⑦　各グループの事前確率は $\frac{1}{2}$ になっています．

この事前確率は，ベイズの規則で使います．

$$P(G_1|D) = \frac{P(D|G_1) \cdot P(G_1)}{P(D|G_1) \cdot P(G_1) + P(D|G_2) \cdot P(G_2)}$$

$P(G_1|D)$ …事後確率（posterior probability）
（線型判別関数 D が与えられたときの）

$P(G_1)$ …事前確率（prior probability）
（グループ G_1 の）

$P(D|G_1)$ …条件付確率（conditional probability）
（グループ G_1 が与えられたときの）

【SPSS による出力・その 3】 ——判別分析——

ケースごとの統計

	ケース番号	実際のグループ	最大グループ 予測グループ	P(D>d | G=g) p	自由度	P(G=g | D=d)	重心への Mahalanobis の距離の 2 乗
元のデータ	1	1	1	.588	1	1.000	.293
	2	1	1	.885	1	1.000	.021
	3	1	1	.156	1	1.000	2.011
	4	1	1	.307	1	1.000	1.043
	5	1	1	.341	1	1.000	.908
	6	1	1	.360	1	1.000	.838
	7	1	1	.432	1	1.000	.616
	8	2	2	.882	1	1.000	.022
	9	2	2	.473	1	1.000	.514
	10	2	2	.124	1	1.000	2.365
	11	2	2	.683	1	1.000	.166
	12	2	2	.943	1	1.000	.005
	13	2	2	.886	1	1.000	.020
	14	2	2	.075	1	1.000	3.176

	ケース番号	2 番目のグループ グループ	P(G=g | D=d)	重心への Mahalanobis の距離の 2 乗	判別得点 関数 1
元のデータ	1	2	.000	65.000	4.302
	2	2	.000	58.757	3.905
	3	2	.000	79.902	5.179
	4	2	.000	42.242	2.739
	5	2	.000	43.132	2.807
	6	2	.000	43.630	2.845
	7	2	.000	68.982	4.545
	8	1	.000	54.340	-3.611
	9	1	.000	46.290	-3.043
	10	1	.000	35.792	-2.222
	11	1	.000	62.861	-4.168
	12	1	.000	57.631	-3.831
	13	1	.000	58.728	-3.903
	14	1	.000	86.540	-5.542

⑧

【出力結果の読み取り方・その3】

←⑧　判別得点はデータファイルのところに出力されますが，ここにも出力されています．

判別得点のプラス・マイナスと2つのグループの対応とから，⑨の正答率を計算することができます．

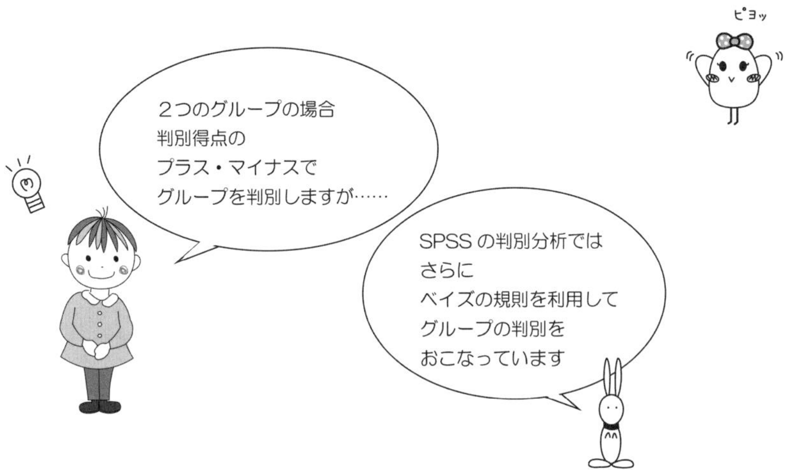
ピヨッ
2つのグループの場合
判別得点の
プラス・マイナスで
グループを判別しますが……
SPSSの判別分析では
さらに
ベイズの規則を利用して
グループの判別を
おこなっています

【SPSS による出力・その 4】 ――判別分析――

分類結果[a]

		実力度ランキング	予測グループ番号 上位	下位	合計
元のデータ	度数	上位	7	0	7
		下位	0	7	7
	%	上位	100.0	.0	100.0
		下位	.0	100.0	100.0

a. 元のグループ化されたケースのうち 100.0% が正しく分類されました。

← ⑨

	銀行	実力度	総資純益	人当	比率	不債引当	Dis_1	Dis1_1	Dis1_2	Dis2_2
1	A	1	100		841	642	1	4.30199	1.00000	.00000
2	B	1	440		985	1000	1	3.90504	1.00000	.00000
3	C	1	407		873	349	1	5.17850	1.00000	.00000
4	D	1	407		843	409	1	2.73908	1.00000	.00000
5	E	1	308		946	131	1	2.80717	1.00000	.00000
6	F	1	286		907	312	1	2.84501	1.00000	.00000
7	G	1	187		957	329	1	4.54524	1.00000	.00000
8	H	2	560		439	162	2	-3.61131	.00000	1.00000
9	I	2	385		550	202	2	-3.04338	.00000	1.00000
10	J	2	220		536	175	2	-2.22238	.00000	1.00000
11	K	2	440		204	176	2	-4.16819	.00000	1.00000
12	L	2	88		595	107	2	-3.83122	.00000	1.00000
13	M	2	99		688	222	2	-3.90315	.00000	1.00000
14	N	2	187		189	167	2	-5.54241	.00000	1.00000
15										

↑⑩ ↑⑪ ↑⑫ ↑⑬

	銀行	実力度	総資純益	人当資益	自己資本	不債比率	不債引当	Dis_1	Dis1_1	Dis1_2	Dis2_2
1	A	1	100	293	277	841	642	1	4.30199	1.00000	.00000
2	B	1	440	344	342	985	1000	1	3.90504	1.00000	.00000
3	C	1	407	411	773	873	349	1	5.17850	1.00000	.00000
12	L	2	88	203	296	595	107	2	-3.83122	.00000	1.00000
13	M	2	99	107	193	688	222	2	-3.90315	.00000	1.00000
14	N	2	187	68	232	189	167	2	-5.54241	.00000	1.00000
15		.	200	40	500	500	700	1	2.72638	1.00000	.00000

← ⑭

【出力結果の読み取り方・その4】

⬅⑨　線型判別関数による判別結果を示しています．

上位グループの正答率が 100%になっています．

下位グループも正答率が 100%になっています．

⬅⑩　予測された所属グループです．

⬅⑪　判別得点です．

出力⑧と同じ結果！

⬅⑫　グループ 1 に属する事後確率です．

⬅⑬　グループ 2 に属する事後確率です．

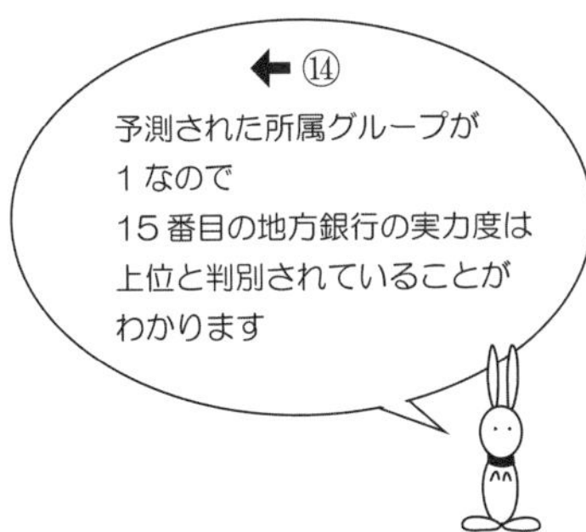
⬅ ⑭
予測された所属グループが
1 なので
15 番目の地方銀行の実力度は
上位と判別されていることが
わかります

【マハラノビスの距離の２乗の求め方】

マハラノビスの距離は，次のように求めます．

手順 1. データを用意します．

No.	x_1	x_2
1	9.1	54.5
2	10.4	68.0
3	8.2	53.5
4	7.5	47.6
5	9.7	52.5
6	4.9	45.3

手順 2. 各変数の平均値を計算します．

	$\overline{x_1}$	$\overline{x_2}$
平　均	8.3	53.5666667

手順 3. データと平均値との差を計算します．

No.	$x_1 - \overline{x_1}$	$x_2 - \overline{x_2}$
1	0.8	0.9333333
2	2.1	14.4333333
3	−0.1	−0.0666667
4	−0.8	−5.9666667
5	1.4	−1.0666667
6	−3.4	−8.2666667

手順 4. データの分散共分散行列を計算します．

$$\begin{bmatrix} \text{分散} & \text{共分散} \\ \text{共分散} & \text{分散} \end{bmatrix} = \begin{bmatrix} 3.844 & 12.49 \\ 12.49 & 62.8546667 \end{bmatrix}$$

手順 5. 分散共分散行列の逆行列を計算します.

$$\begin{bmatrix} \text{分散} & \text{共分散} \\ \text{共分散} & \text{分散} \end{bmatrix}^{-1} = \begin{bmatrix} 0.7341699 & -0.1458887 \\ -0.1458887 & 0.0448996 \end{bmatrix}$$

手順 6. 次の 3 つの行列の積を計算すると……

$$\begin{bmatrix} 0.8 & 0.9333333 \end{bmatrix} \cdot \begin{bmatrix} 0.7341699 & -0.1458887 \\ -0.1458887 & 0.0448996 \end{bmatrix} \cdot \begin{bmatrix} 0.8 \\ 0.9333333 \end{bmatrix}$$

$$= 0.2911$$

マハラノビスの距離の２乗の定義式はこうなります

$$\begin{bmatrix} x_1 - \bar{x}_1 & x_2 - \bar{x}_2 \end{bmatrix} \cdot \begin{bmatrix} s_{11} & s_{12} \\ s_{21} & s_{22} \end{bmatrix}^{-1} \cdot \begin{bmatrix} x_1 - \bar{x}_1 \\ x_2 - \bar{x}_2 \end{bmatrix}$$

手順 7. 次のように，マハラノビスの距離の 2 乗が求まります.

No.	マハラノビスの距離の 2 乗
1	0.2911
2	3.7475
3	0.0056
4	0.6756
5	1.9258
6	3.3545

No.2 から No.6 まで
順番に計算してみよう！

第 12 章 クラスター分析

12.1 はじめに

次のデータは，ヨーロッパ 11 か国のエイズ患者数と新聞の発行部数です．

表 12.1　エイズに対する正しい知識

No.	国名	エイズ患者数	新聞発行部数
1	オーストリア	6.6	35.8
2	ベルギー	8.4	22.1
3	フランス	24.2	19.1
4	ドイツ	10.0	34.4
5	イタリア	14.5	9.9
6	オランダ	12.2	31.1
7	ノルウェー	4.8	53.0
8	スペイン	19.8	7.5
9	スウェーデン	6.1	53.4
10	スイス	26.8	50.0
11	イギリス	7.4	42.1

よし！
似たものどうしに
分けてみよう！

分析したいことは？

クラスタ
=集団
=似たものどうし

◉ エイズ患者数と新聞の発行部数の 2 つの変数を用いて，
ヨーロッパ各国を，いくつかの **集団** に **分類** してみたい．

【データ入力の型】

表 12.1 のデータは，次のように入力します．

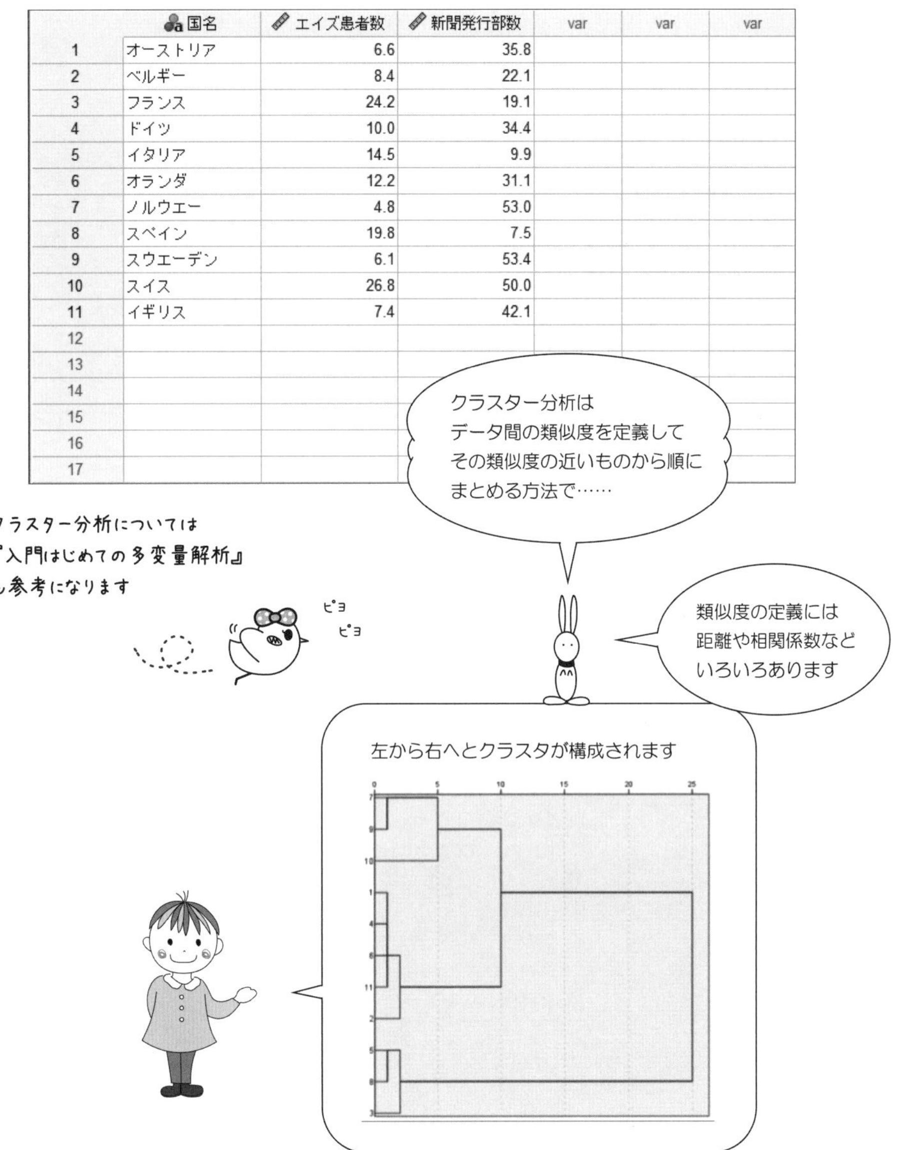

	国名	エイズ患者数	新聞発行部数	var	var	var
1	オーストリア	6.6	35.8			
2	ベルギー	8.4	22.1			
3	フランス	24.2	19.1			
4	ドイツ	10.0	34.4			
5	イタリア	14.5	9.9			
6	オランダ	12.2	31.1			
7	ノルウエー	4.8	53.0			
8	スペイン	19.8	7.5			
9	スウエーデン	6.1	53.4			
10	スイス	26.8	50.0			
11	イギリス	7.4	42.1			
12						
13						
14						
15						
16						
17						

クラスター分析は
データ間の類似度を定義して
その類似度の近いものから順に
まとめる方法で……
クラスター分析については
『入門はじめての多変量解析』
も参考になります
ピヨ
ピヨ
類似度の定義には
距離や相関係数など
いろいろあります
左から右へとクラスタが構成されます
0
5
10
15
20
25
7
9
10
1
4
6
11
2
5
8
3

12.2 クラスター分析のための手順

【統計処理の手順】

手順 1 データを入力したら， 分析(A) をクリック．続いて，

メニューの中の 分類(F) ⇨ 階層クラスタ(H) を選択します．

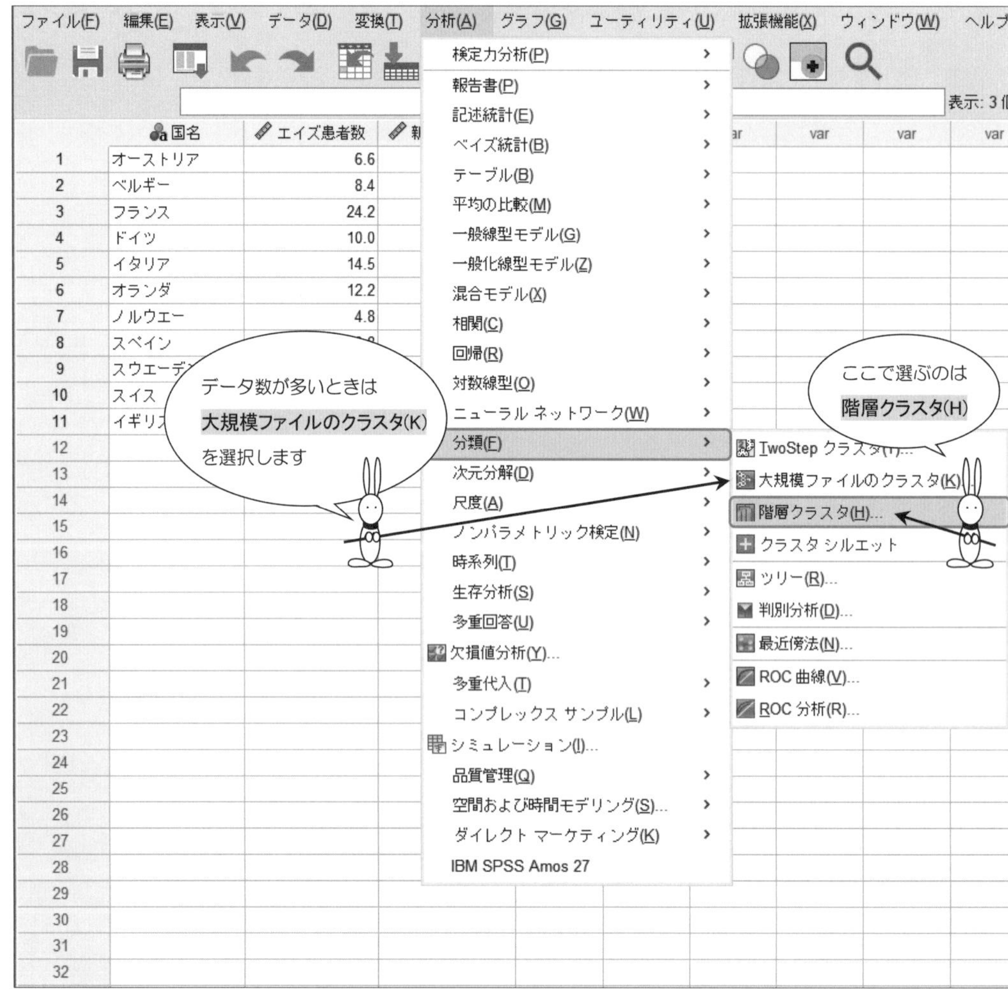

データ数が多いときは
大規模ファイルのクラスタ(K)
を選択します
ここで選ぶのは
階層クラスタ(H)

手順 2 次の画面が現れたら，エイズ患者数と新聞発行部数を

変数(V) の中へ．続いて，統計量(S) をクリックします．

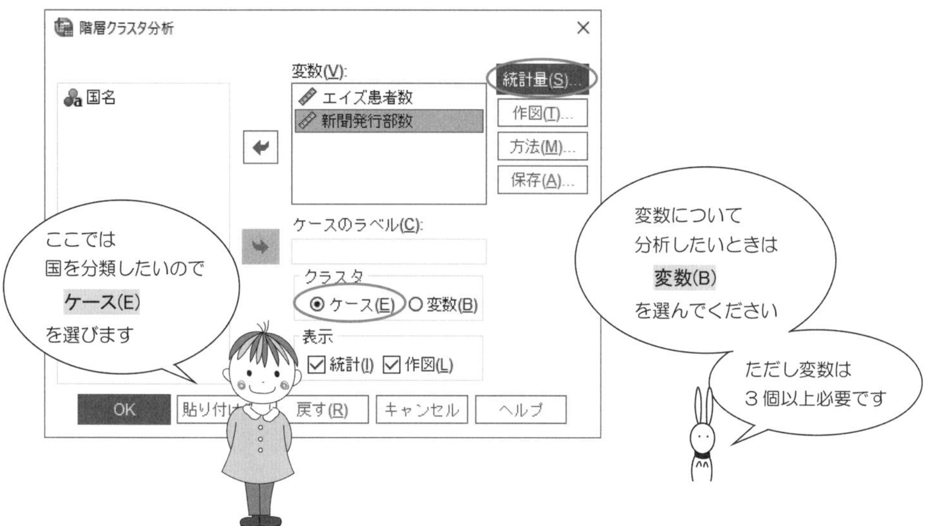

階層クラスタ分析
国名
変数(V):
エイズ患者数
新聞発行部数
統計量(S)...
作図(T)...
方法(M)...
保存(A)...
ケースのラベル(C):
クラスタ
ケース(E)
変数(B)
表示
統計(I)
作図(L)
OK
戻す(R)
キャンセル
ヘルプ
ここでは
国を分類したいので
ケース(E)
を選びます
変数について
分析したいときは
変数(B)
を選んでください
ただし変数は
３個以上必要です

手順 3 次の 統計 の画面になったら，クラスタ凝集経過工程(A) が

チェックされていることを確認して，続行(C)．

すると，画面は**手順 2** にもどるので，作図(T) をクリック．

階層クラスタ分析: 統計

☑ クラスタ凝集経過工程(A)
☐ 距離行列(P)

所属クラスタ
- ◉ なし(N)
- ○ 単一の解(S)
  - クラスタの数(B):
- ○ 解の範囲(R)
  - クラスタの最小数(M):
  - クラスタの最大数(X):

続行(C)　キャンセル　ヘルプ

手順 4 次の 作図 の画面になったら，

□ デンドログラム(D)

をチェックして，続行(C).

画面は**手順 2** へもどるので，

方法(M) をクリック.

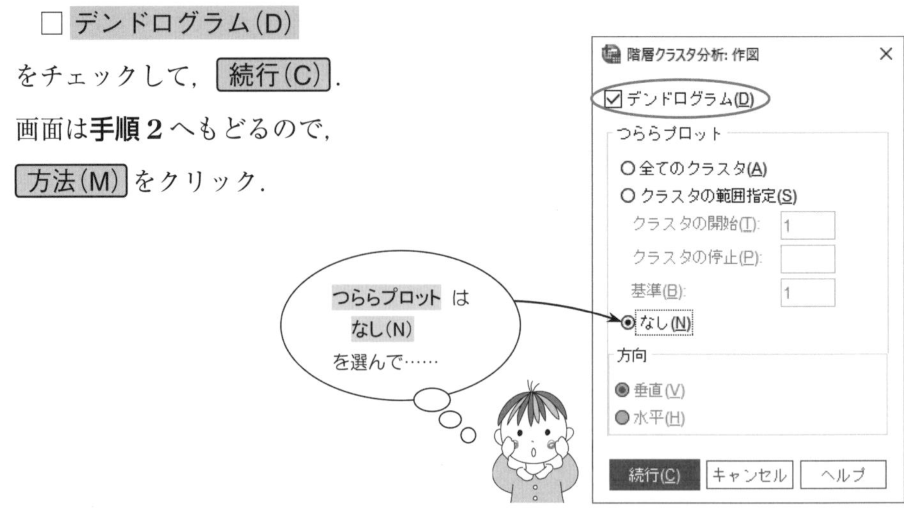
階層クラスタ分析: 作図
デンドログラム(D)
つららプロット
全てのクラスタ(A)
クラスタの範囲指定(S)
クラスタの開始(T):
クラスタの停止(P):
基準(B):
なし(N)
方向
垂直(V)
水平(H)
続行(C)
キャンセル
ヘルプ
つららプロット は
なし(N)
を選んで……

手順 5 次の 方法 の画面になったら，

クラスタ化の方法(M) の中の Ward 法を選択.

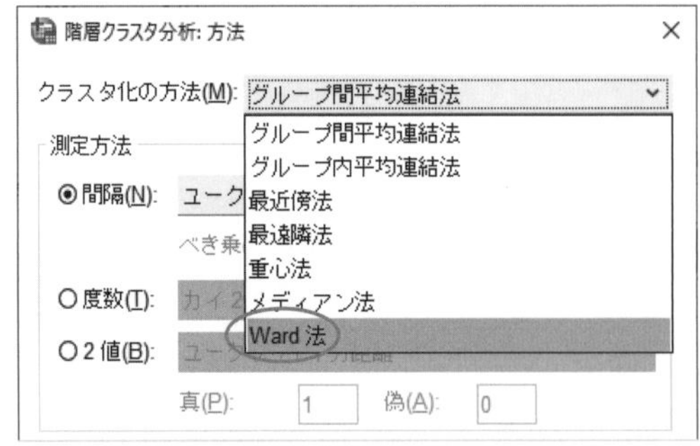
階層クラスタ分析: 方法
クラスタ化の方法(M):
グループ間平均連結法
グループ間平均連結法
グループ内平均連結法
最近隣法
最遠隣法
重心法
メディアン法
Ward 法
測定方法
間隔(N):
度数(T):
2 値(B):
真(P):
偽(A):

手順 6 クラスタ化の方法(M) の中が，Ward 法になったら，続行(C)．

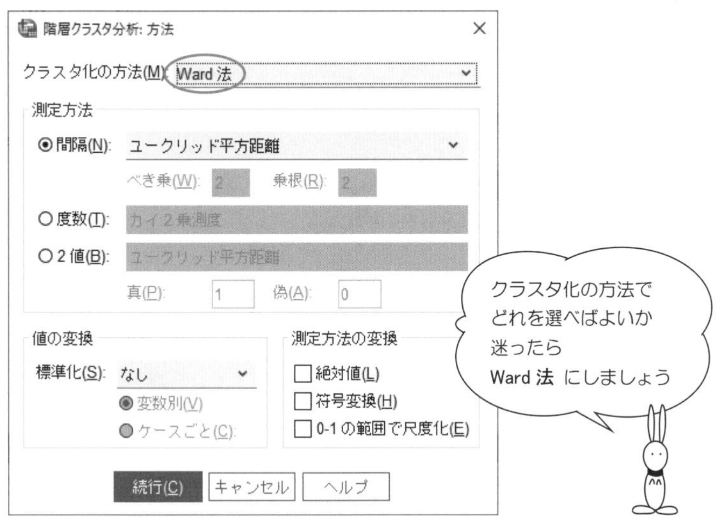
階層クラスタ分析: 方法
クラスタ化の方法(M): Ward 法
測定方法
間隔(N): ユークリッド平方距離
べき乗(W): 2 乗根(R): 2
度数(T): カイ 2 乗測度
2 値(B): ユークリッド平方距離
真(P): 1 偽(A): 0
値の変換
標準化(S): なし
変数別(V)
ケースごと(C):
測定方法の変換
絶対値(L)
符号変換(H)
0-1 の範囲で尺度化(E)
続行(C) キャンセル ヘルプ
クラスタ化の方法で
どれを選べばよいか
迷ったら
Ward 法 にしましょう

手順 7 **手順 3** の画面にもどったら，国名をカチッとして，

ケースのラベル(C) の左の ➡ をクリック．

あとは， OK ボタンをマウスでカチッ！

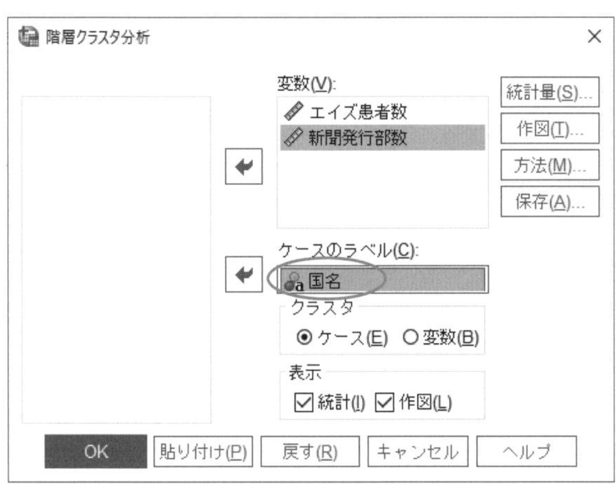
階層クラスタ分析
変数(V):
エイズ患者数
新聞発行部数
統計量(S)...
作図(T)...
方法(M)...
保存(A)...
ケースのラベル(C):
国名
クラスタ
ケース(E) 変数(B)
表示
統計(I) 作図(L)
OK 貼り付け(P) 戻す(R) キャンセル ヘルプ

【SPSS による出力・その 1】 ——クラスター分析——

Ward 連結

クラスタ凝集経過工程

段階	結合されたクラスタ クラスタ 1	クラスタ 2	係数	クラスタ初出の段階 クラスタ 1	クラスタ 2	次の段階
1	7	9	.925	0	0	8
2	1	4	7.685	0	0	4
3	5	8	24.610	0	0	6
4	1	6	45.417	2	0	5
5	1	11	101.130	4	0	7
6	3	5	206.372	0	3	10
7	1	2	357.960	5	0	9
8	7	10	668.668	1	0	9
9	1	7	1372.854	7	8	10
10	1	3	3277.236	9	6	0

 ①

②

外的基準がないときは
…… クラスター分析

外的基準があるときは
…… 判別分析
ロジスティック回帰分析

ピヨ
ピヨ

外的基準とは
従属変数のようなもの…

【出力結果の読み取り方・その 1】

⬅① クラスタの構成されていく段階を表にまとめています.

段階 1 …… {7}と{9}

段階 2 …… {1}と{4}

段階 3 …… {5}と{8}

段階 4 …… {1, 4}と{6}

段階 5 …… {1, 4, 6}と{11}

段階 6 …… {3}と{5, 8}

段階 7 …… {1, 4, 6, 11}と{2}

段階 8 …… {7, 9}と{10}

段階 9 …… {1, 2, 4, 6, 11}と{7, 9, 10}

段階 10 …… {1, 2, 4, 6, 7, 9, 10, 11}と{3, 5, 8}

クラスタが
次々と構成されて
ゆきます

⬅② 係数のところは, 次のように計算しています.

$$\text{係数} = \text{係数} + \frac{\text{平方ユークリッド距離}}{2}$$

$$0.925 = 0 + \frac{1.850}{2}$$

$$7.685 = 0.925 + \frac{13.520}{2}$$

【SPSS による出力・その 2】 ——クラスター分析——

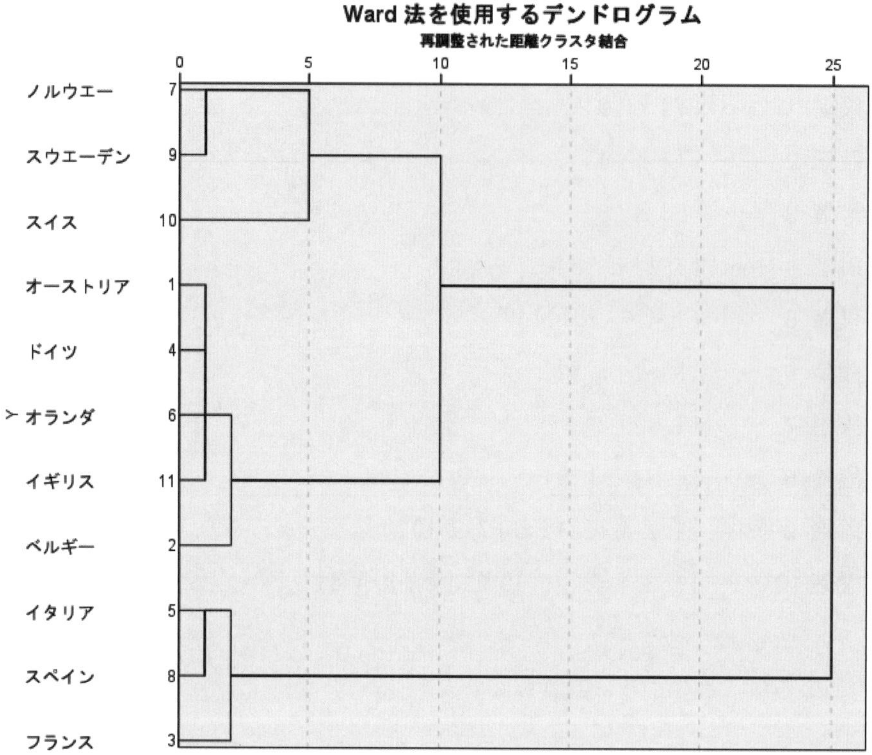

Ward 法を使用するデンドログラム

再調整された距離クラスタ結合

0　5　10　15　20　25

ノルウエー 7
スウエーデン 9
スイス 10
オーストリア 1
ドイツ 4
オランダ 6
イギリス 11
ベルギー 2
イタリア 5
スペイン 8
フランス 3

← ③

注意！
クラスター分析は
データの入力の順番によって
出力結果が少し
異なることがあります

【出力結果の読み取り方・その2】

⬅③　これがデンドログラムです.

統計処理はグラフ表現が命で〜す
デンドログラムを見ると
クラスタが構成されていく
順序がよくわかるなあ〜

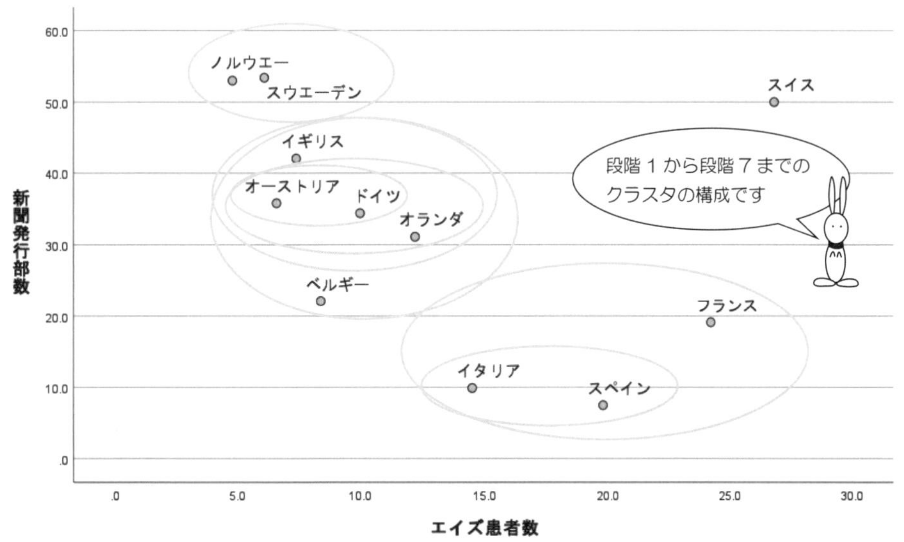
段階1から段階7までのクラスタの構成
ノルウエー
スウエーデン
スイス
イギリス
オーストリア
ドイツ
オランダ
ベルギー
フランス
イタリア
スペイン
段階1から段階7までの
クラスタの構成です
新聞発行部数
エイズ患者数
60.0
50.0
40.0
30.0
20.0
10.0
.0
.0
5.0
10.0
15.0
20.0
25.0
30.0

第13章 多次元尺度法

13.1 はじめに

次のデータは，アメリカの10大都市間の飛行距離を調査した結果です．

表 13.1 アメリカの10大都市間の飛行距離

	アトランタ	シカゴ	デンバー	ヒューストン	ロサンゼルス	マイアミ	ニューヨーク	サンフランシスコ	シアトル	ワシントン
アトラ	0	587	1212	701	1936	604	748	2139	2182	543
シカゴ	587	0	920	940	1745	1188	713	1858	1737	597
デンバ	1212	920	0	879	831	1726	1631	949	1021	1494
ヒュー	701	940	879	0	1374	968	1420	1645	1891	1220
ロサン	1936	1745	831	1374	0	2339	2451	347	959	2300
マイア	604	1188	1726	968	2339	0	1092	2594	2734	923
ニュー	748	713	1631	1420	2451	1092	0	2571	2408	205
サンフ	2139	1858	949	1645	347	2594	2571	0	678	2442
シアト	2182	1737	1021	1891	959	2734	2408	678	0	2329
ワシン	543	597	1494	1220	2300	923	205	2442	2329	0

分析したいことは？

◉ アメリカの10大都市の位置関係はどうなっているのかな？

【データ入力の型・その 1】　——基本の多次元尺度データ——

表 13.1 のように，データが対称の形で与えられている場合は，

$$
\underset{\text{対称}}{\begin{bmatrix} 0 & a & b & c \\ a & 0 & d & e \\ b & d & 0 & f \\ c & e & f & 0 \end{bmatrix}}
=
\underset{\text{下三角}}{\begin{bmatrix} 0 & & & \\ a & 0 & & \\ b & d & 0 & \\ c & e & f & 0 \end{bmatrix}}
+
\underset{\text{上三角}}{\begin{bmatrix} 0 & a & b & c \\ & 0 & d & e \\ & & 0 & f \\ & & & 0 \end{bmatrix}}
$$

次のように左下三角だけ入力すれば十分です．

	アトランタ	シカゴ	デンバー	ヒューストン	ロサンゼルス	マイアミ	ニューヨーク	サンフランシスコ	シアトル	ワシントン
1	0	.	.	.	.	.	.	.		.
2	587	0	.	.	.	.	.			.
3	1212	920	0	.	.	.	.			.
4	701	940	879	0	.	.	.			.
5	1936	1745	831	1374	0	.	.			.
6	604	1188	1726	968	2339	0	.	.	.	.
7	748	713	1631	1420	2451	1092	0	.	.	.
8	2139	1858	949	1645	347	2594	2571	0	.	.
9	2182	1737	1021	1891	959	2734	2408	678	0	.
10	543	597	1494	1220	2300	923	205	2442	2329	0
11										

下三角行列ですね

これは飛行距離なので、距離行列です
飛行距離から何がわかるかというと……
多次元尺度法はデータ間の距離の情報から
・似ているデータを近くに
・似てないデータを遠くに
配置する統計手法のことです
多次元尺度法にはこの他にもいろいろな手法があります

【データ入力の型・その 2】 ——アンケート調査の多次元尺度データ——

次のアンケート調査を 10 人の調査回答者に対しておこなったところ……

質問項目. 次の各組合せに対し，1 から 5 までの非類似度に○印をお付けください.

	リンゴとナシ	リンゴとモモ	リンゴとミカン	ナシとモモ	ナシとミカン	モモとミカン
似ていない	5	5	5	5	5	5
⬆	4	4	4	4	4	4
	3	3	3	3	3	3
⬇	2	2	2	2	2	2
似ている	1	1	1	1	1	1

次のようなアンケート調査の結果が得られました.

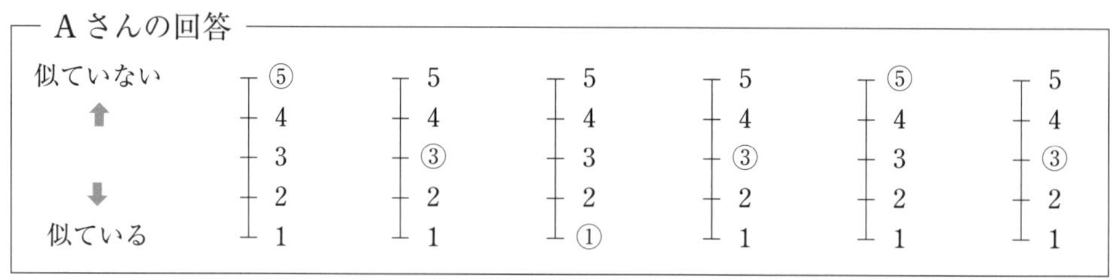
A さんの回答
似ていない
似ている
⑤ 4 3 2 1
5 4 ③ 2 1
5 4 3 2 ①
5 4 ③ 2 1
⑤ 4 3 2 1
5 4 ③ 2 1

B さんの回答

似ていない	5	5	5	5	5	5
⬆	4	4	4	4	4	4
	3	3	3	3	3	3
⬇	②	②	2	2	2	2
似ている	1	1	①	①	①	①

C さんの回答

似ていない	5	5	5	5	5	5
⬆	④	4	4	4	4	④
	3	3	3	3	③	3
⬇	2	2	2	②	2	2
似ている	1	①	①	1	1	1

⋮

このアンケート調査のデータ入力は，次のようになります．

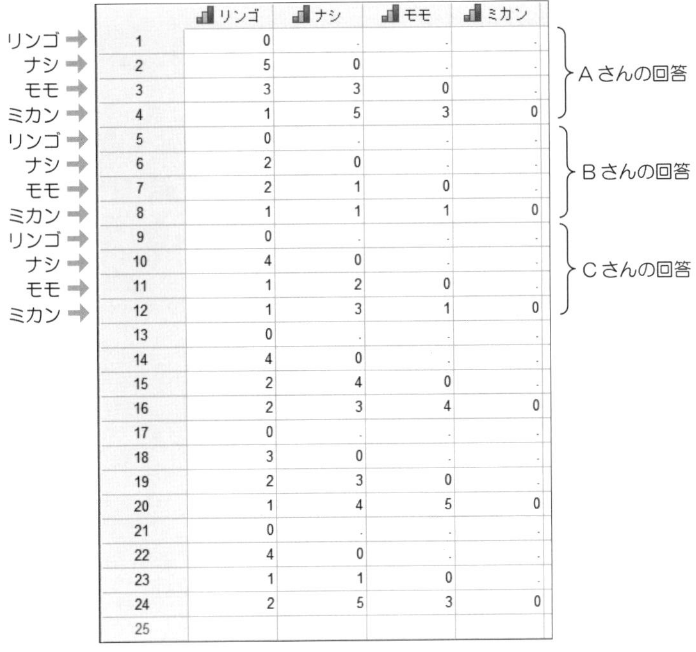

リンゴ
ナシ
モモ
ミカン
リンゴ
ナシ
モモ
ミカン
リンゴ
ナシ
モモ
ミカン
A さんの回答
B さんの回答
C さんの回答

	リンゴ	ナシ	モモ	ミカン
1	0	.	.	.
2	5	0	.	.
3	3	3	0	.
4	1	5	3	0
5	0	.	.	.
6	2	0	.	.
7	2	1	0	.
8	1	1	1	0
9	0	.	.	.
10	4	0	.	.
11	1	2	0	.
12	1	3	1	0
13	0	.	.	.
14	4	0	.	.
15	2	4	0	.
16	2	3	4	0
17	0	.	.	.
18	3	0	.	.
19	2	3	0	.
20	1	4	5	0
21	0	.	.	.
22	4	0	.	.
23	1	1	0	.
24	2	5	3	0
25				

ところで…
多次元展開（PREFSCAL）の画面は
このようになっています

多次元展開
アトランタ
シカゴ
デンバー
ヒューストン
ロサンゼルス
マイアミ
ニューヨーク
サンフランシスコ
シアトル
ワシントン
近接(X):
重み付け(G):
行(W):
ソース(S):
モデル(M)...
制限(E)...
オプション(O)...
作図(T)...
出力(U)...

多次元尺度法（PROXSCAL）の画面は
このようになっています

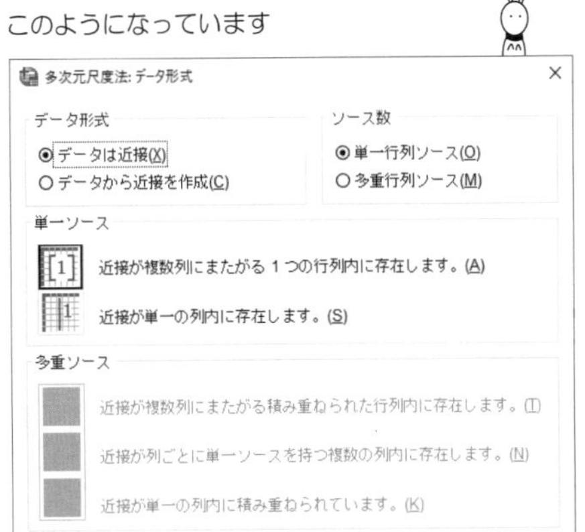

多次元尺度法: データ形式
データ形式
データは近接(X)
データから近接を作成(C)
ソース数
単一行列ソース(O)
多重行列ソース(M)
単一ソース
近接が複数列にまたがる 1 つの行列内に存在します。(A)
近接が単一の列内に存在します。(S)
多重ソース
近接が複数列にまたがる積み重ねられた行列内に存在します。(T)
近接が列ごとに単一ソースを持つ複数の列内に存在します。(N)
近接が単一の列内に積み重ねられています。(K)

13.2 多次元尺度法のための手順

【統計処理の手順】

手順 1 データを入力したら，分析(A) をクリック．続いて，メニューから

尺度(A) ⇨ 多次元尺度法(ALSCAL)(M) を選択します．

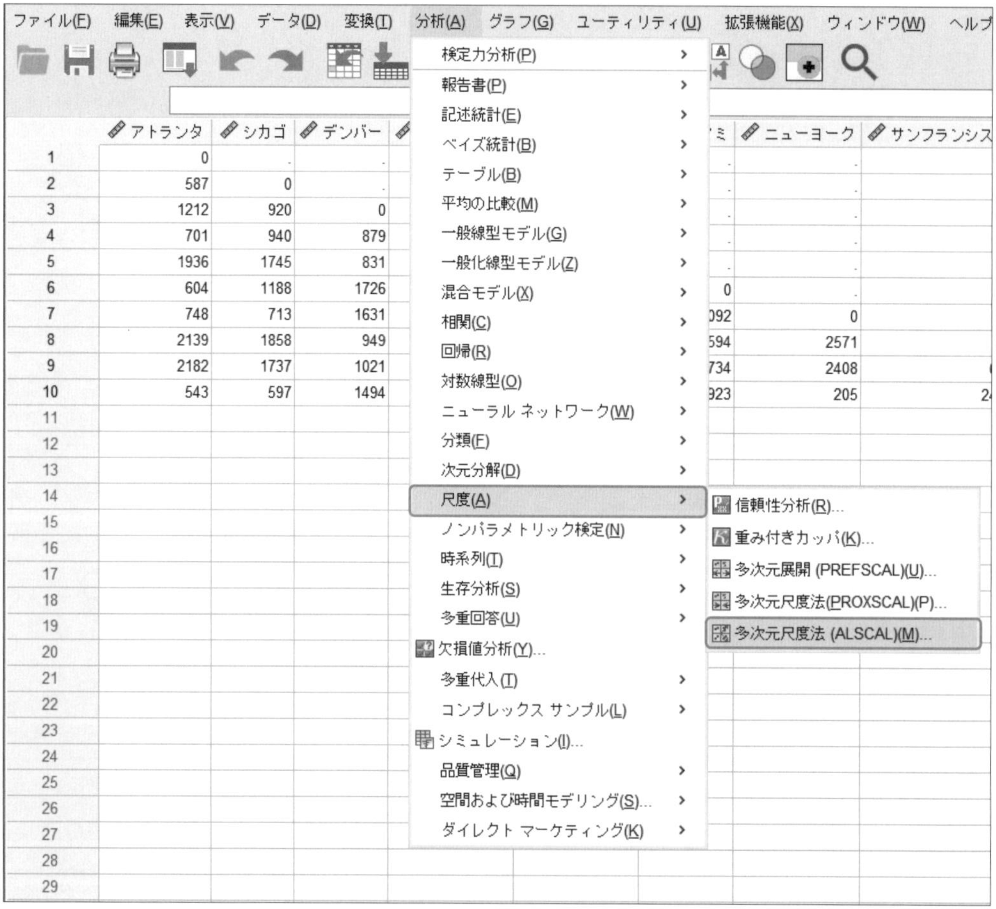

手順 2 次の**多次元尺度法**の画面になったら，**変数(V)** の中へ

データファイルの順番通りに，変数を移動します．

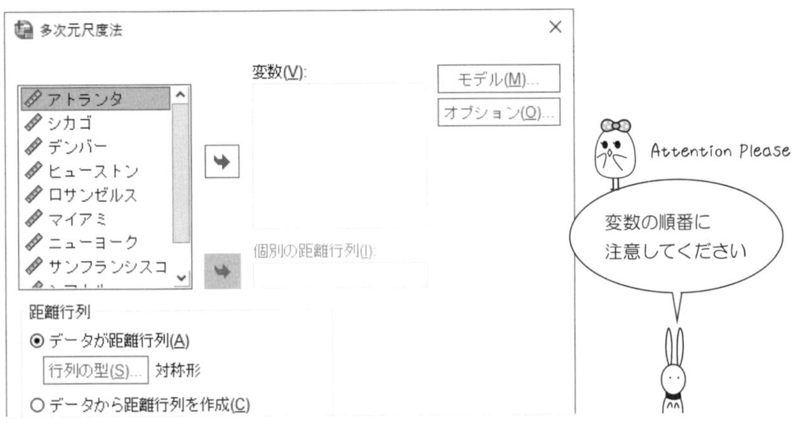

多次元尺度法
変数(V):
モデル(M)...
オプション(O)...
アトランタ
シカゴ
デンバー
ヒューストン
ロサンゼルス
マイアミ
ニューヨーク
サンフランシスコ
個別の距離行列(I):
距離行列
データが距離行列(A)
行列の型(S)... 対称形
データから距離行列を作成(C)
Attention Please
変数の順番に
注意してください

手順 3 データファイルは，アトランタ ⇨ シカゴ ⇨ デンバー ⇨ ヒューストン

のように並んでいるので，次のようにデータと同じ順に並べます !!

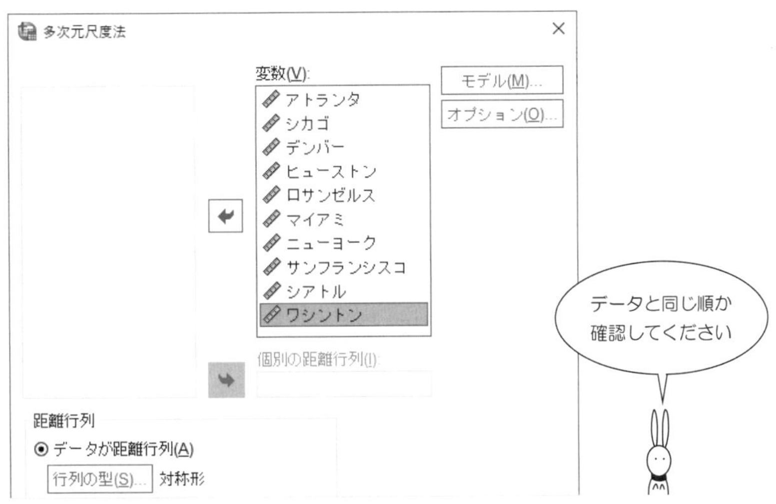

多次元尺度法
変数(V):
モデル(M)...
オプション(O)...
アトランタ
シカゴ
デンバー
ヒューストン
ロサンゼルス
マイアミ
ニューヨーク
サンフランシスコ
シアトル
ワシントン
個別の距離行列(I):
距離行列
データが距離行列(A)
行列の型(S)... 対称形
データと同じ順か
確認してください

手順 4 データは距離行列になっているので，

このまま，モデル(M) をクリック．

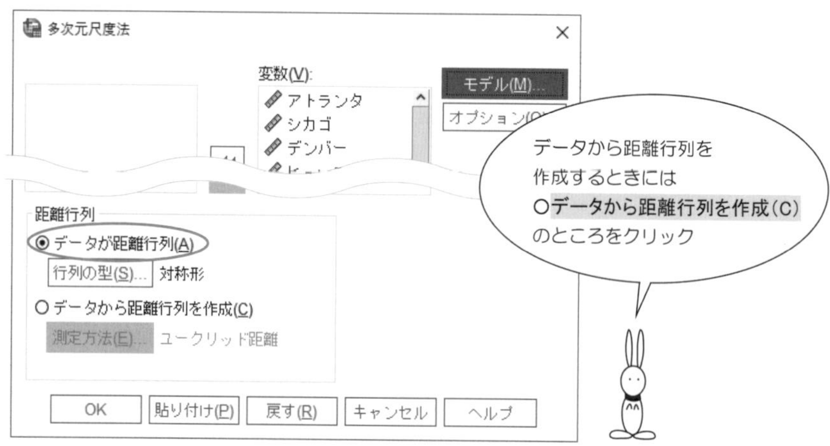
多次元尺度法
変数(V):
アトランタ
シカゴ
デンバー
モデル(M)...
オプション(O)
距離行列
データが距離行列(A)
行列の型(S)... 対称形
データから距離行列を作成(C)
測定方法(E)... ユークリッド距離
OK
貼り付け(P)
戻す(R)
キャンセル
ヘルプ
データから距離行列を
作成するときには
○データから距離行列を作成(C)
のところをクリック

手順 5 次の モデル(M) の画面になったら，

尺度レベル の ○ 比データ(R) をクリックして，続行(C)．

手順 4 の画面にもどったら，オプション(O) をクリック．

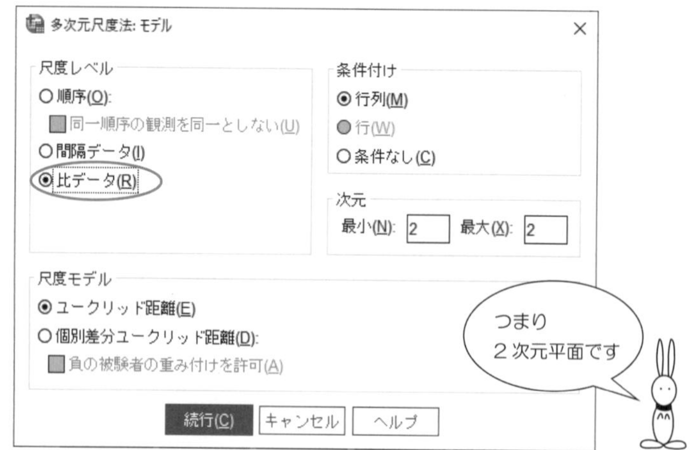
多次元尺度法: モデル
尺度レベル
順序(O):
同一順序の観測を同一としない(U)
間隔データ(I)
比データ(R)
条件付け
行列(M)
行(W)
条件なし(C)
次元
最小(N): 2 最大(X): 2
尺度モデル
ユークリッド距離(E)
個別差分ユークリッド距離(D):
負の被験者の重み付けを許可(A)
続行(C)
キャンセル
ヘルプ
つまり
2 次元平面です

手順 6 次の オプション(O) の画面になったら，

表示 のところの □ グループプロット(G) をチェック．

続いて，基準 を次のように変えて，続行(C)．

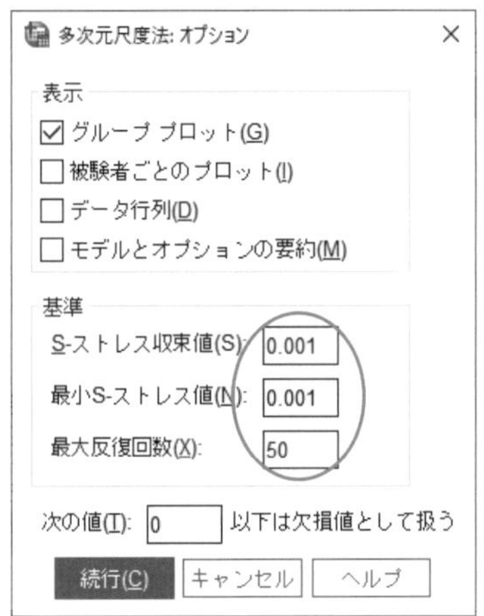

多次元尺度法: オプション
表示
☑ グループ プロット(G)
☐ 被験者ごとのプロット(I)
☐ データ行列(D)
☐ モデルとオプションの要約(M)
基準
S-ストレス収束値(S): 0.001
最小S-ストレス値(N): 0.001
最大反復回数(X): 50
次の値(T): 0 以下は欠損値として扱う
続行(C) キャンセル ヘルプ

ここの値を
変えるんだね

手順 7 次の画面にもどってきたら， OK ボタンをマウスでカチッ！

多次元尺度法
変数(V):
アトランタ
シカゴ
デンバー
ヒューストン
ロサンゼルス
マイアミ
モデル(M)...
オプション(O)...
個別の距離行列(I):
距離行列
◉ データが距離行列(A)
行列の型(S)... 対称形
○ データから距離行列を作成(C)
測定方法(E)... ユークリッド距離
OK 貼り付け(P) 戻す(R) キャンセル ヘルプ
p.214 にある
【多次元尺度法はやわかり】
も見てくださいね！

【SPSS による出力・その 1】 ——多次元尺度法——

多次元尺度法

```
Iteration history for the 2 dimensional solution (in squared distances)

               Young's S-stress formula 1 is used.

              Iteration     S-stress      Improvement

                  1           .00308
                  2           .00280         .00029          ← ①

                    Iterations stopped because
               S-stress improvement is less than   .001000

                              Stress and squared correlation (RSQ) in distances

                      RSQ values are the proportion of variance of the scaled data (disparities)
                               in the partition (row, matrix, or entire data) which
                                is accounted for by their corresponding distances.
                                 Stress values are Kruskal's stress formula 1.


              For  matrix
  Stress  =   .00232      RSQ =  .99998                       ← ②


      Configuration derived in 2 dimensions
```

【出力結果の読み取り方・その 1】

⬅① S-stress は p.212 の④の図のように，表 7.1 のデータを 2 次元平面に

あてはめたときの適合の程度を示す値で，

“0 に近いほど適合が良い”

ことを示します．

1 回目の計算で S-stress が 0.00308

2 回目の計算で S-stress が 0.00280

この差が基準の値より小さくなれば計算を中止します．

ここでは 0.001 を基準にしているので，

1 回目と 2 回目との差 0.00029 が基準の 0.001 より

小さくなったところで，反復計算がストップしました．

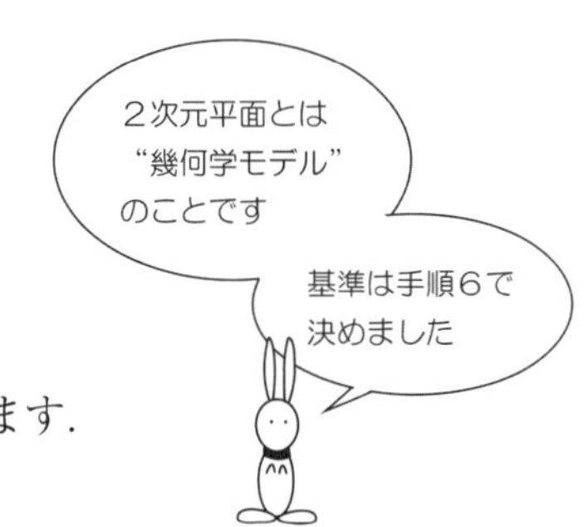
２次元平面とは
“幾何学モデル”
のことです
基準は手順６で
決めました

⬅② この Stress は Kruskal のストレスで，S-stress と同じように，

“0 に近いほど適合の程度が良い”

ことを示しています．

Stress＝0.00232 なので，④の図による表現はうまくいっています．

RSQ は決定係数のことで，

この値が 1 に近いほどあてはまりが良い

ことになります．

したがって

RSQ＝0.99998 なので，良くあてはまっている

ことがわかります．

【SPSS による出力・その 2】 ——多次元尺度法——

Stimulus Coordinates

Stimulus Number	Stimulus Name	Dimension 1	Dimension 2
1	アト	.9587	-.1913
2	シカ	.5095	.4537
3	デン	-.6435	.0330
4	ヒュ	.2150	-.7627
5	ロサ	-1.6042	-.5161
6	マイ	1.5104	-.7733
7	ニュ	1.4293	.6907
8	サン	-1.8940	-.1482
9	シア	-1.7870	.7677
10	ワシ	1.3059	.4465

③

Abbreviated Name	Extended Name
アト	アトランタ
サン	サンフランシスコ
シア	シアトル
シカ	シカゴ
デン	デンバー
ニュ	ニューヨーク
ヒュ	ヒューストン
マイ	マイアミ
ロサ	ロサンゼルス
ワシ	ワシントン

2次元とか
3次元くらいが
妥当な幾何学モデル
ということだね

【出力結果の読み取り方・その 2】

⬅③　表 7.1 のデータからこの値を求めるところが，多次元尺度法の中心部分．

ここでは Dimension 1，Dimension 2 になっているので，

2 次元平面上に 10 大都市を表現することができます．

このグラフ表現は p.212 にあります．

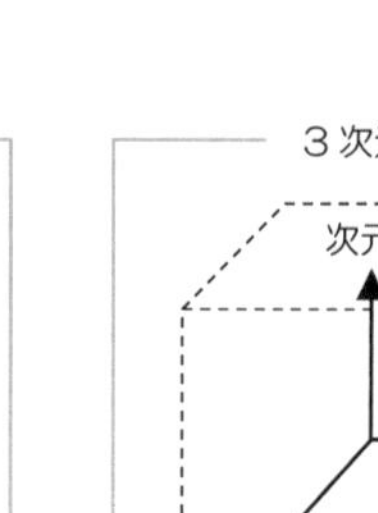
2次元平面とは
“幾何学モデル”
のことです

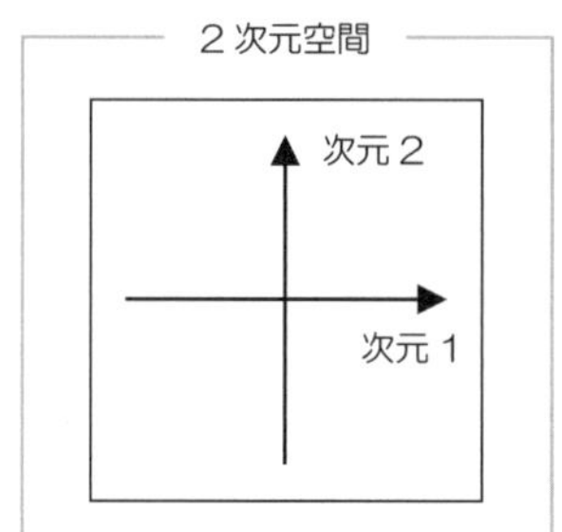
2 次元空間
次元 2
次元 1

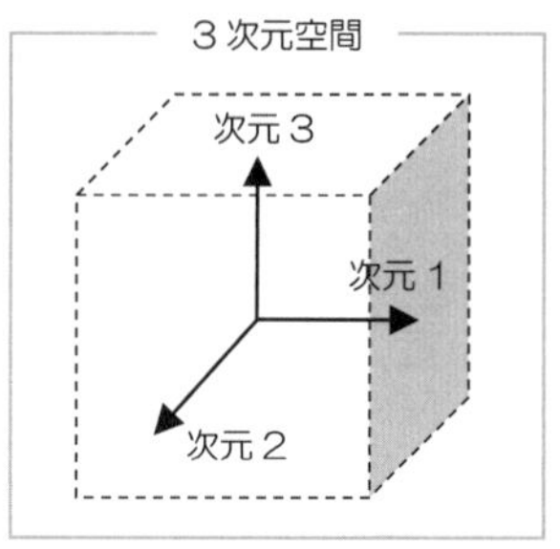
3 次元空間
次元 3
次元 1
次元 2

手順 5 の次元の数を大きくすると適合度は良くなりますが，

たとえば 4 次元空間上に 10 大都市を表現してしまっても，

そこからの読み取り方が難しくなります．

【SPSS による出力・その 3】 ——多次元尺度法——

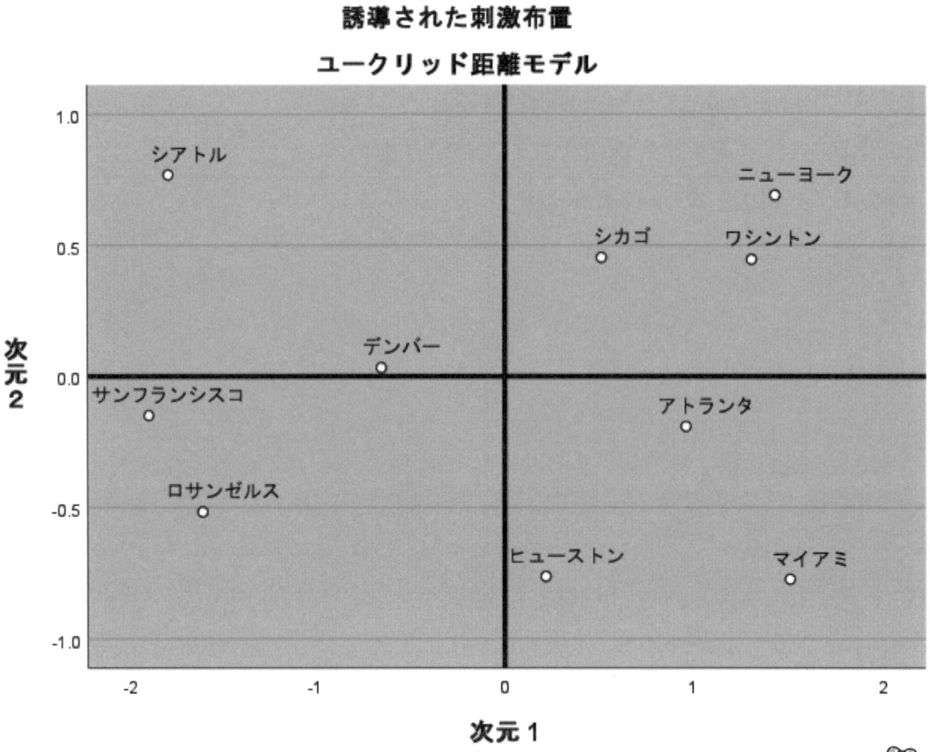

誘導された刺激布置

ユークリッド距離モデル

1.0
0.5
0.0
-0.5
-1.0

シアトル

ニューヨーク

シカゴ

ワシントン

デンバー

次元 2

サンフランシスコ

アトランタ

ロサンゼルス

ヒューストン

マイアミ

-2 -1 0 1 2

次元 1

← ④

くらべてみてね～

シアトル
デンバー
サンフランシスコ
ロサンゼルス
シカゴ
ニューヨーク
ワシントン D.C.
アトランタ
ヒューストン
マイアミ

【出力結果の読み取り方・その3】

⬅④　③で求めた2つの値を，2次元平面上の座標として表現しています．

たとえば，アトランタは（0.9587, −0.1913）なので

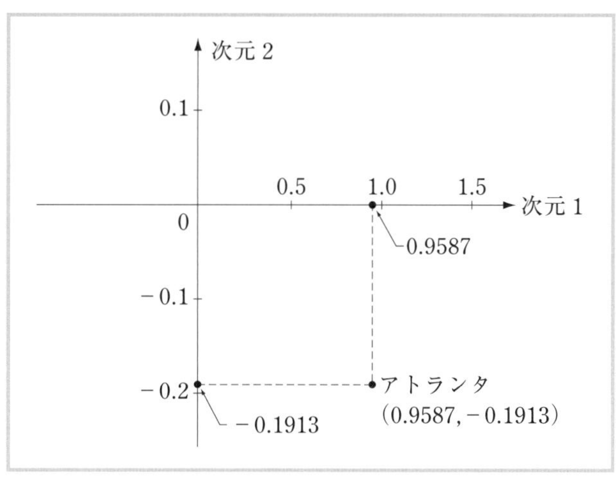

次元 2
0.1
0.5
1.0
1.5
次元 1
0
0.9587
− 0.1
− 0.2
アトランタ
(0.9587, − 0.1913)
− 0.1913

図 13.1

となっています．

この④の図と，実際のアメリカの地図とを見比べてみましょう．

表 13.1 の飛行距離から，

10大都市の位置がうまく再現されている

ことにびっくりしますね！

これが
多次元尺度法！

【多次元尺度法はやわかり】

多次元尺度法は，わかりにくい手法といわれています．

この多次元尺度法を一言で表現するなら，

“データ間の類似性を最もうまく表すように

データの点の位置を定める手法”

となります．

位置のことを
“布置”
といいます

つまり，表 7.1 の類似性の対称行列データから，③の座標を求めるのが多次元尺度法なのですが，ここで多次元尺度法を逆向きにたどってみましょう．

手順 1. 4 人のマンガの主人公の座標が，次のように与えられているとします．

表 13.2 データの座標

主人公	座標 1	座標 2
アトム	2	2
カムイ	1	−2
オバ Q	−2	2
のび太	−1	−1

手順 2. この座標を 2 次元平面上に描いてみると……

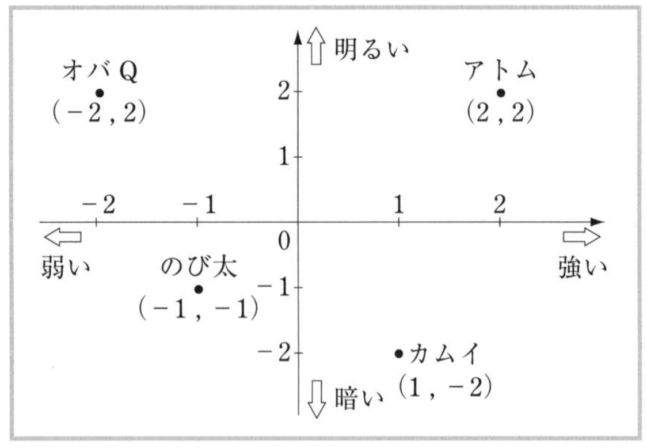

明るい
オバ Q
(−2, 2)
アトム
(2, 2)
弱い
強い
のび太
(−1, −1)
カムイ
(1, −2)
暗い

図 13.2 データの位置

手順 3.　4 点をそれぞれ結んでみると……

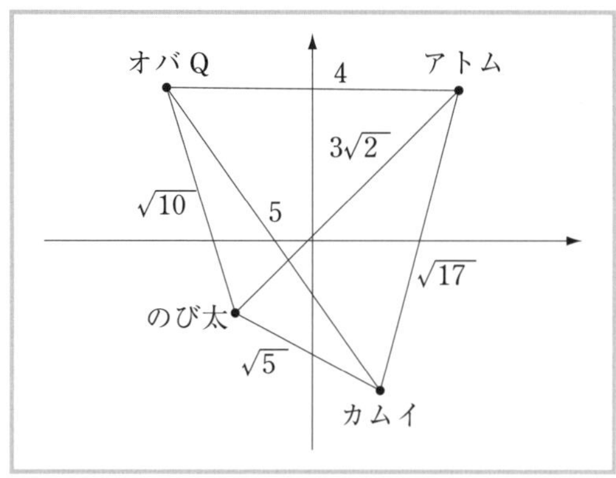
オバQ
アトム
4
$3\sqrt{2}$
$\sqrt{10}$
5
$\sqrt{17}$
のび太
$\sqrt{5}$
カムイ

$$\Leftarrow \sqrt{10}=\sqrt{(-2-(-1))^2+(2-(-1))^2}$$
$$\sqrt{17}=\sqrt{(2-1)^2+(2-(-2))^2}$$
$$4=\sqrt{(2-(-2))^2+(2-2)^2}$$
$$3\sqrt{2}=\sqrt{(2-(-1))^2+(2-(-1))^2}$$
$$5=\sqrt{(1-(-2))^2+(-2-2)^2}$$
$$\sqrt{5}=\sqrt{(1-(-1))^2+(-2-(-1))^2}$$

図 13.3　データ間の関係

手順 4.　それぞれの距離を求めると……

表 13.3　データ間の距離

	アトム	カムイ	オバQ	のび太
アトム	0	$\sqrt{17}$	4	$3\sqrt{2}$
カムイ	$\sqrt{17}$	0	5	$\sqrt{5}$
オバQ	4	5	0	$\sqrt{10}$
のび太	$3\sqrt{2}$	$\sqrt{5}$	$\sqrt{10}$	0

この**手順 4** の表は，表 13.1 と同じ型をしています．

ということは

手順 4　➡　手順 3　➡　手順 2　➡　手順 1

と進むのが，実は，多次元尺度法なのであり，したがって，多次元尺度法とは

“距離のデータから，もとの位置関係を求める手法”

であることがわかります！

第14章 コンジョイント分析

14.1 はじめに

ある会社で，シャンプーの新製品を売り出すことになりました．

分析したいことは？

◉ 消費者は，シャンプーに対し，何を望んでいるのか知りたい!!

そこで，次の4つの属性に関して，消費者がどのような組合せを望んでいるかを調査することになりました．

4つの属性？
水準の組合せ？

表14.1　シャンプーの属性と水準

		水準		
属性	使用目的	1. 潤い	2. ケア	
	配合成分	1. アミノ酸系	2. 高級アルコール系	3. ベタイン系
	仕上がり感	1. さらさら	2. ふんわり	3. しっとり
	香り	1. フルーツ系	2. フローラル系	

これら4つの属性による 水準の組合せ を作ってみると，すべての組合せは

$$2\times3\times3\times2=36$$

となって，36通りも存在します．こんなにたくさんの組合せが存在すると，消費者は，その中から商品を1つ選ぶことは，とてもできません．

そこで，直交表を利用して，バランス良く，36 通りの中から9 通りだけを取り出してみましょう．

9 通りの組合せについては p.235

SPSS の

分析(A) ⇨ 直交計画(H) ⇨ 生成(G)

を利用すると，

次のように 9 通りの組合せを取り出すことができます．

表 14.2　直交表を利用して取り出した 9 通りの組合せ

組合せ	使用目的	配合成分	仕上がり感	香り
1	潤い	アミノ酸系	ふんわり	フルーツ系
2	潤い	ベタイン系	さらさら	フローラル系
3	ケア	アミノ酸系	しっとり	フローラル系
4	潤い	高級アルコール系	しっとり	フルーツ系
5	ケア	ベタイン系	ふんわり	フルーツ系
6	ケア	高級アルコール系	さらさら	フルーツ系
7	潤い	高級アルコール系	ふんわり	フローラル系
8	潤い	アミノ酸系	さらさら	フルーツ系
9	潤い	ベタイン系	しっとり	フルーツ系

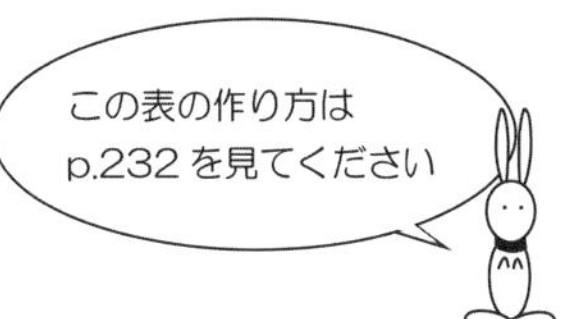
この表の作り方は
p.232 を見てください

実際には，この 9 通りのカードに，2 通りのホールドアウトカードが追加されるので，組合せのカードの数は 11 枚になります．

【コンジョイント分析用カード】

コンジョイント分析用カードは，次のようになります．

そこで…

ファイル名“コンジョイント分析用カード”

として，デスクトップに保存しておきます．

	使用目的	配合成分	仕上がり感	香り	STATUS_	CARD_
1	1.00	1.00	2.00	1.00	0	1
2	1.00	3.00	1.00	2.00	0	2
3	2.00	1.00	3.00	2.00	0	3
4	1.00	2.00	3.00	1.00	0	4
5	2.00	3.00	2.00	1.00	0	5
6	2.00	2.00	1.00	1.00	0	6
7	1.00	2.00	2.00	2.00	0	7
8	1.00	1.00	1.00	1.00	0	8
9	1.00	3.00	3.00	1.00	0	9
10	1.00	1.00	3.00	1.00	1	10
11	2.00	2.00	3.00	1.00	1	11
12						
13						
14						
15						
16						
17						
18						
19						
20						
21						
22						
23						
24						
25						
26						
27						
28						
29						
30						

No.10，No.11 は
ホールドアウトカードです
コンジョイント分析用
カードの作り方は
p.232 から

STATUS_や
CARD_　など
下線で終わる変数名は
SPSS の特殊変数です

	使用目的	配合成分	仕上がり感	香り	STATUS_	CARD_
1	潤い	アミノ酸系	ふんわり	フルーツ系	計画	1
2	潤い	ベタイン系	さらさら	フローラル系	計画	2
3	ケア	アミノ酸系	しっとり	フローラル系	計画	3
4	潤い	高級アルコール系	しっとり	フルーツ系	計画	4
5	ケア	ベタイン系	ふんわり	フルーツ系	計画	5
6	ケア	高級アルコール系	さらさら	フルーツ系	計画	6
7	潤い	高級アルコール系	ふんわり	フローラル系	計画	7
8	潤い	アミノ酸系	さらさら	フルーツ系	計画	8
9	潤い	ベタイン系	しっとり	フルーツ系	計画	9
10	潤い	アミノ酸系	しっとり	フルーツ系	ホールドアウト	10
11	ケア	高級アルコール系	しっとり	フルーツ系	ホールドアウト	11
12						
13						
14						
15						
16						
17						
18						
19						
20						
21						
22						
23						
24						
25						
26						
27						
28						
29						
30						

こんなふうに
値ラベルを付けておくと
わかりやすいね！

【データ入力の型】

コンジョイント分析用カードをもとにして，
次のような 11 枚のカードを用意します．

この 11 枚のカードを消費者に示して，
好みの順に，1 番から 11 番まで，順位を付けてもらいます．

カード番号 1　　　　位
使用目的　…　潤い
配合成分　…　アミノ酸系
仕上がり感　…　ふんわり
香り　…　フルーツ系

カード番号 2　　　　位
使用目的　…　潤い
配合成分　…　ベタイン系
仕上がり感　…　さらさら
香り　…　フローラル系

カード番号 3　　　　位
使用目的　…　ケア
配合成分　…　アミノ酸系
仕上がり感　…　しっとり
香り　…　フローラル系

カード番号 4　　　　位
使用目的　…　潤い
配合成分　…　高級アルコール系
仕上がり感　…　しっとり
香り　…　フルーツ系

⋮　　　　⋮

カード番号 10　　　　位
使用目的　…　潤い
配合成分　…　アミノ酸系
仕上がり感　…　しっとり
香り　…　フルーツ系

カード番号 11　　　　位
使用目的　…　ケア
配合成分　…　高級アルコール系
仕上がり感　…　しっとり
香り　…　フルーツ系

たとえば，消費者Aさんの付けた順位は，次のような結果でした．

表 14.3　Aさんの付けた順位

	カード番号	使用目的	配合成分	仕上がり感	香り	STATUS	CARD
順位 7 ➡	1	潤い	アミノ酸系	ふんわり	フルーツ系	計画	1
順位 6 ➡	2	潤い	ベタイン系	さらさら	フローラル系	計画	2
順位 11 ➡	3	ケア	アミノ酸系	しっとり	フローラル系	計画	3
順位 2 ➡	4	潤い	高級アルコール系	しっとり	フルーツ系	計画	4
順位 5 ➡	5	ケア	ベタイン系	ふんわり	フルーツ系	計画	5
順位 4 ➡	6	ケア	高級アルコール系	さらさら	フルーツ系	計画	6
順位 9 ➡	7	潤い	高級アルコール系	ふんわり	フローラル系	計画	7
順位 1 ➡	8	潤い	アミノ酸系	さらさら	フルーツ系	計画	8
順位 3 ➡	9	潤い	ベタイン系	しっとり	フルーツ系	計画	9
順位 8 ➡	10	潤い	アミノ酸系	しっとり	フルーツ系	ホールドアウト	10
順位 10 ➡	11	ケア	高級アルコール系	しっとり	フルーツ系	ホールドアウト	11

Aさんの付けた順位
11枚のカードの順位付けは…
………大変です！

表 14.4　Aさんの順位とカード番号の対応

順位	1	2	3	4	5	6	7	8	9	10	11
カード番号	8	4	9	6	5	2	1	10	7	11	3

そこで，各消費者に回答してもらったカードを順番に並べて，カード番号をデータファイルに入力すると，次のようになります．

	消費者	順位1	順位2	順位3	順位4	順位5	順位6
1	A	8	4	9	6	5	2
2	B	7	9	1	5	10	8
3	C	9	1	3	8	11	4
4	D	8	5	7	1	4	9
5	E	3	10	1	4	9	8
6							
7							
8							
9							
10							
11							
12							

カード番号の順位をデータファイルに入力した場合
シンタックスのところは，次のように入力します

/RANK=カード番号 1 to カード番号 11

	消費者	カード番号 1	カード番号 2	カード番号 3	…	カード番号 11
1	A	7	6	11	…	10
2	B	3	9	8	…	7
3	C	2	10	3	…	5

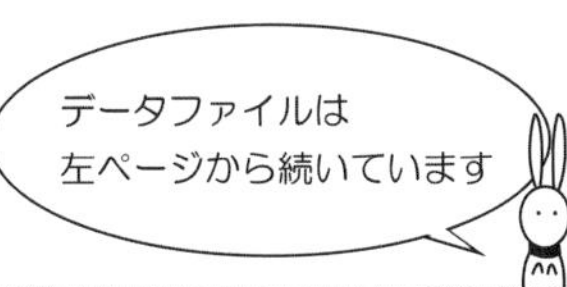
データファイルは
左ページから続いています

順位7	順位8	順位9	順位10	順位11	var	var
1	10	7	11	3		
11	3	2	4	6		
10	5	6	2	7		
6	2	3	10	11		
2	7	6	11	5		

ここから，コンジョイント分析の手順が始まります．

- コンジョイント分析のデータは，
  デスクトップ上に開いておきます．
- コンジョイント分析用カードは，
  デスクトップに保存しておきます．

ところで
11 枚のカードに得点を付けてもらったときは

/SCORE=カード番号 1 to カード番号 11

となります

SCORE に関しては
「SPSS によるアンケート調査のための統計処理」
第 13 章を参照してください

このデータは
デスクトップ上に
開いておこう！

14.2 コンジョイント分析のための手順

【統計処理の手順】

手順 1 コンジョイント分析の手順は,

ファイル(F) ⇨ 新規作成(N) ⇨ シンタックス(S)

とクリックします．すると……

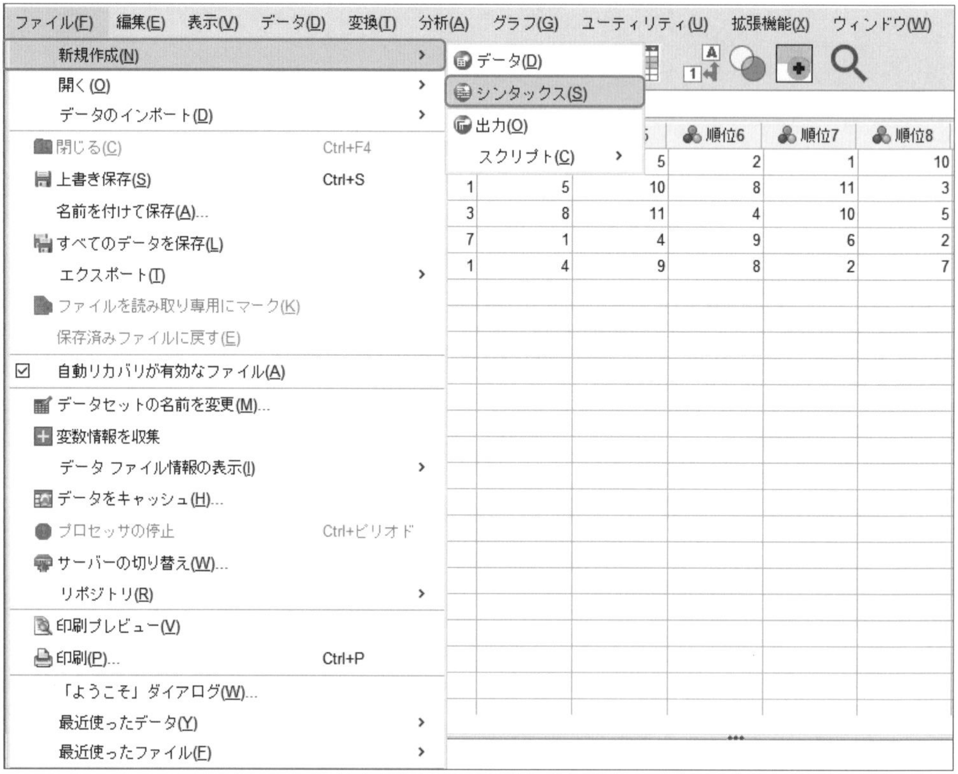

手順 2 次のシンタックス・エディタ画面が現れます．

続いて，この白い画面に，シンタックス・コマンドを入力します．

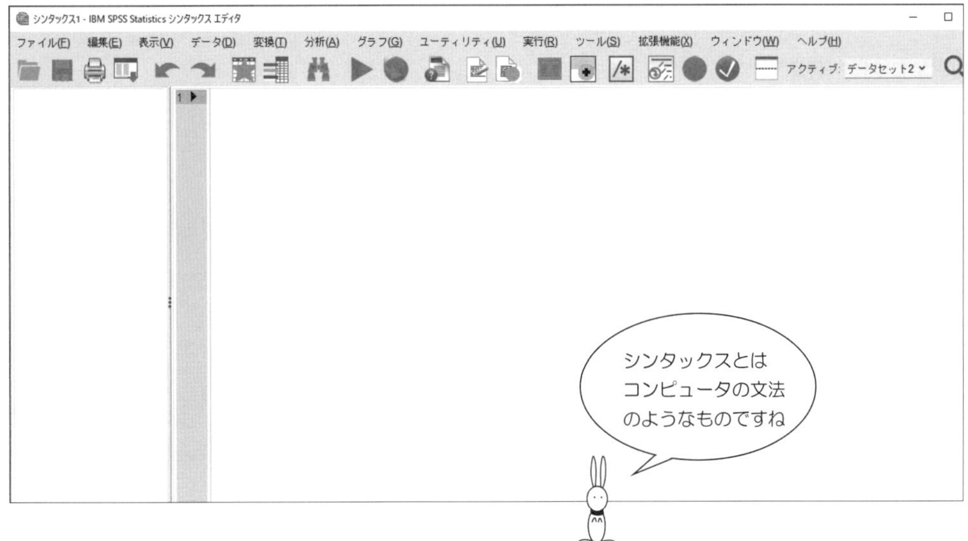
シンタックス1 - IBM SPSS Statistics シンタックス エディタ
ファイル(F) 編集(E) 表示(V) データ(D) 変換(T) 分析(A) グラフ(G) ユーティリティ(U) 実行(R) ツール(S) 拡張機能(X) ウィンドウ(W) ヘルプ(H)
アクティブ: データセット2
シンタックスとは
コンピュータの文法
のようなものですね

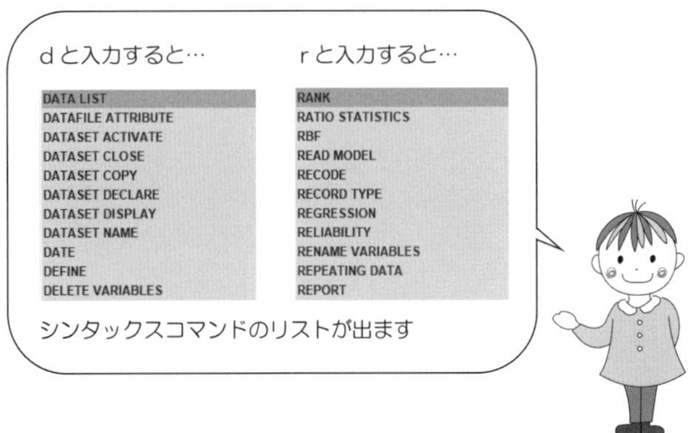
d と入力すると…
DATA LIST
DATAFILE ATTRIBUTE
DATASET ACTIVATE
DATASET CLOSE
DATASET COPY
DATASET DECLARE
DATASET DISPLAY
DATASET NAME
DATE
DEFINE
DELETE VARIABLES
r と入力すると…
RANK
RATIO STATISTICS
RBF
READ MODEL
RECODE
RECORD TYPE
REGRESSION
RELIABILITY
RENAME VARIABLES
REPEATING DATA
REPORT
シンタックスコマンドのリストが出ます

手順 3 次のようなシンタックス・コマンドを入力し……

CONJOINT PLAN＝'C：\Users\XXXXX\Desktop\コンジョイント分析用カード.SAV'

⬆ p.236 で保存したファイル名を指定している

/DATA＝＊ ⬅＊は“画面上に開いているデータを使用せよ”の意味

/RANK＝順位 1 TO 順位 22 ⬅好みの順位

/SUBJECT＝消費者

/FACTORS＝使用目的　配合成分　仕上がり感　香り ⬅ 4 つの属性

/PRINT＝ALL. ⬅“すべてを出力せよ”の意味

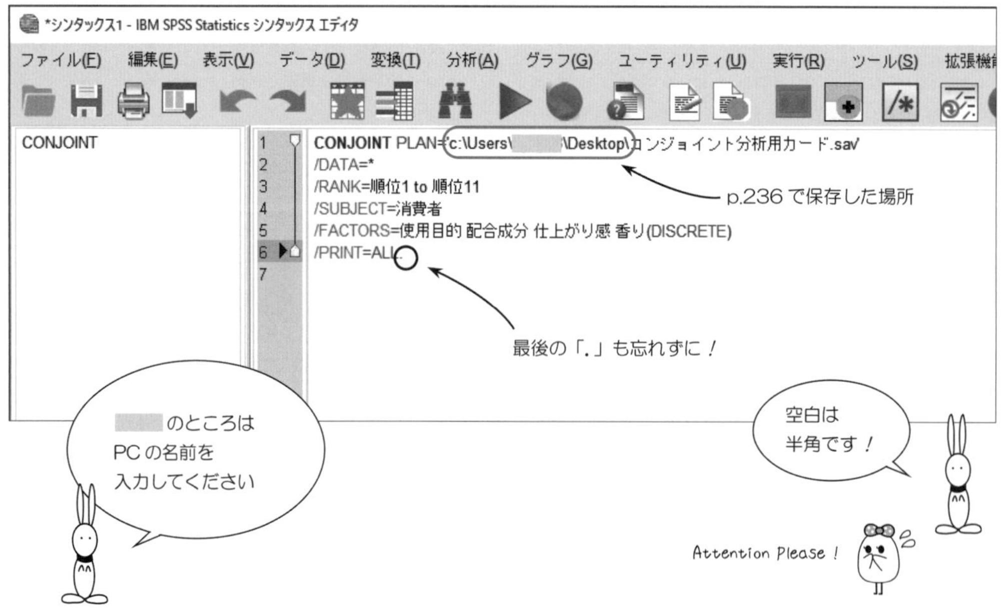
*シンタックス1 - IBM SPSS Statistics シンタックス エディタ
ファイル(F) 編集(E) 表示(V) データ(D) 変換(T) 分析(A) グラフ(G) ユーティリティ(U) 実行(R) ツール(S)
CONJOINT
CONJOINT PLAN='c:\Users\ \Desktop\コンジョイント分析用カード.sav'
/DATA=*
/RANK=順位1 to 順位11
/SUBJECT=消費者
/FACTORS=使用目的 配合成分 仕上がり感 香り(DISCRETE)
/PRINT=ALL.
p.236 で保存した場所
最後の「.」も忘れずに！
のところはPC の名前を入力してください
空白は半角です！
Attention Please !

手順 4 シンタックス・コマンドの入力が終ったら，あとは，

実行(R) ➡ すべて(A) とクリックするだけ !!

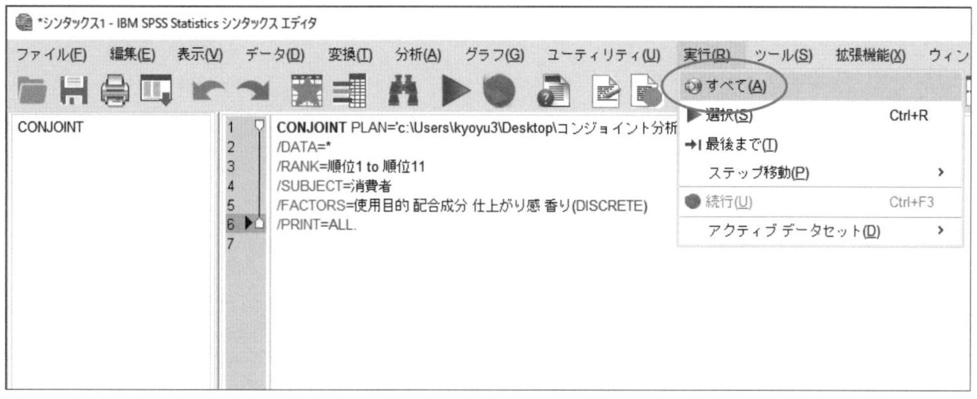

*シンタックス1 - IBM SPSS Statistics シンタックス エディタ
ファイル(F) 編集(E) 表示(V) データ(D) 変換(T) 分析(A) グラフ(G) ユーティリティ(U) 実行(R) ツール(S) 拡張機能(X) ウィン
CONJOINT
CONJOINT PLAN='c:\Users\kyoyu3\Desktop\コンジョイント分析
/DATA=*
/RANK=順位1 to 順位11
/SUBJECT=消費者
/FACTORS=使用目的 配合成分 仕上がり感 香り(DISCRETE)
/PRINT=ALL.
すべて(A)
選択(S) Ctrl+R
最後まで(T)
ステップ移動(P)
続行(U) Ctrl+F3
アクティブ データセット(D)

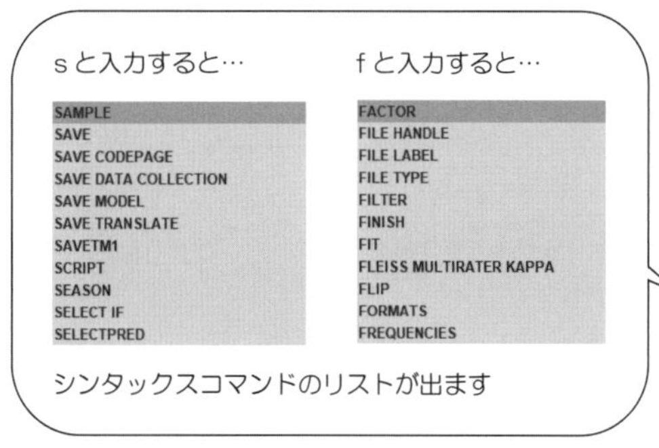

s と入力すると…
SAMPLE
SAVE
SAVE CODEPAGE
SAVE DATA COLLECTION
SAVE MODEL
SAVE TRANSLATE
SAVETM1
SCRIPT
SEASON
SELECT IF
SELECTPRED
f と入力すると…
FACTOR
FILE HANDLE
FILE LABEL
FILE TYPE
FILTER
FINISH
FIT
FLEISS MULTIRATER KAPPA
FLIP
FORMATS
FREQUENCIES
シンタックスコマンドのリストが出ます

【SPSS による出力・その 1】 ——コンジョイント分析——

消費者 A ←⓪

ユーティリティ(U)

		ユーティリティ推定値	標準誤差
使用目的	潤い	-.250	.323
	ケア	.250	.323
配合成分	アミノ酸系	-3.000	.430
	高級アルコール系	2.333	.430
	ベタイン系	.667	.430
仕上がり感	さらさら	.333	.430
	ふんわり	1.000	.430
	しっとり	-1.333	.430
香り	フルーツ系	-.750	.323
	フローラル系	.750	.323
(定数)		5.333	.340

←①

重要度値

使用目的	5.172
配合成分	55.172
仕上がり感	24.138
香り	15.517

←②

【出力結果の読み取り方・その 1】

⬅① ユーティリティ推定値は各水準の評価の高さを示しています.

消費者 A さんは

使用目的	配合成分	仕上がり感	香り
ケア	高級アルコール系	ふんわり	フローラル系

の組み合わせを望んでいることがわかります.

⬅② 重要度値は 4 つの属性の重要度のパーセントです.

消費者 A さんは,

配合成分 ＞ 仕上がり感 ＞ 香り ＞ 使用目的

の順に重要視していることがわかります.

$$\text{配合成分 } 55.172 = \frac{5.333}{0.500+5.333+2.333+1.500} \times 100$$

ただし,

- 使用目的 $\cdots 0.500 = 0.250 - (0.250)$
- 配合成分 $\cdots 5.333 = 2.333 - (3.000)$
- 仕上がり感 $\cdots 2.333 = 1.000 - (1.333)$
- 香り $\cdots 1.500 = 0.750 - (-0.750)$

【SPSS による出力・その 2】 ——コンジョイント分析——

全体の統計量 ← ③

ユーティリティ(U)

		ユーティリティ推定値	標準誤差
使用目的	潤い	.200	.084
	ケア	-.200	.084
配合成分	アミノ酸系	.133	.112
	高級アルコール系	.133	.112
	ベタイン系	-.267	.112
仕上がり感	さらさら	-.067	.112
	ふんわり	-.933	.112
	しっとり	1.000	.112
香り	フルーツ系	-.250	.084
	フローラル系	.250	.084
(定数)		5.017	.089

重要度値

使用目的	9.375
配合成分	33.253
仕上がり感	41.012
香り	16.360

平均化された重要度得点

← ④

相関分析[a]

	値	有意確率
Pearson の R	.992	.000
Kendall のタウ	.944	.000
ホールドアウトに対する Kendall のタウ	1.000	.

← ⑤

a. 観測嗜好値と予測嗜好値の相関

【出力結果の読み取り方・その2】

⬅③　コンジョイント分析では①や②のように，
各消費者ごとにユーティリティや重要度を出力しますが，
すべての消費者をまとめたコンジョイント分析の結果が，
ここの出力です.

⬅④　消費者がシャンプーを購入するとき，気になるのは
仕上がり感（＝41.012）
配合成分　（＝33.253）
といった傾向がわかります！

ホールドアウトケースは
ユーティリティ推定値の
計算には使われていません

⬅⑤　ホールドアウトに対する Kendall のタウは，
ユーティリティ推定値の妥当性を調べています.
したがって，この相関が低いときには再検討が必要です.

14.3 コンジョイント分析用カードの作り方と保存

手順 1 コンジョイント分析用カードを作成するときは

データ(D) ⇨ 直交計画(H) ⇨ 生成(G)

を選択します.

手順 2 直交計画の生成の画面になったら，

因子名のところに使用目的と入力して

追加(A)をクリック．

直交計画の生成
因子名(N):
使用目的
因子ラベル(L):
追加(A)
変更(C)
除去(M)
値の定義(D)...
因子名のところには
属性を入力します

手順 3 続いて，使用目的(?) をクリックしてから

値の定義(D) をクリックします．

直交計画の生成

因子名(N): 使用目的

因子ラベル(L):

使用目的 (?)

追加(A)

変更(C)

除去(M)

値の定義(D)...

データ ファイル

新しいデータセットを作成(C)

データセット名(D):

新しいデータ ファイルの作成(T) ファイル(F)... ...\ORTHO.sav

乱数のシードを再設定(S) オプション(O)...

OK 貼り付け(P) 戻す(R) キャンセル ヘルプ

手順 4 値の定義の画面になったら，

次のように使用目的の値とラベルを入力して，続行.

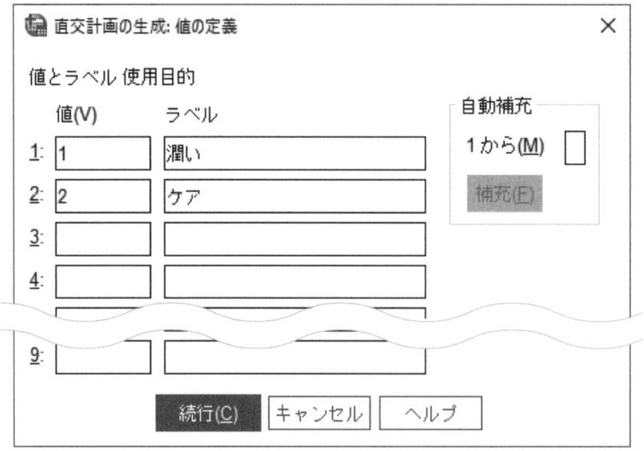

直交計画の生成: 値の定義

値とラベル 使用目的

値(V) ラベル

1: 1 潤い

2: 2 ケア

3:

4:

9:

自動補充

1から(M)

補充(F)

続行(C) キャンセル ヘルプ

手順 5 次の画面にもどったら，

因子名のところに，配合成分と入力して

追加(A)をクリックします.

直交計画の生成

因子名(N): 配合成分

因子ラベル(L):

追加(A) 変更(C) 除去(M)

使用目的 (1 '潤い' 2 'ケア')

値の定義(D)...

データ ファイル

新しいデータセットを作成(C)

データセット名(D):

新しいデータ ファイルの作成(T) ファイル(F)... ...\ORTHO.sav

乱数のシードを再設定(S) オプション(O)...

OK 貼り付け(P) 戻す(R) キャンセル ヘルプ

手順 6 次のように4つの属性と水準を入力したら

オプション(O) をクリック.

直交計画の生成

因子名(N):

因子ラベル(L):

追加(A)
変更(C)
除去(M)

使用目的 (1 '潤い' 2 'ケア')
配合成分 (1 'アミノ酸系' 2 高級アルコール系' 3 'ベタイン系')
仕上がり感 (1 'さらさら' 2 'ふんわり' 3 'しっとり')
香り (1 'フルーツ系' 2 'フローラル系')

値の定義(D)...

データ ファイル
◉新しいデータセットを作成(C)
データセット名(D):
○新しいデータ ファイルの作成(T) ファイル(F)... ...\ORTHO.sav

☐乱数のシードを再設定(S) オプション(O)...

OK 貼り付け(P) 戻す(R) キャンセル ヘルプ

手順 7 オプション の画面になったら

次のように入力して，続行します.

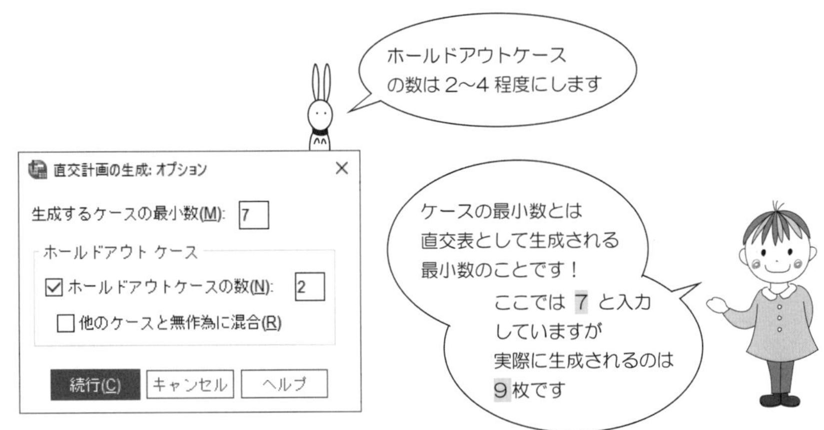

ホールドアウトケース
の数は 2〜4 程度にします
直交計画の生成: オプション
生成するケースの最小数(M): 7
ホールドアウト ケース
ホールドアウトケースの数(N): 2
他のケースと無作為に混合(R)
続行(C)
キャンセル
ヘルプ
ケースの最小数とは
直交表として生成される
最小数のことです！
ここでは 7 と入力
していますが
実際に生成されるのは
9 枚です

手順 8 次の画面にもどったら，

○新しいデータファイルの作成

を選択して，ファイル(F) をクリック．

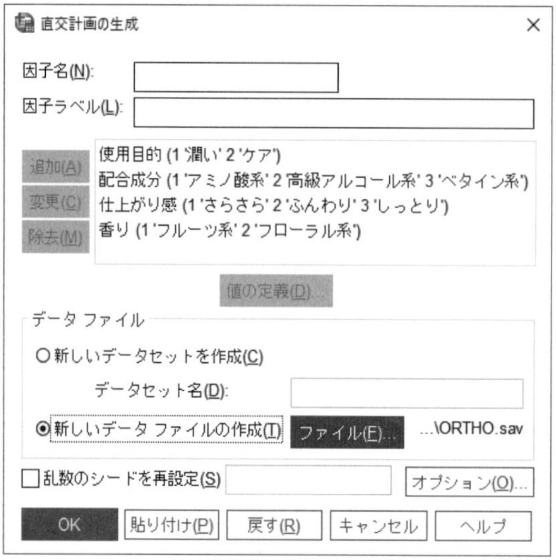

手順 9 ファイル名をつけて，保存しておきます．

このファイル名を忘れないで！
p.226 の手順3で使います

手順10 あとは，OK ボタンをマウスでカチッ！

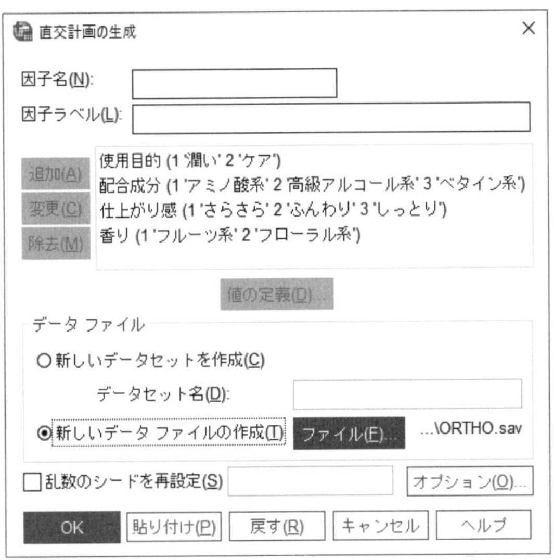

直交計画の生成
因子名(N):
因子ラベル(L):
追加(A)
変更(C)
除去(M)
使用目的 (1 '潤い' 2 'ケア')
配合成分 (1 'アミノ酸系' 2 '高級アルコール系' 3 'ベタイン系')
仕上がり感 (1 'さらさら' 2 'ふんわり' 3 'しっとり')
香り (1 'フルーツ系' 2 'フローラル系')
値の定義(D)...
データ ファイル
新しいデータセットを作成(C)
データセット名(D):
新しいデータ ファイルの作成(T)
ファイル(F)...
...\ORTHO.sav
乱数のシードを再設定(S)
オプション(O)...
OK
貼り付け(P)
戻す(R)
キャンセル
ヘルプ

手順11 コンジョイント分析用カードは，次のように作成されます．

	使用目的	配合成分	仕上がり感	香り	STATUS_	CARD_
1	1.00	1.00	2.00	1.00	0	1
2	1.00	3.00	1.00	2.00	0	2
3	2.00	1.00	3.00	2.00	0	3
4	1.00	2.00	3.00	1.00	0	4
5	2.00	3.00	2.00	1.00	0	5
6	2.00	2.00	1.00	1.00	0	6
7	1.00	2.00	2.00	2.00	0	7
8	1.00	1.00	1.00	1.00	0	8
9	1.00	3.00	3.00	1.00	0	9
10	1.00	1.00	3.00	1.00	1	10
11	2.00	2.00	3.00	1.00	1	11

このコンジョイント分析用カードの保存先を忘れないで！
コンジョイント分析のシンタックスで使用します

【コンジョイント分析のユーティリティ推定値について】

参考文献［17］
p.211 を
参照してください

コンジョイント分析のユーティリティ推定値は，
ダミー変数を利用した重回帰分析の偏回帰係数
に対応しています．例えば，…
属性の水準が 2 個の場合，
次のような対応になります．

ユーティリティ

		ユーティリティ
宿泊費	重視する	0.125
	重視しない	− 0.125
アクセス	重視する	0.375
	重視しない	− 0.375
雰囲気	重視する	1.375
	重視しない	− 1.375
サービス	重視する	− 0.625
	重視しない	0.625
施設	重視する	0.375
	重視しない	− 0.375
食事	重視する	0.125
	重視しない	− 0.125
(定数)		3.125

偏回帰係数

		非標準化係数
モデル		B
1	(定数)	1.375
	宿泊費	0.250
	アクセス	0.750
	雰囲気	2.750
	サービス	− 1.250
	施設	0.750
	食事	0.250

【選択型コンジョイント分析について】

コンジョイント分析には，次の 2 種類があります．

- 完全型コンジョイント分析
- 選択型コンジョイント分析

選択型コンジョイント分析をすると

限界支払意思額

を調べることができます．

参考文献［15］
p.249 を
参照してください

選択型コンジョイント分析

	B
調査	0.381
研究	0.365
技術	0.126
共存	0.192
教育	0.306
負担	− 0.075

限界支払意思額

$$[\text{調査}] = -\frac{0.381}{(-0.075)} = 5.07$$

$$[\text{研究}] = -\frac{0.365}{(-0.075)} = 4.86$$

$$[\text{教育}] = -\frac{0.306}{(-0.075)} = 4.07$$

限界支払意思額とは
“この金額までなら
支払う意思がある”
という意味です

第15章 パス解析

15.1 はじめに

右のデータは,

- 平均寿命
- 医療費の割合
- タンパク質摂取量

について調査した結果です.

表 15.1　長生きの秘訣

No.	平均寿命	医療費	タンパク質
1	65.7	3.27	69.7
2	67.8	3.06	69.7
3	70.3	4.22	71.3
4	72.0	4.10	77.6
5	74.3	5.26	81.0
6	76.2	6.18	78.7

分析したいことは?

◉ この3つの 変数 の 間 に, どのような 関係 があるのだろうか?

そこで, 次のようなパス図を考えてみましょう.

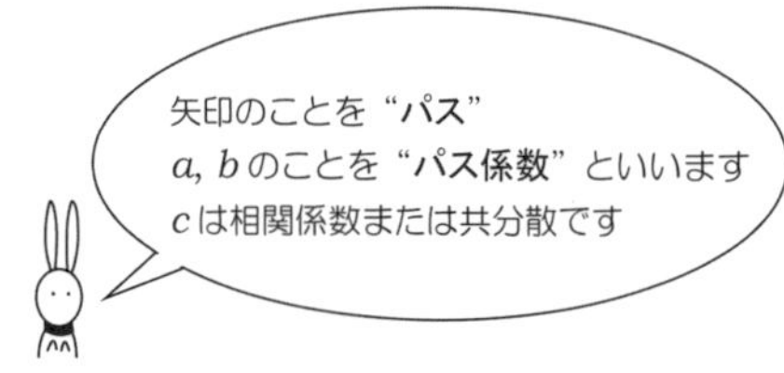
矢印のことを "パス"
a, b のことを "パス係数" といいます
c は相関係数または共分散です

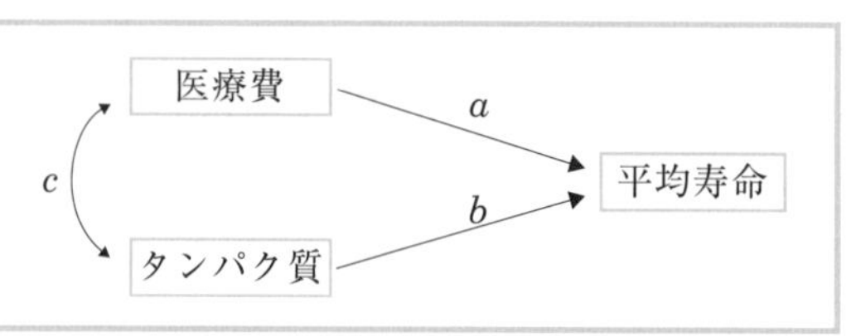
医療費
a
c
平均寿命
b
タンパク質

図 15.1　パス図とパス係数

【データ入力の型】

表 15.1 のデータは，次のように入力します．

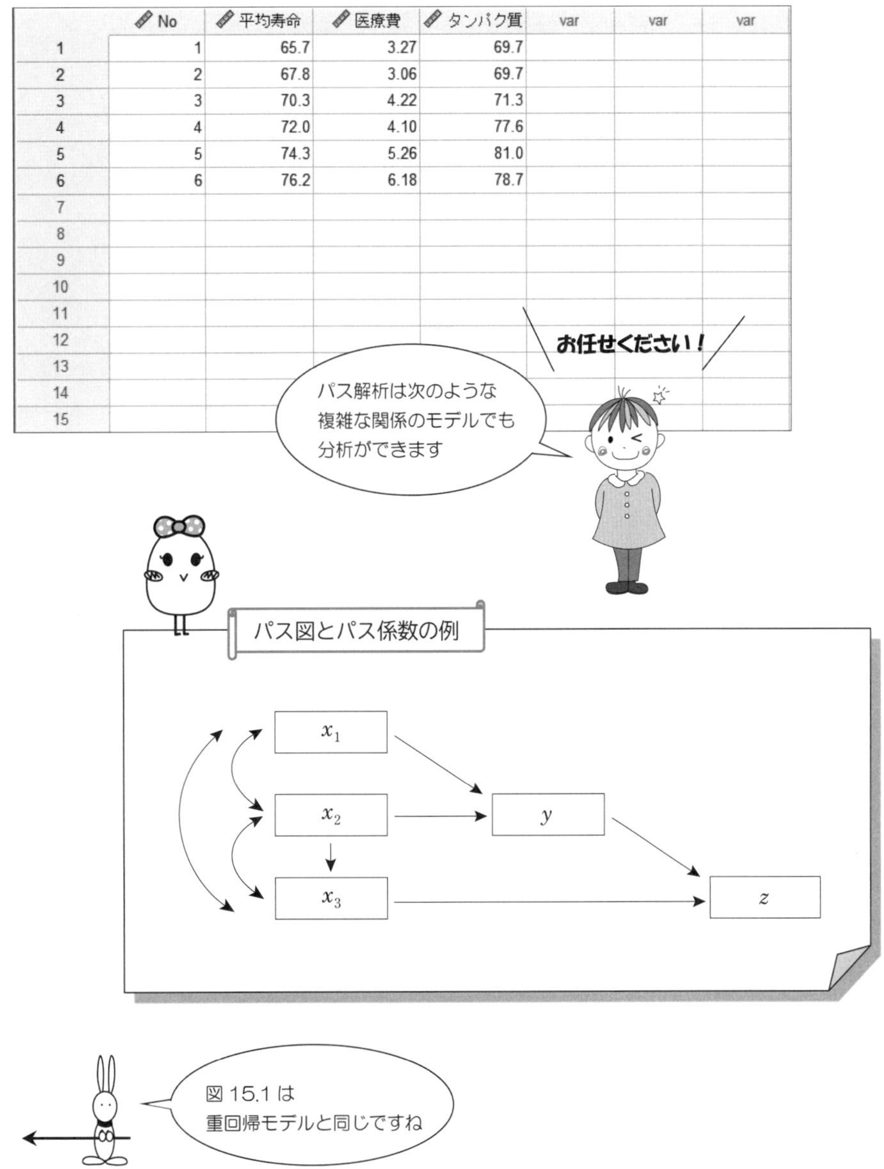

	No	平均寿命	医療費	タンパク質	var	var	var
1	1	65.7	3.27	69.7			
2	2	67.8	3.06	69.7			
3	3	70.3	4.22	71.3			
4	4	72.0	4.10	77.6			
5	5	74.3	5.26	81.0			
6	6	76.2	6.18	78.7			
7							
8							
9							
10							
11							
12							
13							
14							
15							

お任せください！
パス解析は次のような
複雑な関係のモデルでも
分析ができます
パス図とパス係数の例
x_1
x_2
x_3
y
z
図 15.1 は
重回帰モデルと同じですね

15.2 パス解析のための手順

Amosは，パス解析や共分散構造分析のために開発された統計ソフトです．

信じられないことですが

“Amosを動かすために，予備知識はほとんど不要！”

なのです．

ともかく，Amosを動かしてみましょう．

【統計処理の手順】

手順 1 データを入力したら， 分析(A) をクリック．

メニューの中の IBM SPSS Amos を選びます．

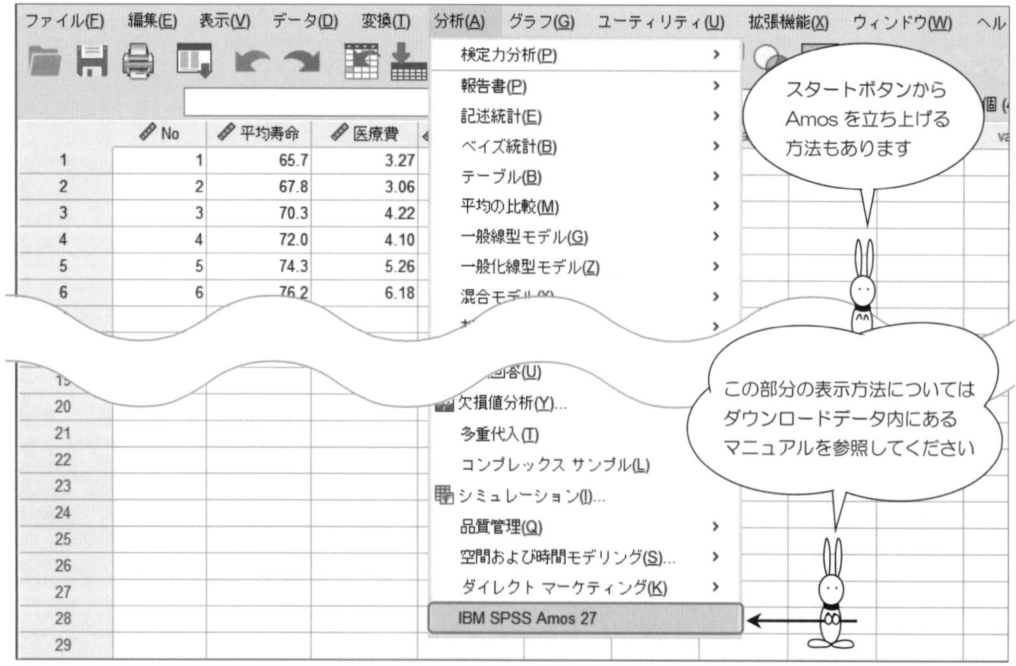

ファイル(F)
編集(E)
表示(V)
データ(D)
変換(T)
分析(A)
グラフ(G)
ユーティリティ(U)
拡張機能(X)
ウィンドウ(W)
No
平均寿命
医療費
検定力分析(P)
報告書(P)
記述統計(E)
ベイズ統計(B)
テーブル(B)
平均の比較(M)
一般線型モデル(G)
一般化線型モデル(Z)
欠損値分析(Y)...
多重代入(T)
コンプレックス サンプル(L)
シミュレーション(I)...
品質管理(Q)
空間および時間モデリング(S)...
ダイレクト マーケティング(K)
IBM SPSS Amos 27
スタートボタンから
Amosを立ち上げる
方法もあります
この部分の表示方法については
ダウンロードデータ内にある
マニュアルを参照してください

手順 2 次の Amos Graphics の画面が現れるので，この大きいワクの中に

“変数間で成り立ちそうな関係図を描く”

と，あとは をクリックして，実行 *!!*

でも，その前に……

無題：ｸﾞﾙｰﾌﾟ 番号 1：入力
ﾌｧｲﾙ(F) 編集(E) 表示(V) 図(D) 分析(A) ﾂｰﾙ(T) ﾌﾟﾗｸﾞｲﾝ(P) ﾍﾙﾌﾟ(H)
Title
ｸﾞﾙｰﾌﾟ 番号 1
XX: ﾓﾃﾞﾙ番号 1
非標準化推定値
標準化推定値
ﾊﾟｽ図
ｼﾝﾀｯｸｽ
ユーザー定義の推定パラメータは推定されません。
図 15.1 のような
パス図を
ここに描いていきます

表 15.1 のように

“ 平均寿命 ， 医療費の割合 ， タンパク質摂取量 の間の関係”

の場合，知りたいことは

“ 医療費の割合 と タンパク質摂取量 が 平均寿命 に与える影響”

となります.

すぐ思いつくモデルは，次の重回帰モデル式です.

平均寿命 $=\beta_1\times$ 医療費 $+\beta_2\times$ タンパク質 $+\beta_0+\ \varepsilon$

となります.

このとき，パス解析ではこのモデル式を，次の図で表現します.

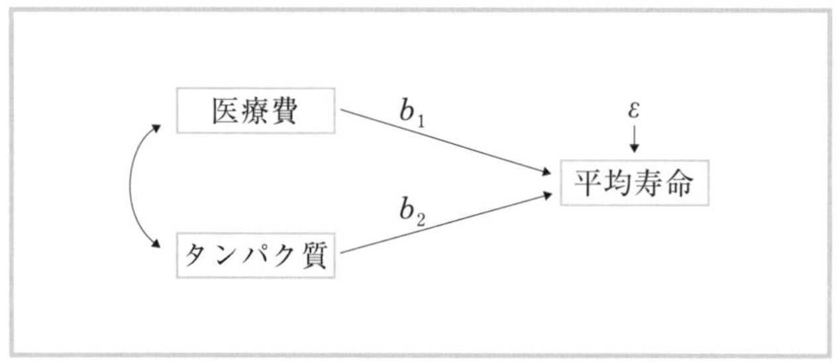

医療費
b_1
ε
平均寿命
b_2
タンパク質

図 15.2　パス図とパス係数

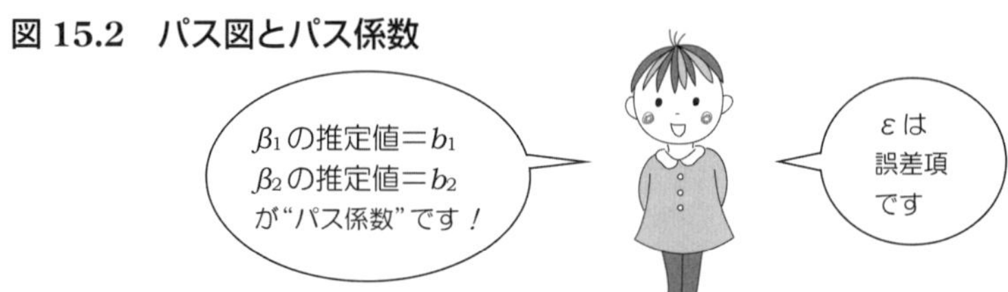

β_1 の推定値＝b_1
β_2 の推定値＝b_2
が“パス係数”です！
ε は
誤差項
です

つまり，このパス図を Amos の大きいワクの中に描けば OK です！

といっても，動かせるのはマウスだけなので，Amos の画面の左側にあるツールボックスを利用します.

それでは，図 15.2 のパス図を作ってみましょう.

【ツールボックス全図】

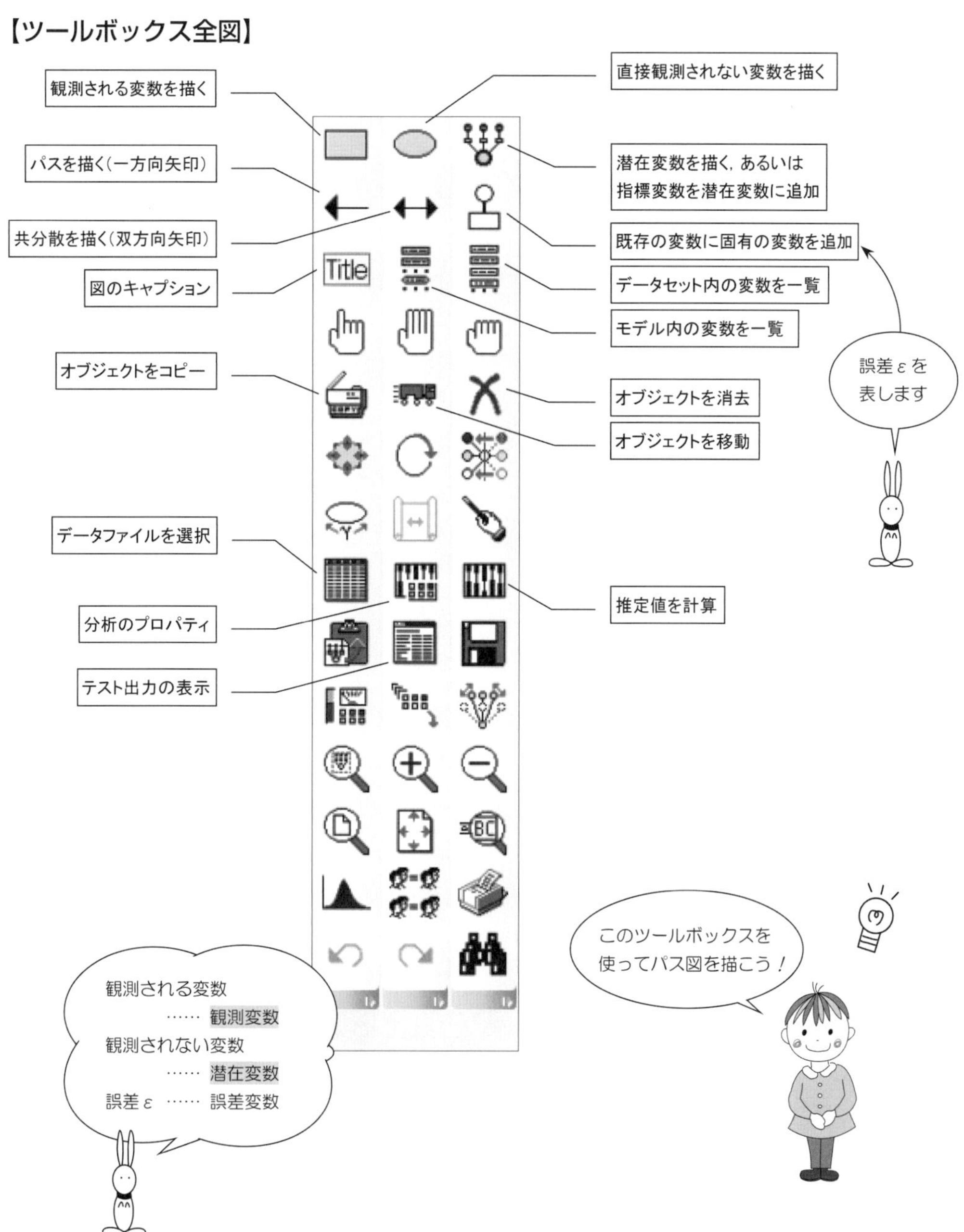

観測される変数を描く
直接観測されない変数を描く
パスを描く(一方向矢印)
潜在変数を描く，あるいは
指標変数を潜在変数に追加
共分散を描く(双方向矢印)
既存の変数に固有の変数を追加
Title
図のキャプション
データセット内の変数を一覧
モデル内の変数を一覧
誤差εを
表します
オブジェクトをコピー
オブジェクトを消去
オブジェクトを移動
データファイルを選択
推定値を計算
分析のプロパティ
テスト出力の表示
このツールボックスを
使ってパス図を描こう！
観測される変数
…… 観測変数
観測されない変数
…… 潜在変数
誤差ε …… 誤差変数

手順 3

まず，マウスをツールバーの

▭ のところへもってゆき，

クリックします．

すると，マウスのカーソルが

次のポインタ

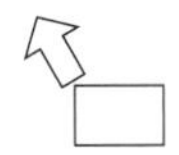

になるので……

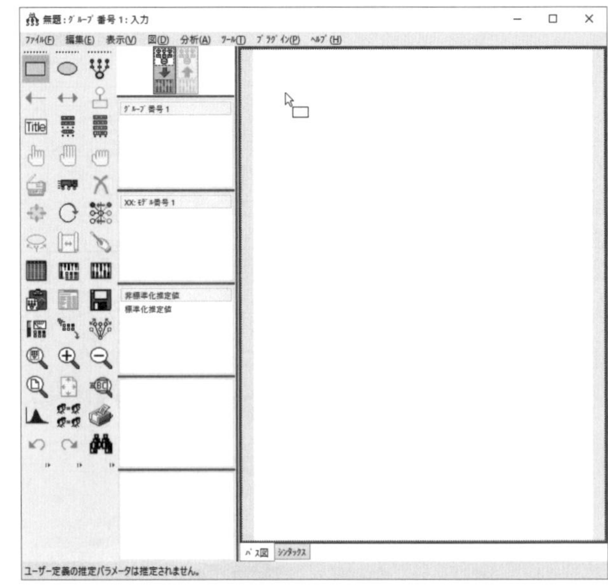

手順 4

このポインタを画面上に

もってゆき，適当にカチッと

したままで，マウスをすこし

引っぱってみてください．

右のような長方形ができます．

画面上で
ポインタをカチッ
としてドラッグ

手順 5

変数が 3 個あるので，

同じようにしてみましょう．

を消去したいときは
の上を右クリック
すると
消去 があるから……
無題：グループ番号 1：入力
ユーザー定義の推定パラメータは推定されません。

手順 6

次に，3 つの の中に

変数名を入れます．

ツールバーの を

クリックすると，次のように，

変数名が現れます．

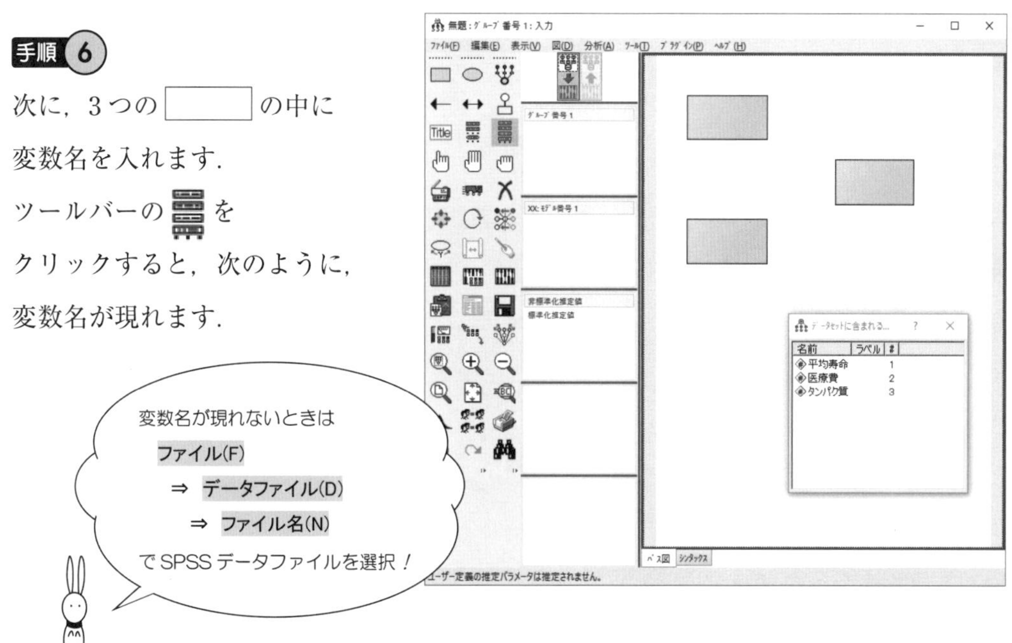

変数名が現れないときは
ファイル(F)
⇒ データファイル(D)
⇒ ファイル名(N)
で SPSS データファイルを選択！
名前
ラベル
平均寿命 1
医療費 2
タンパク質 3

手順 7

そこで，**医療費**をクリック

したまま，パス図の左上の

□ までドラッグします．

すると，右の画面のように

変数名が移動します．

残りの2つの変数も，

同じようにして移動．

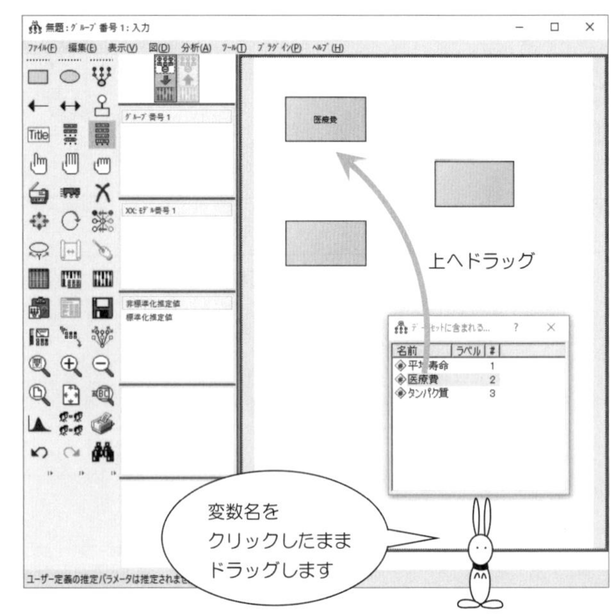
無題：グループ番号1：入力
医療費
上へドラッグ
平均寿命
医療費
タンパク質
変数名を
クリックしたまま
ドラッグします

手順 8

次に，矢印（＝パス）を

書き込みます．

ここでは，一方向のパスの

⟵ をクリック．

続いて，**医療費**をクリックして

そのまま**平均寿命**まで

引っぱると，右のように

矢印が引けます．

同じようにして，**タンパク質**

からも**平均寿命**へ矢印を．

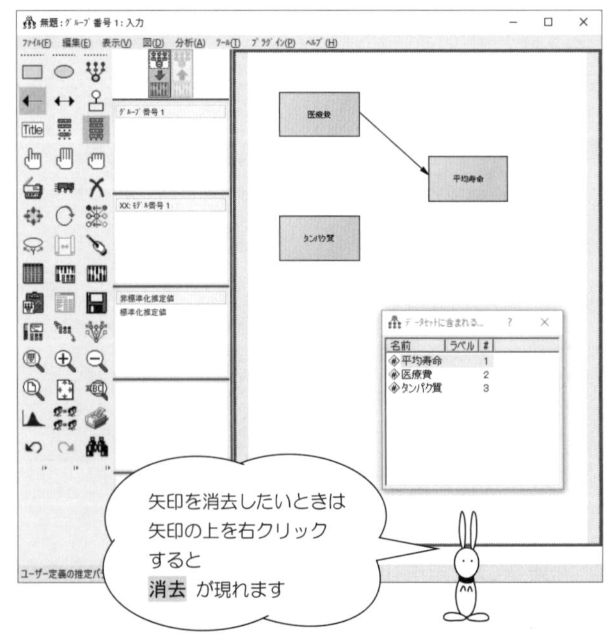
無題：グループ番号1：入力
医療費
平均寿命
タンパク質
矢印を消去したいときは
矢印の上を右クリック
すると
消去 が現れます

手順 9 画面の中が次のようになったら，ツールバーの をクリックして，計算開始 !!　2つのパス係数 b_1, b_2 はうまく求まるでしょうか？

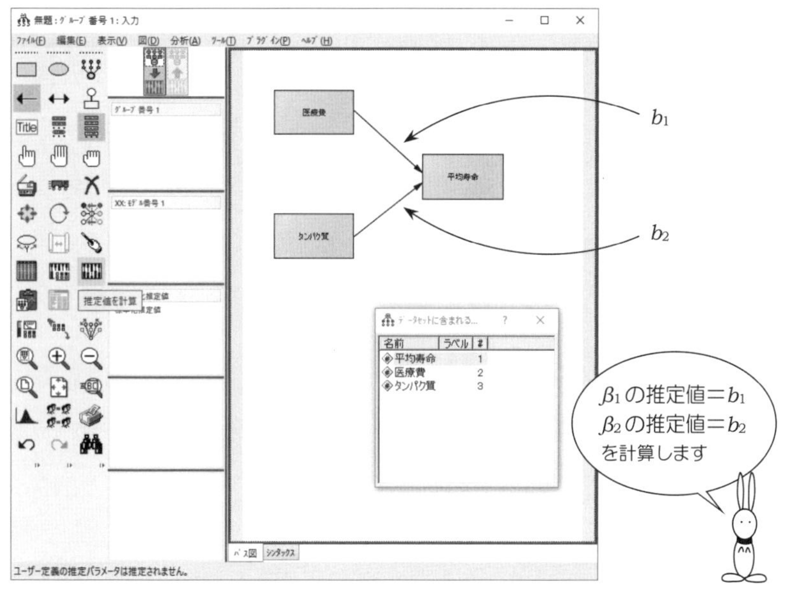

無題：グループ番号1：入力
ファイル(F) 編集(E) 表示(V) 図(D) 分析(A) ツール(T) プラグイン(P) ヘルプ(H)
推定値を計算
医療費
平均寿命
タンパク質
b_1
b_2
データセットに含まれる...
名前 ラベル #
平均寿命 1
医療費 2
タンパク質 3
β_1の推定値＝b_1
β_2の推定値＝b_2
を計算します
パス図 シンタックス
ユーザー定義の推定パラメータは推定されません。

手順 10 ところが？　ナント，警告が出てしまった！

警告の意味は？

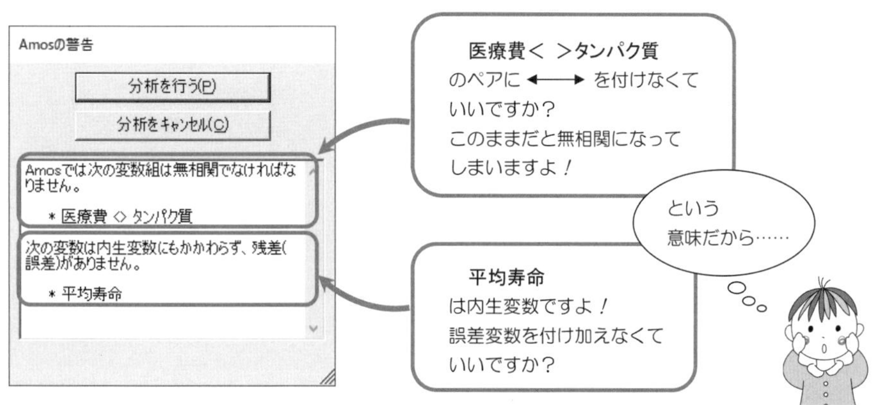

Amosの警告
分析を行う(P)
分析をキャンセル(C)
Amosでは次の変数組は無相関でなければなりません。
＊医療費 <> タンパク質
次の変数は内生変数にもかかわらず、残差(誤差)がありません。
＊平均寿命
医療費＜　＞タンパク質
のペアに ←→ を付けなくていいですか？
このままだと無相関になってしまいますよ！
平均寿命
は内生変数ですよ！
誤差変数を付け加えなくていいですか？
という意味だから……

手順 11

そこで，まずツールバーの

⟷ をクリック．

次にタンパクをクリック

したまま，**医療費**まで

引っぱると，双方向の矢印が

できます．

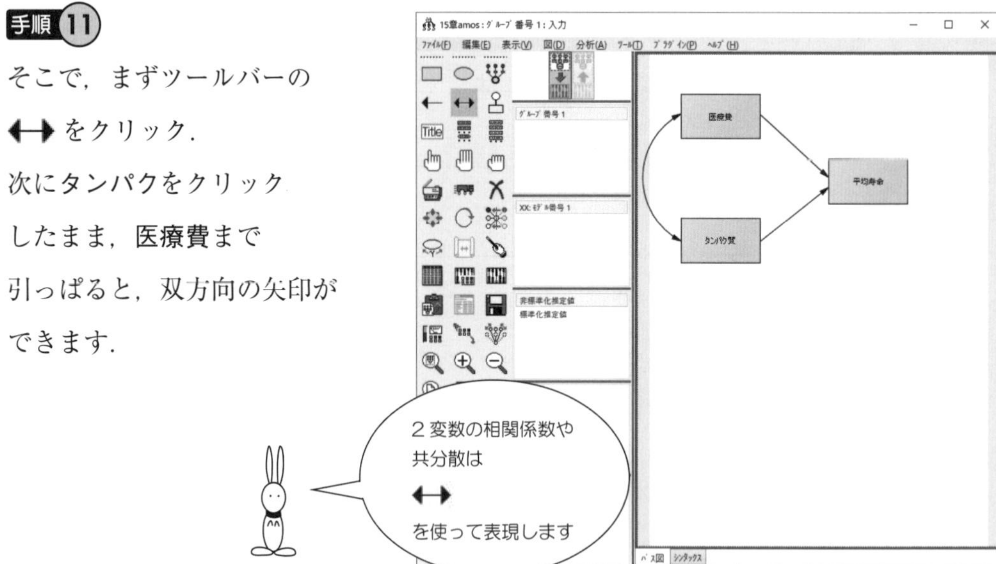
15章amos：グループ 番号 1：入力
医療費
平均寿命
タンパク質
2 変数の相関係数や
共分散は
⟷
を使って表現します

手順 12

さらにツールバーの

(誤差アイコン) をクリック．

次に，**平均寿命**をクリック

すると右のようになるので

(計算アイコン) をクリックして

再度，計算開始!!

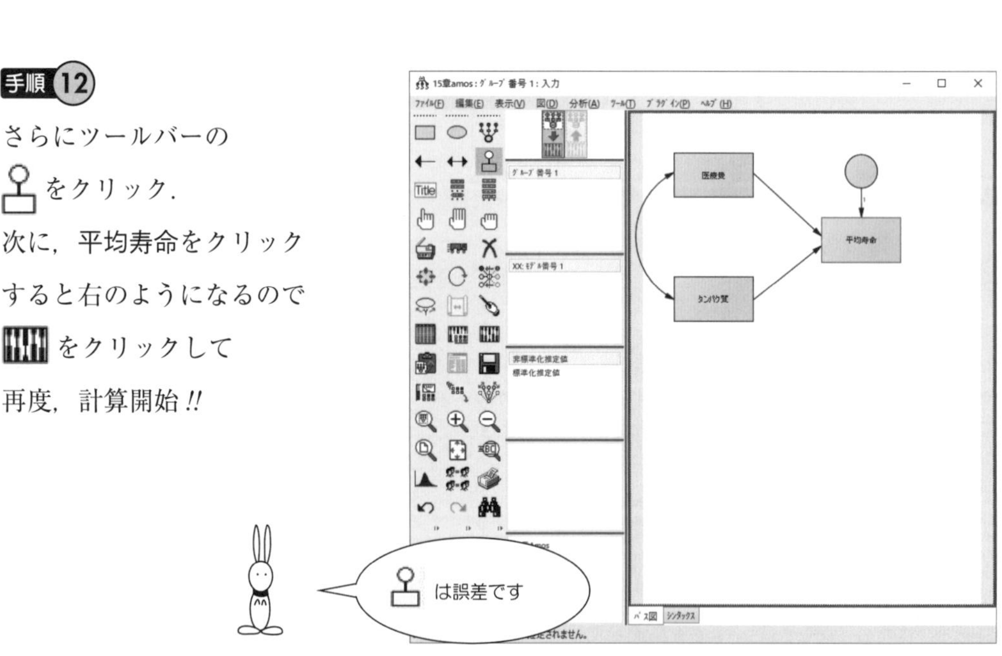
15章amos：グループ 番号 1：入力
医療費
平均寿命
タンパク質
は誤差です

手順 13 ？？？　またしても，失敗 !!

そこで，誤差変数の ◯ の中に名前を入れます．

まず，OK をクリックして，このダイアログボックスを閉じます．

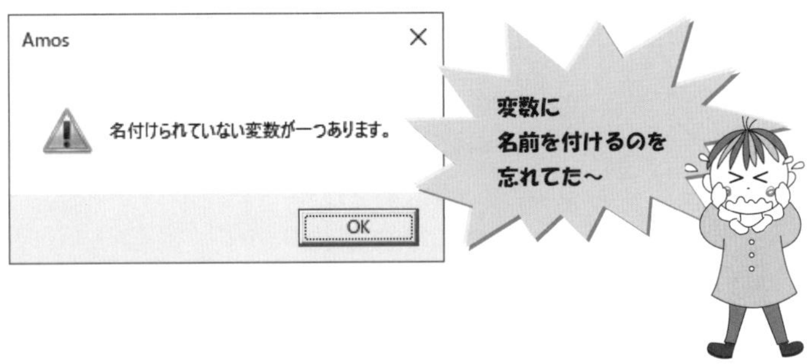
Amos
名付けられていない変数が一つあります。
OK
変数に
名前を付けるのを
忘れてた～

手順 14 ◯ 上をダブルクリック．すると

オブジェクトのプロパティ画面が現れます．

そして，テキスト タブの 変数名(N) の中へ e と入力．

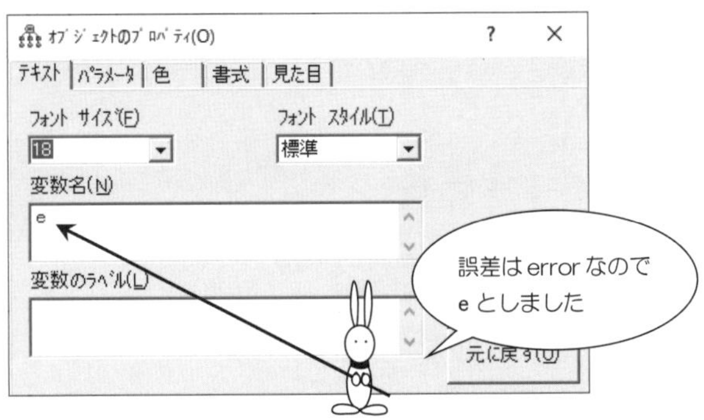
オブジェクトのプロパティ(O)
テキスト
パラメータ
色
書式
見た目
フォント サイズ(F)
18
フォント スタイル(T)
標準
変数名(N)
e
変数のラベル(L)
誤差は error なので
e としました

手順 15

手順14 の画面を閉じて
右のようになったら
再再度 [icon] をクリック.
計算を開始しよう !!

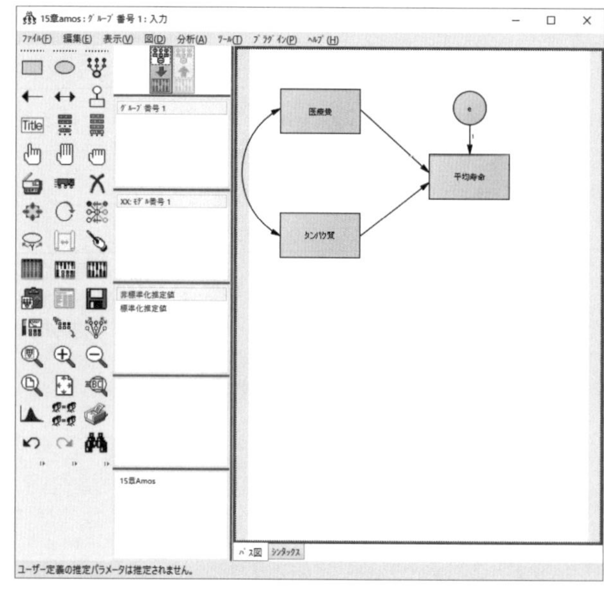
15章amos : グループ 番号 1 : 入力
ファイル(F) 編集(E) 表示(V) 図(D) 分析(A) ツール(T) プラグイン(P) ヘルプ(H)
グループ 番号 1
XX: モデル番号 1
非標準化推定値
標準化推定値
15章Amos
医療費
タンパク質
平均寿命
e
1
パス図 シンタックス
ユーザー定義の推定パラメータは推定されません。

手順 16 File(F) ⇨ 名前を付けて保存(A) とし,
任意のファイル名を入力し, 保存(S) ボタンを !!

名前を付けて保存
PC › ドキュメント ›
ドキュメントの検索
整理
新しいフォルダー
名前
更新日時
種類
サイズ
OneDrive
PC
3D オブジェクト
ダウンロード
デスクトップ
ドキュメント
ピクチャ
ビデオ
ミュージック
Windows (C:)
ネットワーク
ここでは wine としています
置いておく場所や
ファイル名は
自分で決めよう
ファイル名(N): wine
ファイルの種類(T): 入力ファイル (*.amw)
フォルダーの非表示
保存(S)
キャンセル

手順 17 手順15の画面にもどるので をクリックすると…….

テキスト出力の画面になるので，推定値をクリックします．

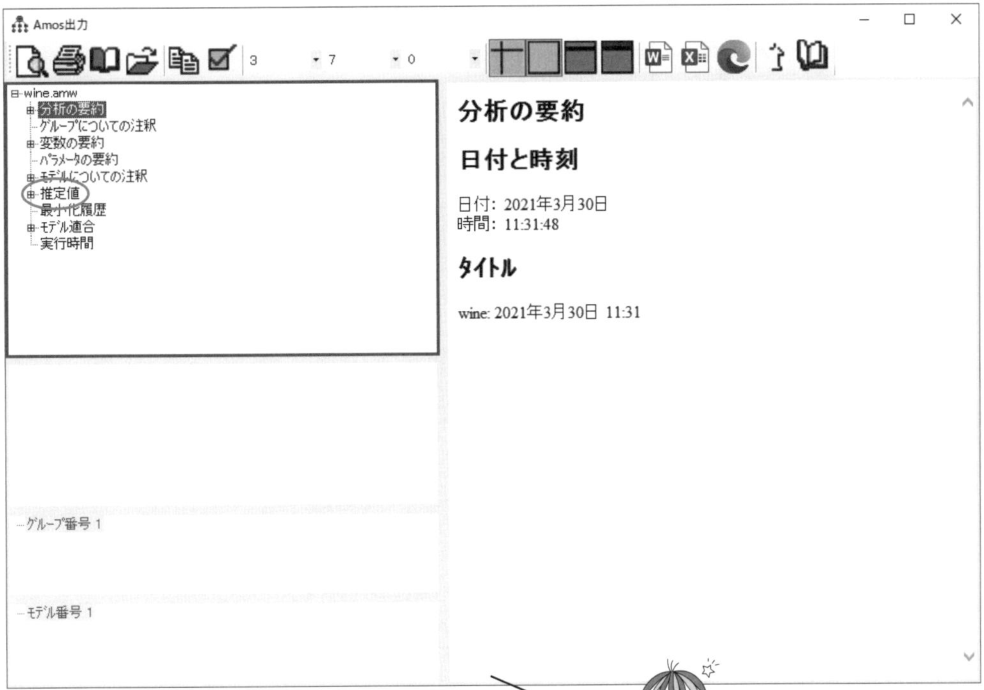

Amos出力

wine.amw
分析の要約
グループについての注釈
変数の要約
パラメータの要約
モデルについての注釈
推定値
最小化履歴
モデル適合
実行時間

グループ番号 1

モデル番号 1

分析の要約

日付と時刻

日付：2021年3月30日
時間：11:31:48

タイトル

wine: 2021年3月30日 11:31

これで OK！

カンタン
カンタン
ピヨ
ピヨ

【Amos による出力】 ——パス解析——

最尤(ML)推定値 ← ①

係数：(ｸﾞﾙｰﾌﾟ番号 1 － ﾓﾃﾞﾙ番号 1)

	推定値	標準誤差	検定統計量	確率	ﾗﾍﾞﾙ
平均寿命 <--- 医療費	2.077	.623	3.332	***	
平均寿命 <--- タンパク質	.304	.148	2.056	.040	

↑② (推定値)　↑③ (検定統計量)

共分散：(ｸﾞﾙｰﾌﾟ番号 1 － ﾓﾃﾞﾙ番号 1)

	推定値	標準誤差	検定統計量	確率	ﾗﾍﾞﾙ
医療費 <--> タンパク質	4.103	2.883	1.423	.155	

分散：(ｸﾞﾙｰﾌﾟ番号 1 － ﾓﾃﾞﾙ番号 1)

	推定値	標準誤差	検定統計量	確率	ﾗﾍﾞﾙ
医療費	1.181	.747	1.581	.114	
タンパク質	20.942	13.245	1.581	.114	
e	.733	.463	1.581	.114	

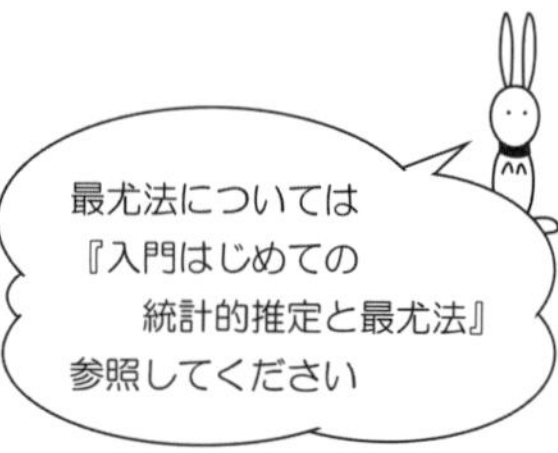
最尤法については
『入門はじめての
統計的推定と最尤法』
参照してください

【出力結果の読み取り方】

⬅① この計算は最尤法を使っていることがわかります.

最尤法と最小 2 乗法とでは,

平均値は一致しますが, 分散や標準偏差の値は少し異なります.

⬅② 推定値のところに, 知りたいパラメータ β_1, β_2 の推定値 b_1, b_2 が出力されます.

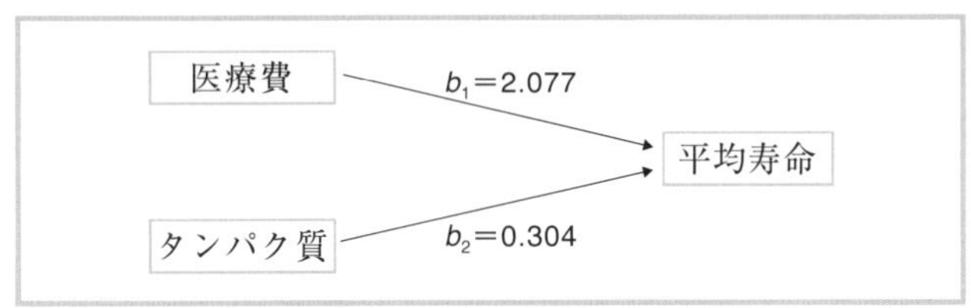
医療費
$b_1 = 2.077$
平均寿命
タンパク質
$b_2 = 0.304$

図 15.3　パス図とパス係数

⬅③ 検定統計量のところは

仮説 H_0 : パラメータ β_1 の値は 0 である

仮説 H_0 : パラメータ β_2 の値は 0 である

の検定をしています.

この検定統計量が 1.96 以上だと仮説 H_0 が棄てられます.

仮説 H_0 が棄てられると, パス係数が 0 ではないので,

そこには意味のある関係が存在していることになります.

たとえば, パラメータ β_2 の検定統計量は

$$\frac{0.304}{0.148} = 2.056 \geqq 1.96$$

⬅ $z(0.025) = 1.96$

なので, タンパク質摂取量は平均寿命に影響を与えています.

【標準化したパラメータの出力方法】

ところで，標準化したパス係数を求めたいときには？

まず，ツールバーの をクリックすると次のような画面が現れるので 出力 タブの 標準化推定値(T) をチェック．

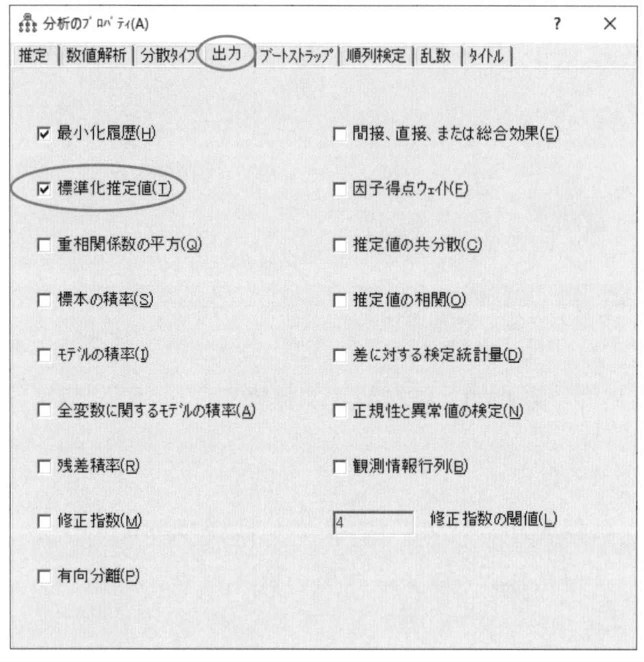

分析のﾌﾟﾛﾊﾟﾃｨ(A)
推定
数値解析
分散ﾀｲﾌﾟ
出力
ﾌﾞｰﾄｽﾄﾗｯﾌﾟ
順列検定
乱数
ﾀｲﾄﾙ
最小化履歴(H)
標準化推定値(T)
重相関係数の平方(Q)
標本の積率(S)
ﾓﾃﾞﾙの積率(I)
全変数に関するﾓﾃﾞﾙの積率(A)
残差積率(R)
修正指数(M)
有向分離(P)
間接、直接、または総合効果(E)
因子得点ｳｪｲﾄ(F)
推定値の共分散(C)
推定値の相関(O)
差に対する検定統計量(D)
正規性と異常値の検定(N)
観測情報行列(B)
4
修正指数の閾値(L)

画面を閉じたら で計算開始！

をクリックすると……

標準化したパス係数が出力されます.

―― 標準化したパラメータの値の出力 ――

標準化係数:(グループ番号 1 – モデル番号

	推定値
平均寿命 <--- 医療費	.627
平均寿命 <--- タンパク質	.387

孫の手

パス解析のポイントは，標準化したパス係数と相関係数との間の関係です.

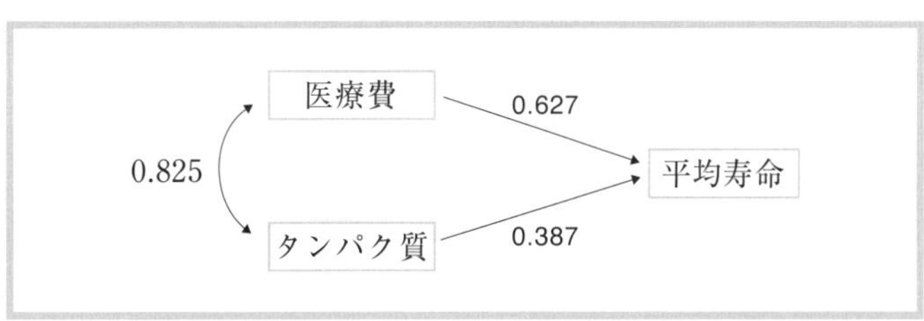

医療費
0.627
0.825
平均寿命
タンパク質
0.387

たとえば，……

平均寿命と医療費の相関係数 0.946 と標準偏回帰係数 0.627 の間には，

次の等号が成り立っています.

$$\underset{\text{相関係数}}{0.946} = \underset{\text{直接効果}}{0.627} + \underbrace{0.387 \times 0.825}_{\text{間接効果}}$$

【GFI や AIC を画面上へ出力する方法】

ツールバーの Title をクリックします.

次に画面のワクのあいているところを，適当にクリック．すると，図のキャプションの画面になるので，ワクの中に，下のように入力します.

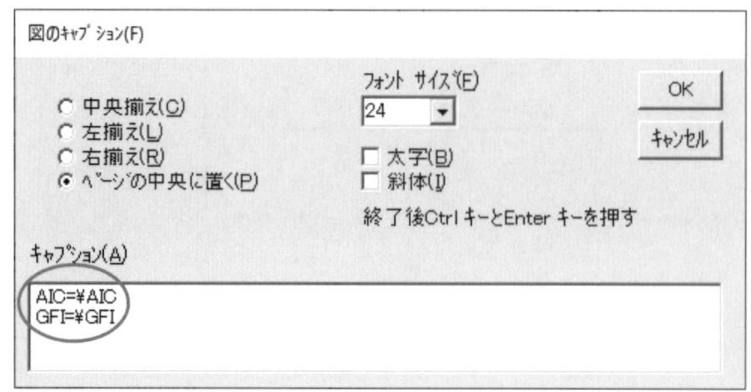
図のｷｬﾌﾟｼｮﾝ(F)
中央揃え(C)
左揃え(L)
右揃え(R)
ﾍﾟｰｼﾞの中央に置く(P)
ﾌｫﾝﾄ ｻｲｽﾞ(F)
24
太字(B)
斜体(I)
OK
ｷｬﾝｾﾙ
終了後Ctrl キーとEnter キーを押す
ｷｬﾌﾟｼｮﾝ(A)
AIC=¥AIC
GFI=¥GFI

あとは OK ボタンを押すと，次の画面が現れます.

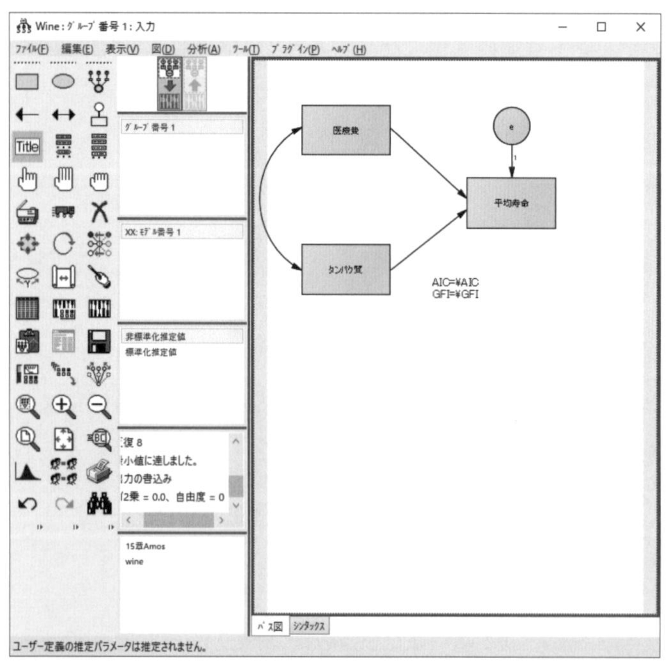
Wine : ｸﾞﾙｰﾌﾟ 番号 1 : 入力
ﾌｧｲﾙ(F) 編集(E) 表示(V) 図(D) 分析(A) ﾂｰﾙ(T) ﾌﾟﾗｸﾞｲﾝ(P) ﾍﾙﾌﾟ(H)
ｸﾞﾙｰﾌﾟ番号 1
XX: ﾓﾃﾞﾙ番号 1
非標準化推定値
標準化推定値
15章Amos
wine
医療費
タンパク質
平均寿命
e
AIC=¥AIC
GFI=¥GFI
ﾊﾟｽ図
ｼﾝﾀｯｸｽ
ユーザー定義の推定パラメータは推定されません。

【パス図の上にパラメータ値を描かせる方法】

とりあえず，一度 をクリックして，計算をしておきます．

画面の左まん中のところが

OK：モデル番号 1

になっていることを確認してから，の右側をクリック．

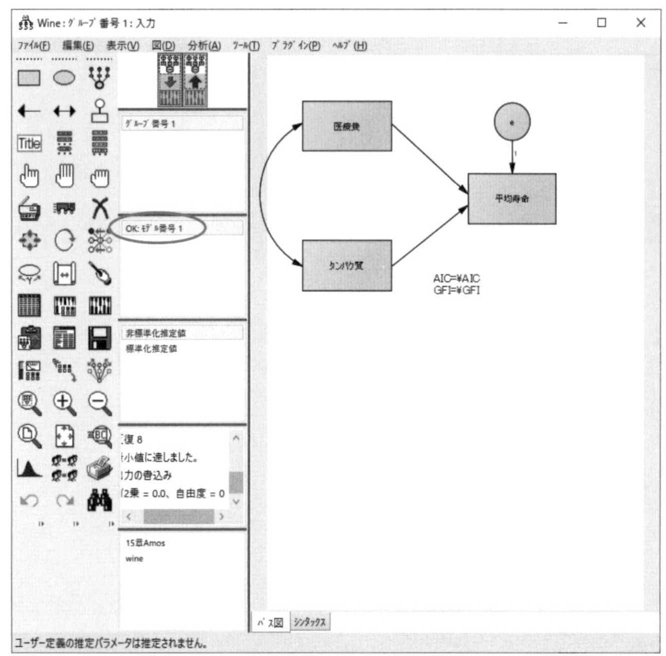
Wine : グループ番号 1 : 入力
ファイル(F) 編集(E) 表示(V) 図(D) 分析(A) ツール(T) プラグイン(P) ヘルプ(H)
Title
グループ番号 1
OK: モデル番号 1
非標準化推定値
標準化推定値
反復 8
最小値に達しました。
出力の書込み
カイ2乗 = 0.0、自由度 = 0
15章Amos
wine
医療費
タンパク質
平均寿命
e
1
AIC=¥AIC
GFI=¥GFI
パス図
シンタックス
ユーザー定義の推定パラメータは推定されません。

すると，画面上に p.260 の図が現れます．

このモデルは
飽和モデルなので
GFI はいつも 1
になります

【標準化していないパラメータの場合】

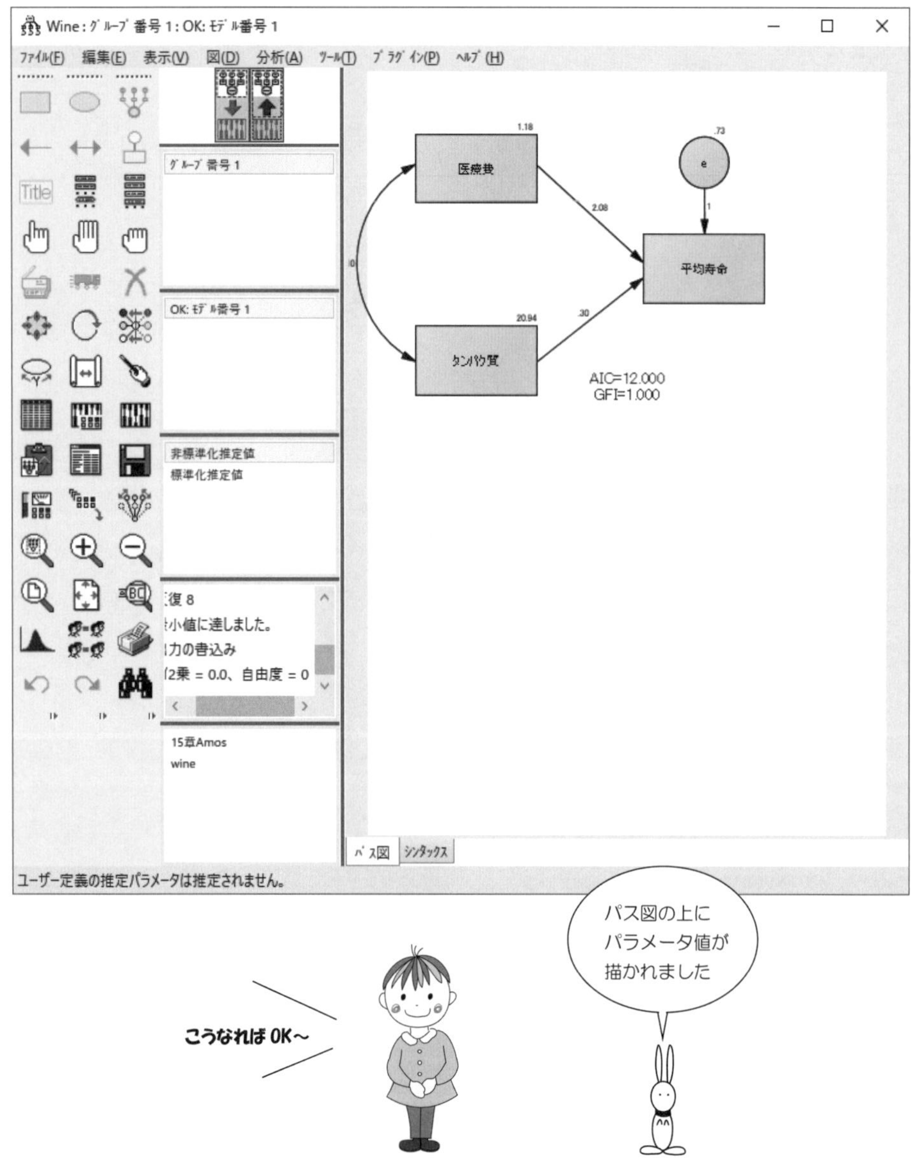
Wine : グループ番号 1 : OK: モデル番号 1
ファイル(F) 編集(E) 表示(V) 図(D) 分析(A) ツール(T) プラグイン(P) ヘルプ(H)
グループ番号 1
OK: モデル番号 1
非標準化推定値
標準化推定値
反復 8
最小値に達しました。
出力の書込み
カイ2乗 = 0.0、自由度 = 0
15章Amos
wine
医療費
タンパク質
平均寿命
e
1.18
20.94
.73
2.08
.30
1
.00
AIC=12.000
GFI=1.000
パス図
シンタックス
ユーザー定義の推定パラメータは推定されません。
パス図の上に
パラメータ値が
描かれました
こうなれば OK～

【標準化したパラメータの場合】

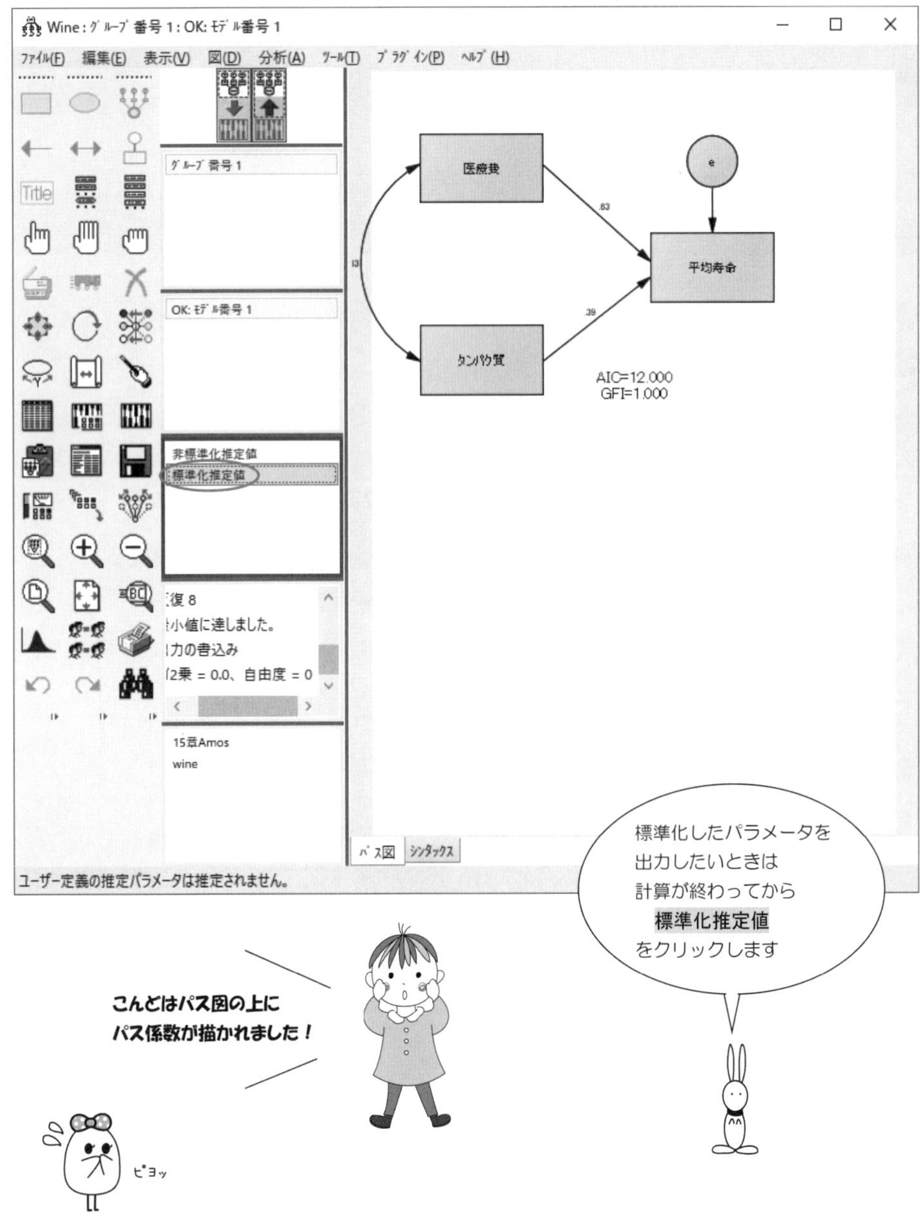
Wine : グループ番号 1 : OK: モデル番号 1
ファイル(F) 編集(E) 表示(V) 図(D) 分析(A) ツール(T) プラグイン(P) ヘルプ(H)
グループ番号 1
OK: モデル番号 1
非標準化推定値
標準化推定値
反復 8
最小値に達しました。
出力の書込み
カイ2乗 = 0.0、自由度 = 0
15章Amos
wine
医療費
タンパク質
平均寿命
e
.63
.39
.13
AIC=12.000
GFI=1.000
パス図
シンタックス
ユーザー定義の推定パラメータは推定されません。
標準化したパラメータを
出力したいときは
計算が終わってから
標準化推定値
をクリックします
こんどはパス図の上に
パス係数が描かれました！
ピヨッ

第16章 共分散構造分析

16.1 はじめに

Amosという統計解析用ソフトを使うと，だれでも驚くほど簡単に，共分散構造分析をすることができます．

データは
HPから

次のデータは，医療に関する意識調査の結果です．

表16.1　生涯生活の質の向上をめざして

No.	ストレス	健康行動	健康習慣	社会支援	健康度	生活環境	医療機関
1	3	0	5	4	3	2	3
2	3	0	1	2	3	2	2
3	3	1	5	8	3	3	3
4	3	2	7	7	3	2	3
5	2	1	5	8	2	2	4
6	7	1	2	2	4	5	2
7	4	1	3	3	3	3	3
8	1	3	6	8	2	3	2
9	5	4	5	6	3	3	3
10	3	1	5	3	3	3	3
11	5	1	4	7	5	3	3
12	6	1	2	7	3	4	3
⋮	⋮	⋮	⋮	⋮	⋮	⋮	⋮
345	6	2	3	8	4	4	4
346	5	1	5	5	2	2	2
347	5	1	4	7	2	2	3

分析したいことは？

◉ ストレス，健康行動，健康習慣，……，生活環境，医療機関といった多くの **要因** の **間** に **潜** む **関係** を探り出す．

【データ入力の型】

表 16.1 のデータは，次のように入力します．

	ストレス	健康行動	健康習慣	社会支援	健康度	生活環境	医療機関	var
1	3	0	5	4	3	2	3	
2	3	0	1	2	3	2	2	
3	3	1	5	8	3	3	3	
4	3	2	7	7	3	2	3	
5	2	1	5	8	2	2	4	
6	7	1	2	2	4	5	2	
7	4	1	3	3	3	3	3	
8	1	3	6	8	2	3	2	
9	5	4	5	6	3	3	3	
10	3	1	5	3	3	3	3	
11	5	1	4	7	5	3	3	
12	6	1	2	7	3	4	3	
⋮	⋮	⋮	⋮	⋮	⋮	⋮	⋮	
343	2	0	0	7	3	3	3	
344	3	0	0	8	3	3	2	
345	6	2	3	8	4	4	4	
346	5	1	5	5	2	2	2	
347	5	1	4	7	2	2	3	
348								

共分散構造分析のことを
“構造方程式モデリング”
といいます

ピヨ
ピヨ

SEM ＝ Structural Equation Modeling

16.2 共分散構造分析のための手順

共分散構造分析は，パス解析と同じように，

"自分でモデルを作る"

ところから始まります．

たとえば，次のように……

これが
パス図だったね

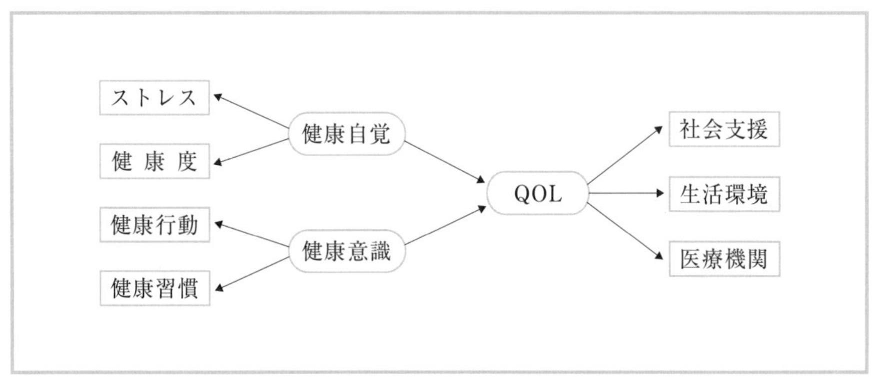
ストレス
健康度
健康行動
健康習慣
健康自覚
健康意識
QOL
社会支援
生活環境
医療機関

図 16.1　モデルは Do it yourself!!

観測変数 ……　データとして，はじめから与えられている変数

潜在変数 ……　はじめから与えられている変数ではないので，
因子分析のように，自分でこの名前を考えよう !!

このパス図が作成できたら，さっそく，Amos をたちあげてみましょう．

ところで，この潜在変数は，次のように名前を付けます．

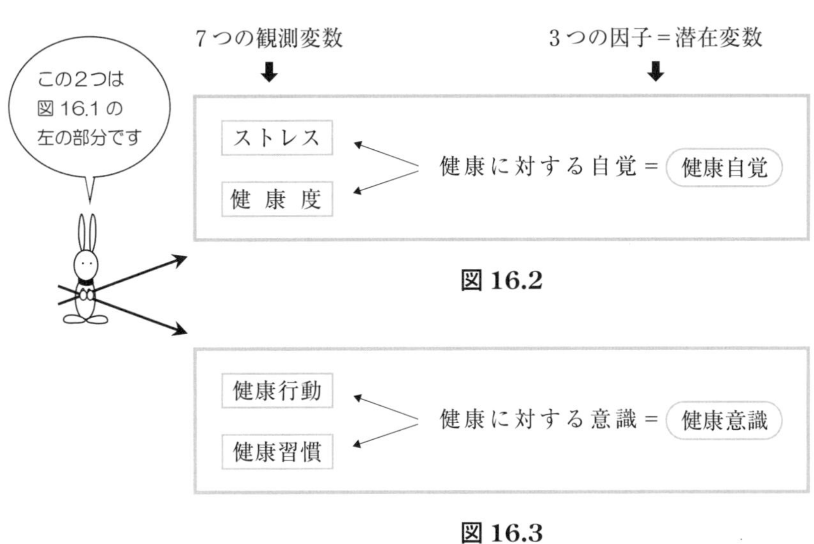
7つの観測変数
3つの因子＝潜在変数
この2つは
図16.1の
左の部分です
ストレス
健康度
健康に対する自覚＝
健康自覚
健康行動
健康習慣
健康に対する意識＝
健康意識

図 16.2

図 16.3

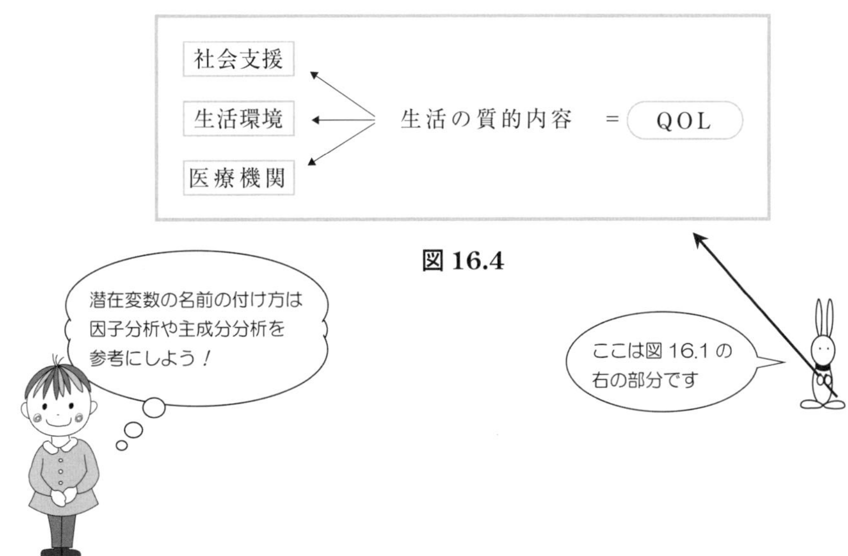
社会支援
生活環境
医療機関
生活の質的内容 ＝
QOL
潜在変数の名前の付け方は
因子分析や主成分分析を
参考にしよう！
ここは図16.1の
右の部分です

図 16.4

【統計処理の手順】

手順 1 データを入力したら，分析(A) ⇨ IBM SPSS Amos を選びます．

この部分の表示方法については
ダウンロードデータ内にある
マニュアルを参照してください

手順 2 はじめに，[長方形アイコン] を使って，観測変数のための長方形７個を次のように配置します．このとき，コピー [コピーアイコン] を利用すると，残りの６個を簡単に配置できます． ☞ p.246

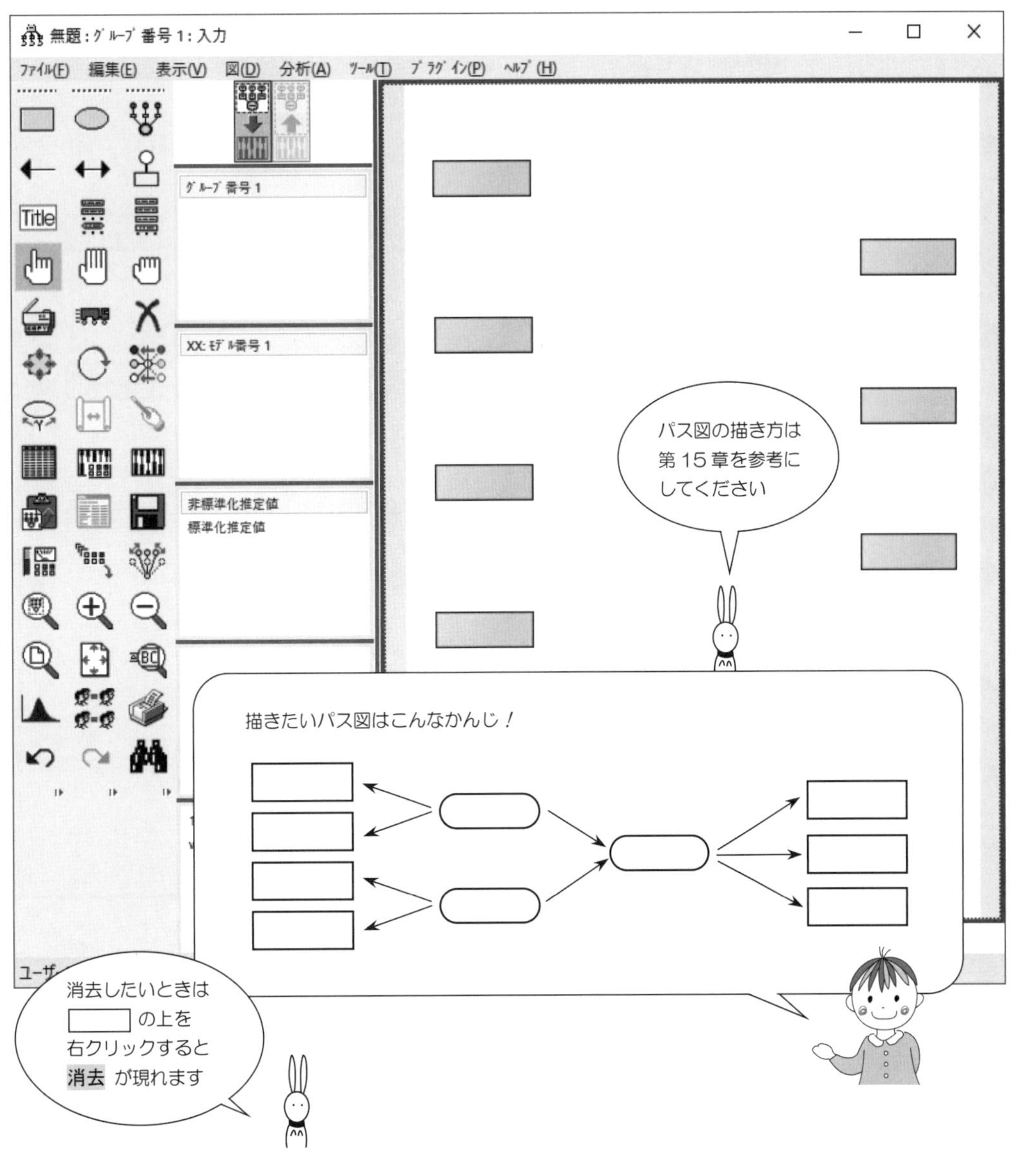
無題：グループ番号 1：入力
ファイル(F) 編集(E) 表示(V) 図(D) 分析(A) ツール(T) プラグイン(P) ヘルプ(H)
Title
グループ番号 1
XX: モデル番号 1
非標準化推定値
標準化推定値
パス図の描き方は第 15 章を参考にしてください
描きたいパス図はこんなかんじ！
消去したいときは の上を右クリックすると 消去 が現れます

手順 3 次に，（楕円アイコン）を使って，潜在変数のための楕円を 3 個，
次のように配置します．

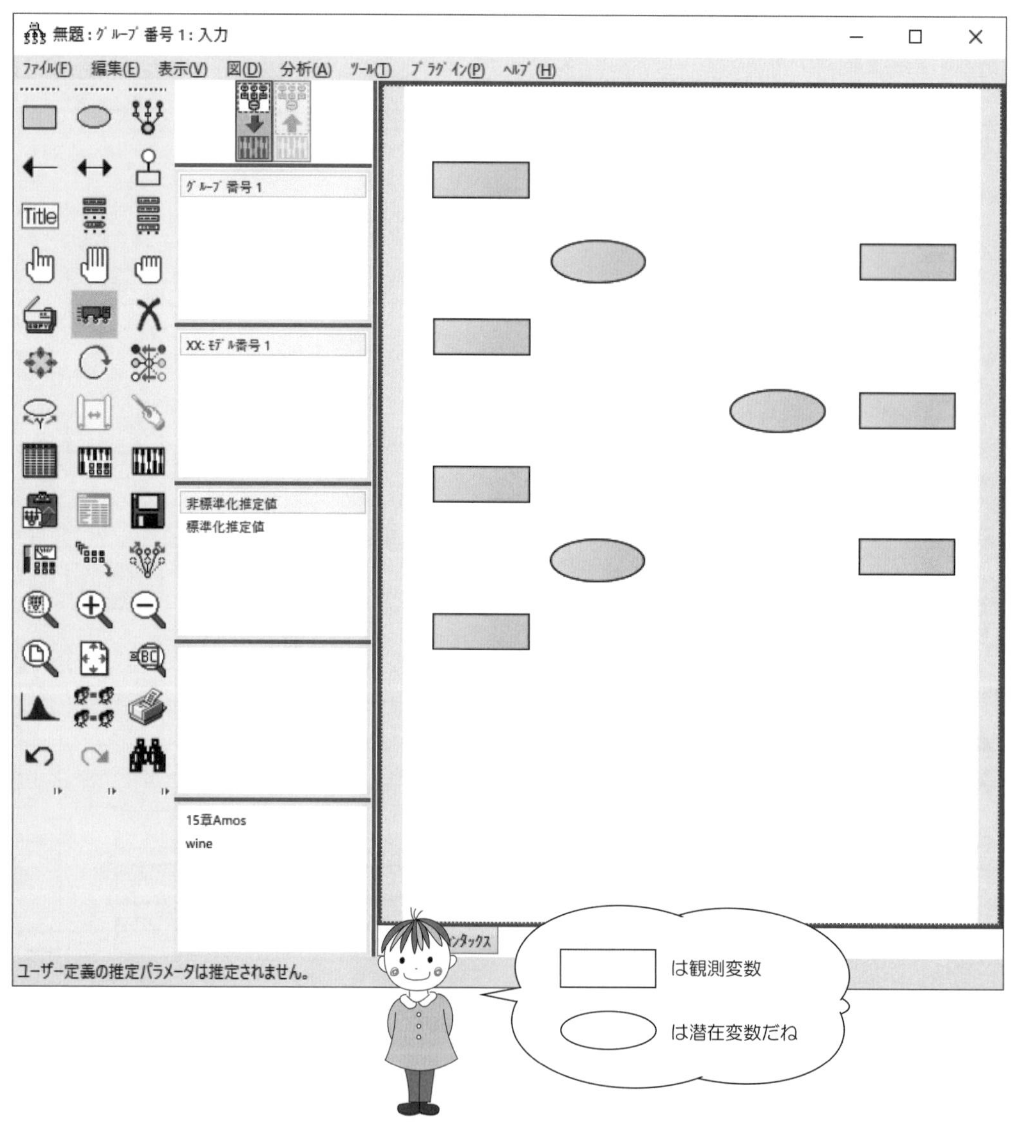
無題：グループ番号 1：入力
ファイル(F) 編集(E) 表示(V) 図(D) 分析(A) ツール(T) プラグイン(P) ヘルプ(H)
Title
グループ番号 1
XX: モデル番号 1
非標準化推定値
標準化推定値
15章Amos
wine
ユーザー定義の推定パラメータは推定されません。
は観測変数
は潜在変数だね

手順 4 p.264 の図 16.1 のパス図を見ながら，矢印を入れます．

まず，一方向の矢印 ⟵ を使います．

矢印の方向をまちがえないようにしましょう！ ☞ p.248

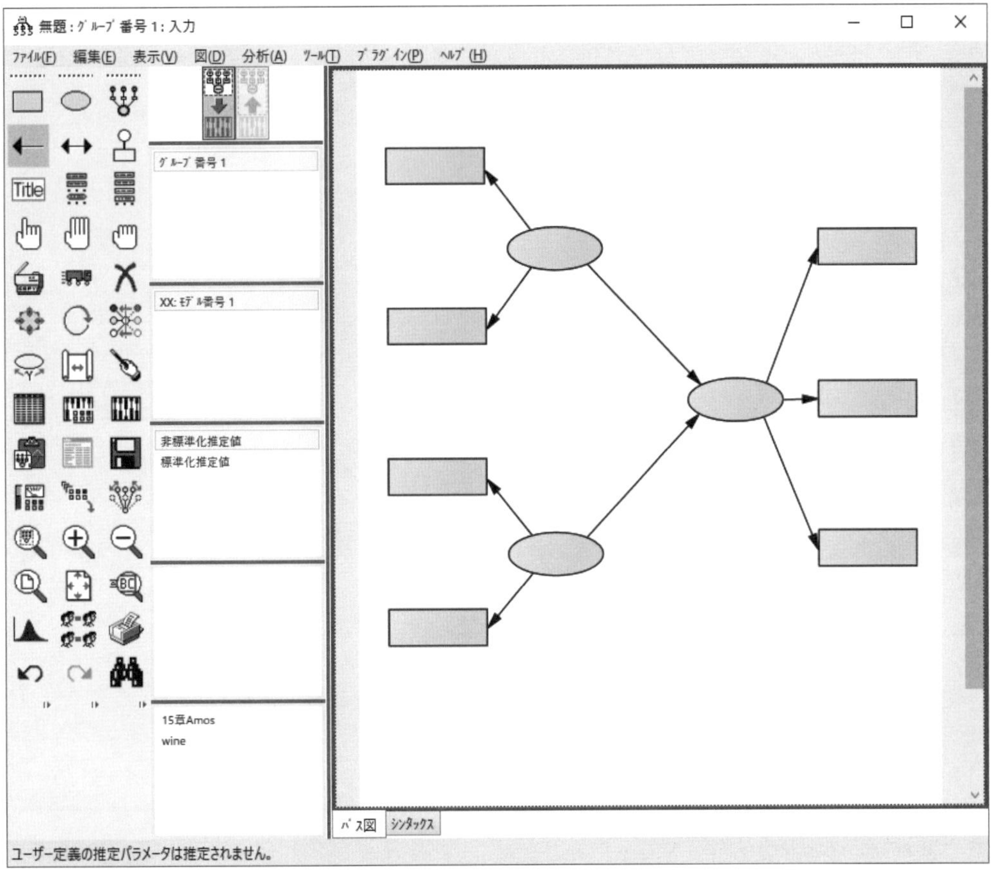

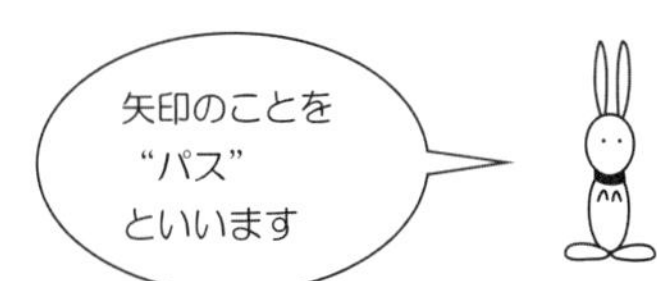
矢印のことを
“パス”
といいます

手順 5 次に，共分散のための双方向の矢印を入れます．

⟷ を使って，上の楕円から下の楕円へマウスを引っぱると，

下の図のようになります．

☞ p.250

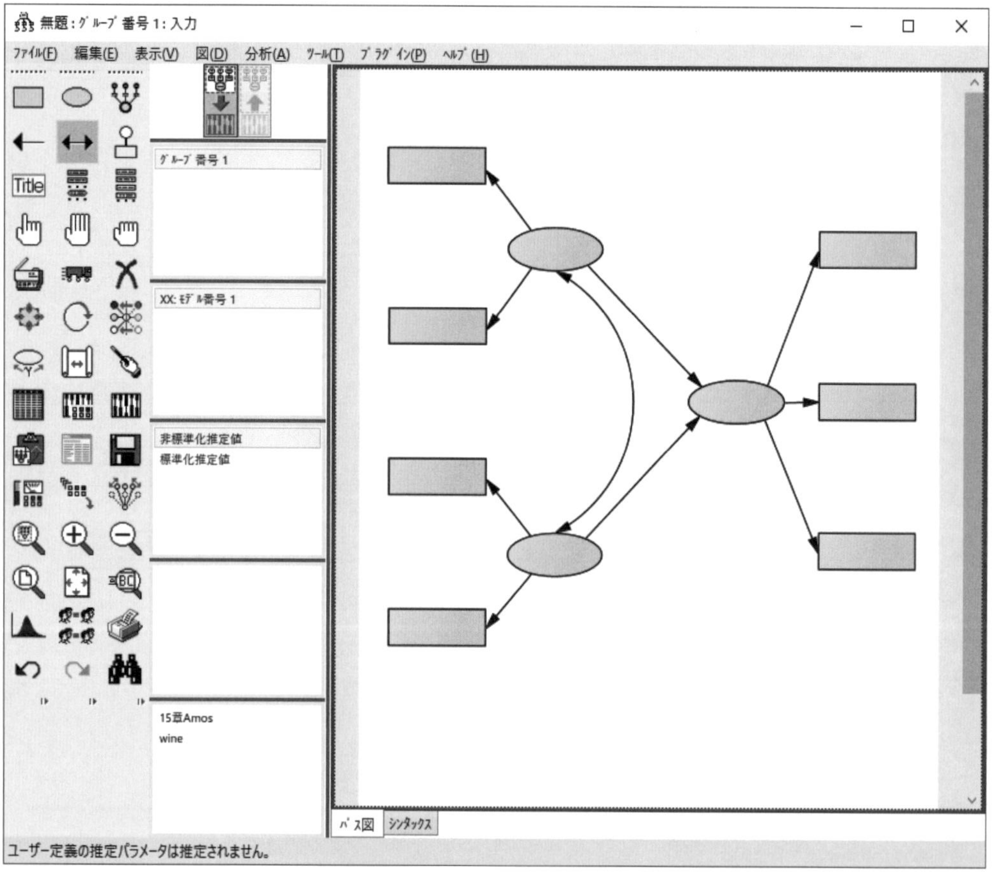

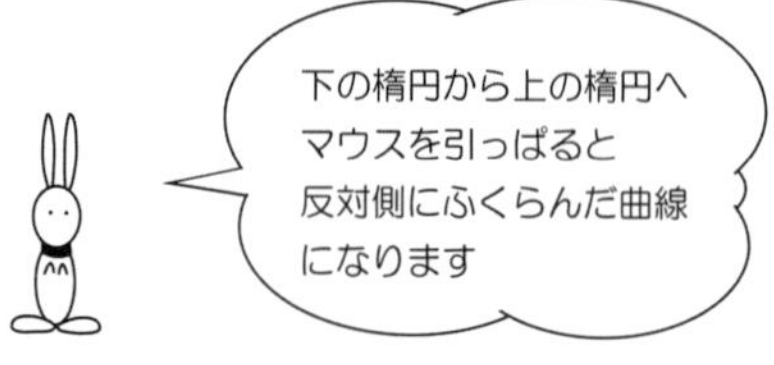
下の楕円から上の楕円へ
マウスを引っぱると
反対側にふくらんだ曲線
になります

手順 6 誤差変数も必要なので，をクリックして，次のようにします．

☞ p.250, p.251

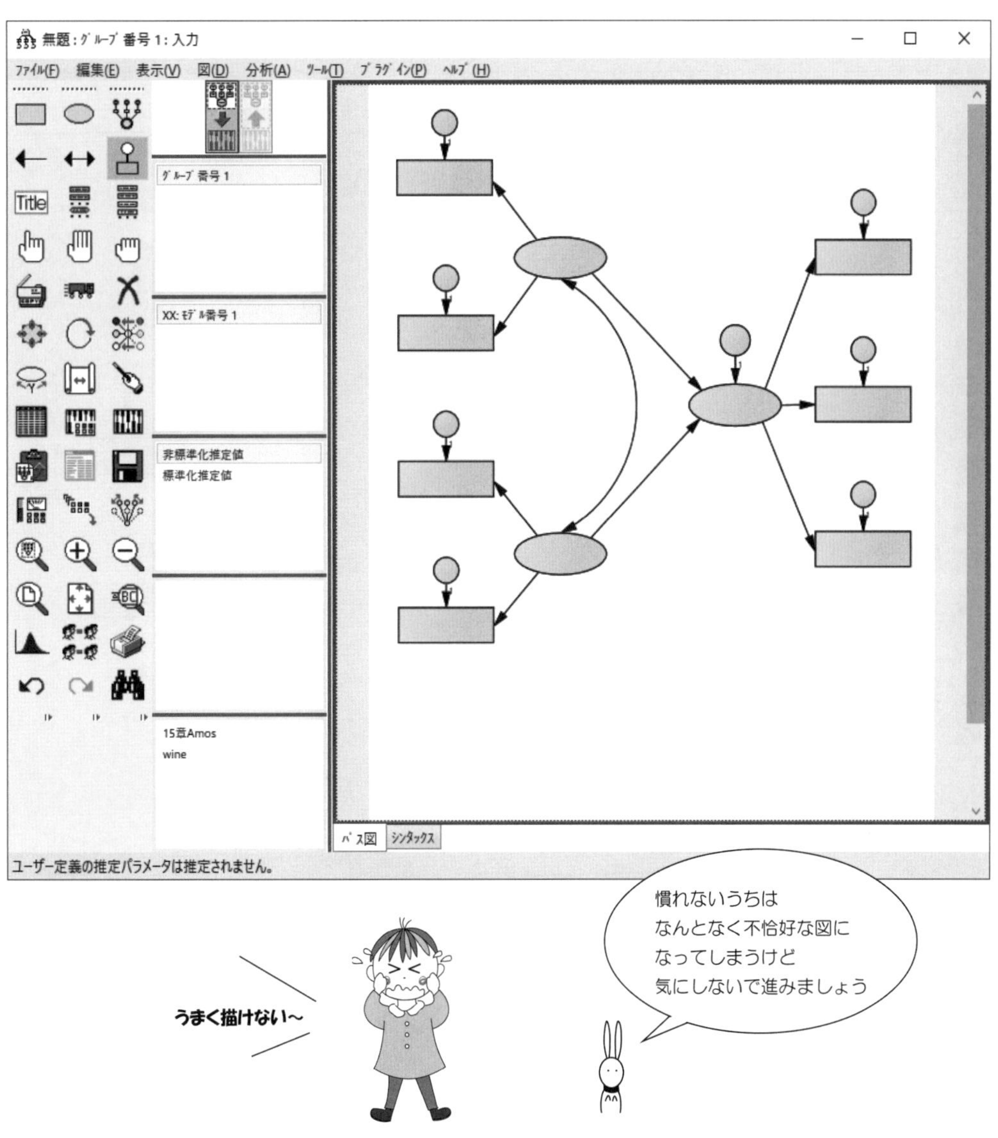
無題：ｸﾞﾙｰﾌﾟ番号 1：入力
ﾌｧｲﾙ(F) 編集(E) 表示(V) 図(D) 分析(A) ﾂｰﾙ(T) ﾌﾟﾗｸﾞｲﾝ(P) ﾍﾙﾌﾟ(H)
Title
ｸﾞﾙｰﾌﾟ番号 1
XX: ﾓﾃﾞﾙ番号 1
非標準化推定値
標準化推定値
15章Amos
wine
ﾊﾟｽ図
ｼﾝﾀｯｸｽ
ユーザー定義の推定パラメータは推定されません。
うまく描けない～
慣れないうちは
なんとなく不恰好な図に
なってしまうけど
気にしないで進みましょう

手順 7 観測変数の長方形 ☐ の中に，変数名を入れます．

（アイコン）をクリックすると，変数名が現れるので，それぞれの変数名をクリックしたまま ☐ の中まで，ドラッグします． ☞ p.247, p.248

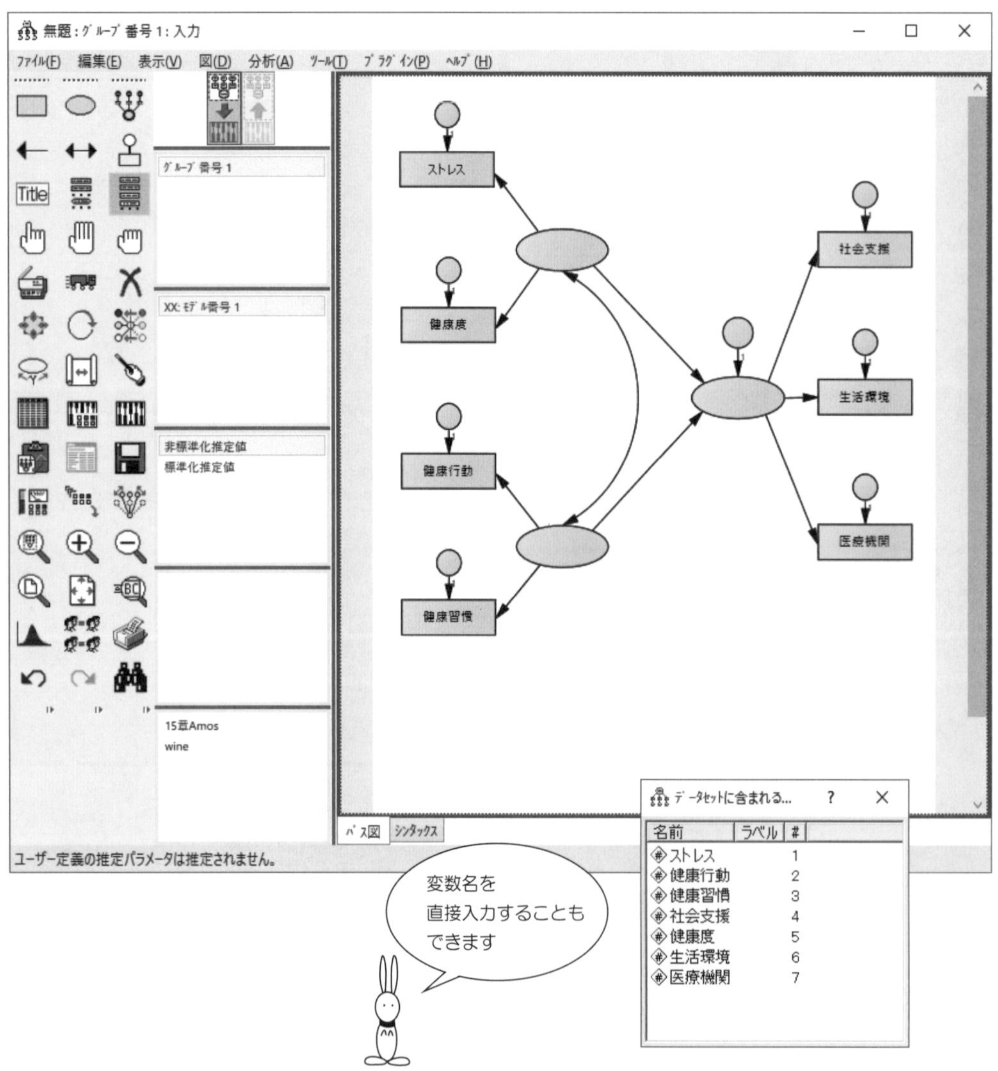
無題：グループ番号 1：入力
ファイル(F) 編集(E) 表示(V) 図(D) 分析(A) ツール(T) プラグイン(P) ヘルプ(H)
グループ番号 1
XX: モデル番号 1
非標準化推定値
標準化推定値
15章Amos
wine
ストレス
健康度
健康行動
健康習慣
社会支援
生活環境
医療機関
パス図
シンタックス
ユーザー定義の推定パラメータは推定されません。
データセットに含まれる...
名前 ラベル #
ストレス 1
健康行動 2
健康習慣 3
社会支援 4
健康度 5
生活環境 6
医療機関 7
変数名を直接入力することもできます

手順 8 潜在変数の楕円　に，変数名を入れます．

　の上をダブルクリックすると，オブジェクトのプロパティが現れるので，変数名を入力します．

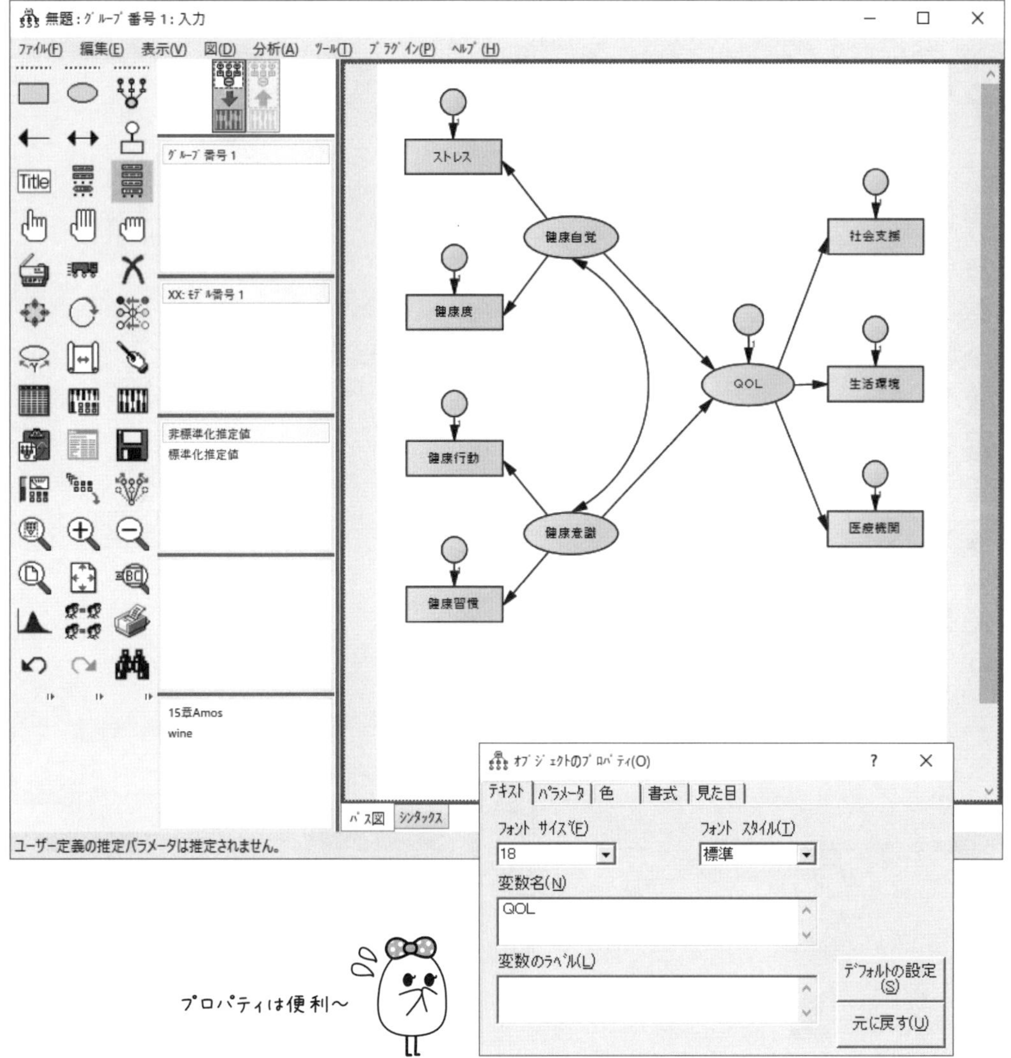

無題：グループ番号 1：入力
ファイル(F)　編集(E)　表示(V)　図(D)　分析(A)　ツール(T)　プラグイン(P)　ヘルプ(H)
グループ番号 1
XX: モデル番号 1
非標準化推定値
標準化推定値
15章Amos
wine
ストレス
健康自覚
健康度
健康行動
健康意識
健康習慣
QOL
社会支援
生活環境
医療機関
パス図　シンタックス
ユーザー定義の推定パラメータは推定されません。
オブジェクトのプロパティ(O)
テキスト　パラメータ　色　書式　見た目
フォント サイズ(F)
18
フォント スタイル(T)
標準
変数名(N)
QOL
変数のラベル(L)
デフォルトの設定(S)
元に戻す(U)
プロパティは便利〜

手順 9 誤差変数の◯の中に，変数を入れます．◯の上をダブルクリック．

オブジェクトのプロパティが現れたら，変数名を入れます．

誤差なので，変数名は次のように，e1, e2, …, e8 とします．

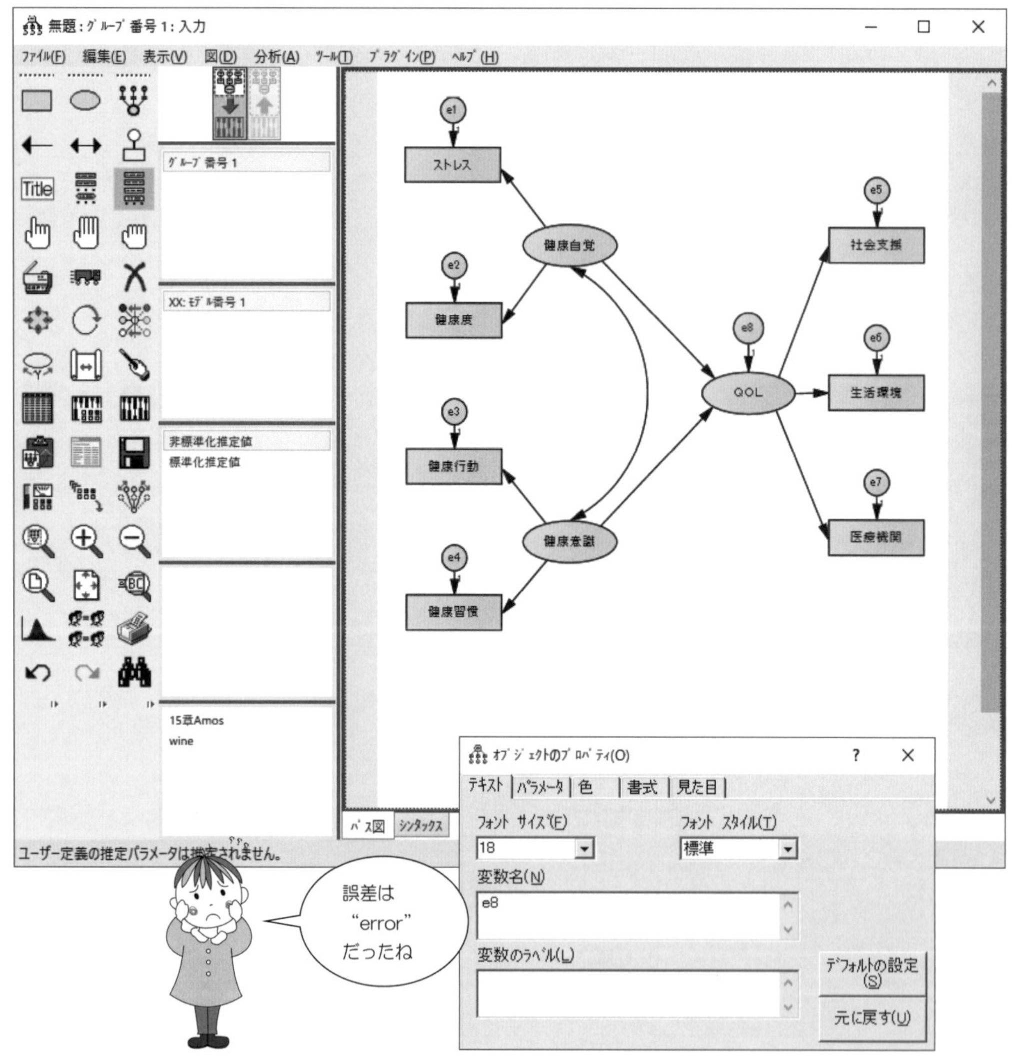

無題：グループ番号 1：入力
ファイル(F) 編集(E) 表示(V) 図(D) 分析(A) ツール(T) プラグイン(P) ヘルプ(H)
グループ番号 1
XX: モデル番号 1
非標準化推定値
標準化推定値
15章Amos
wine
e1
ストレス
e2
健康度
e3
健康行動
e4
健康習慣
健康自覚
健康意識
e8
QOL
e5
社会支援
e6
生活環境
e7
医療機関
パス図
シンタックス
ユーザー定義の推定パラメータは推定されません。
オブジェクトのプロパティ(O)
テキスト
パラメータ
色
書式
見た目
フォント サイズ(F)
18
フォント スタイル(T)
標準
変数名(N)
e8
変数のラベル(L)
デフォルトの設定(S)
元に戻す(U)
誤差は
“error”
だったね

手順 10 健康自覚→ストレス，健康意識→健康行動，QOL→社会支援の矢印の上に，それぞれ 1 を入れると完成 !! たとえば，QOL と社会支援の矢印の上をダブルクリック．オブジェクトのプロパティが現れたら，係数のところへ 1 と入力します．

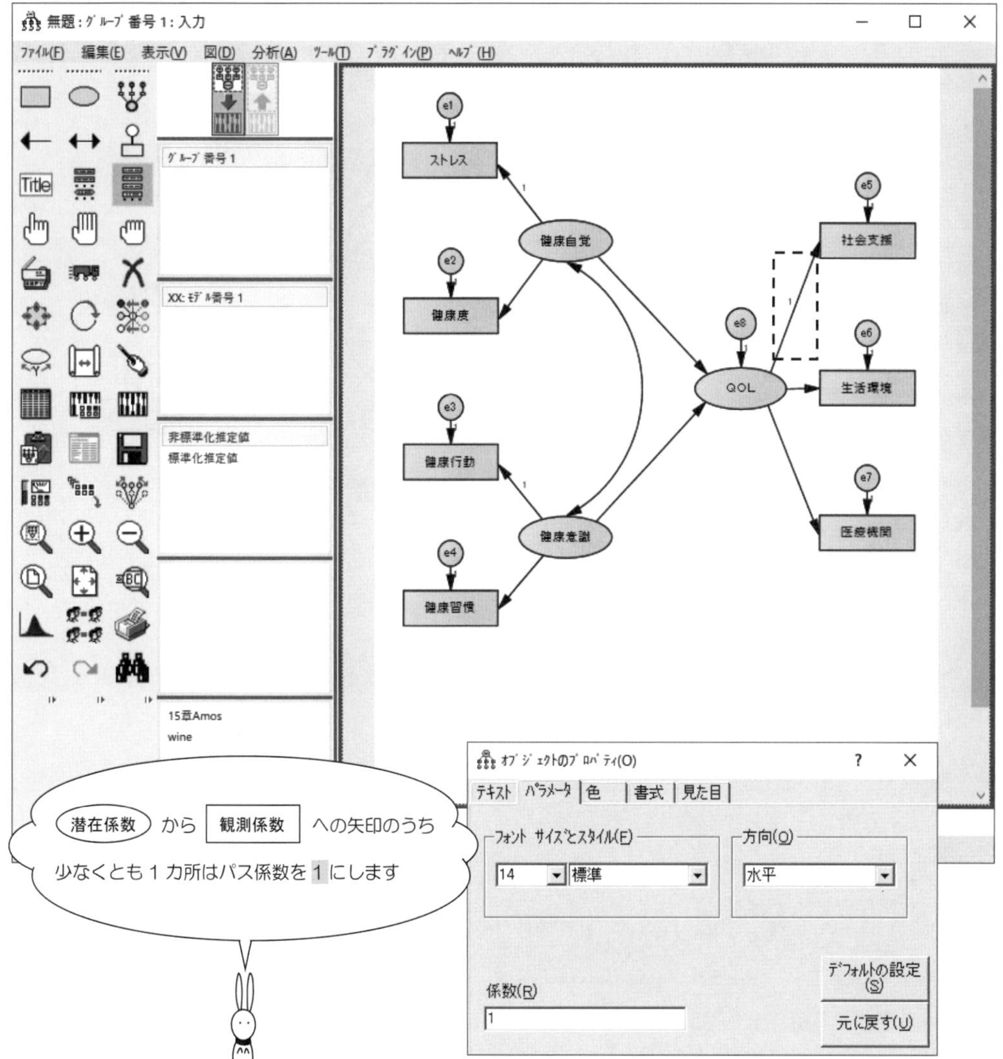

無題：グループ番号 1：入力
ファイル(F) 編集(E) 表示(V) 図(D) 分析(A) ツール(T) プラグイン(P) ヘルプ(H)
グループ番号 1
XX：モデル番号 1
非標準化推定値
標準化推定値
15章Amos
wine
e1
ストレス
健康自覚
e2
健康度
e3
健康行動
健康意識
e4
健康習慣
e8
QOL
e5
社会支援
e6
生活環境
e7
医療機関
オブジェクトのプロパティ(O)
テキスト パラメータ 色 書式 見た目
フォント サイズとスタイル(F)
14 標準
方向(O)
水平
係数(R)
1
デフォルトの設定(S)
元に戻す(U)
潜在係数 から 観測係数 への矢印のうち
少なくとも 1 カ所はパス係数を 1 にします

手順 11 をクリックすると保存画面になるので，名前を付けて保存しておきます．

ファイルの保存が終わると，計算が始まります．

OK：モデル番号 1 となると，計算が正常に終了したことになります．

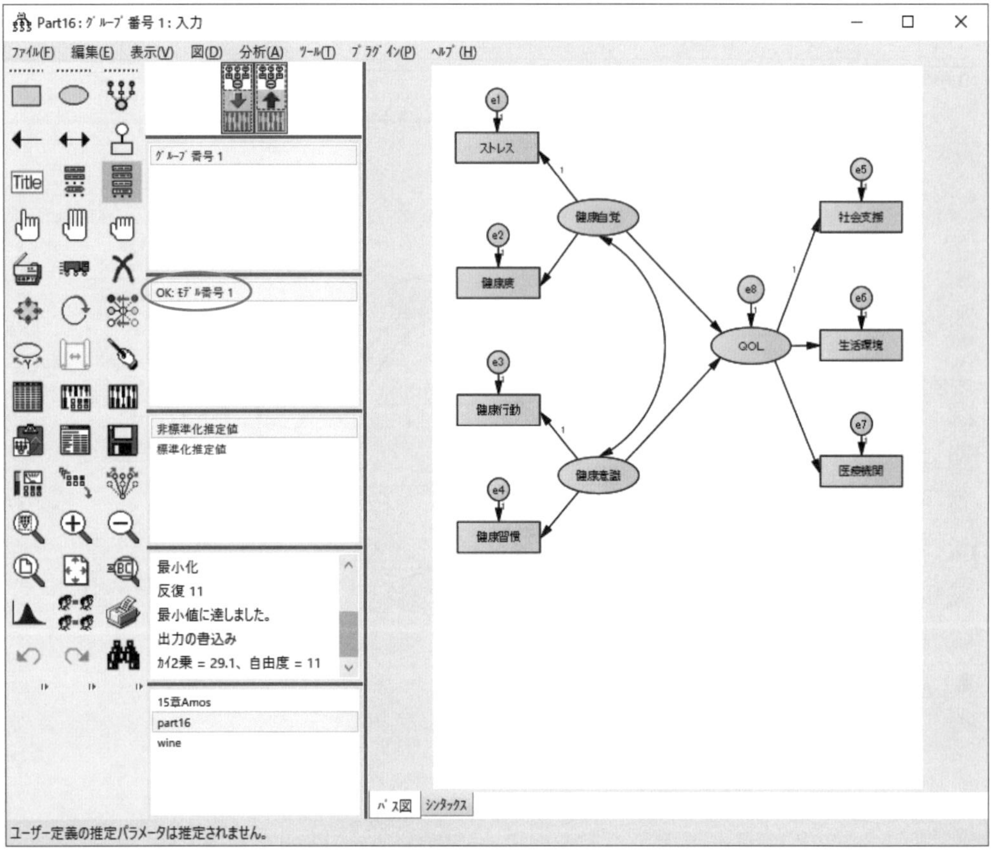

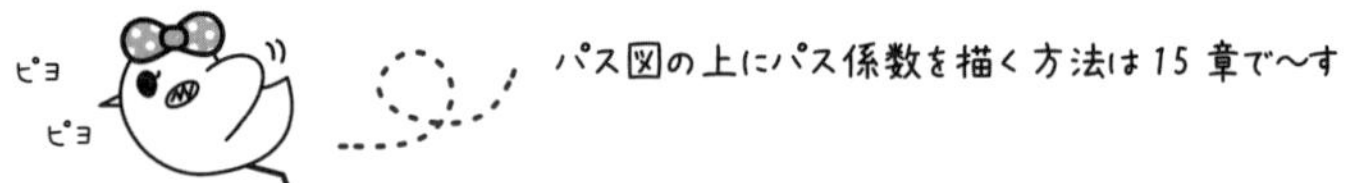
ピョ
ピョ
パス図の上にパス係数を描く方法は15章で〜す

手順⑫ をクリックすると，次のような画面になるので，
推定値をクリックします．

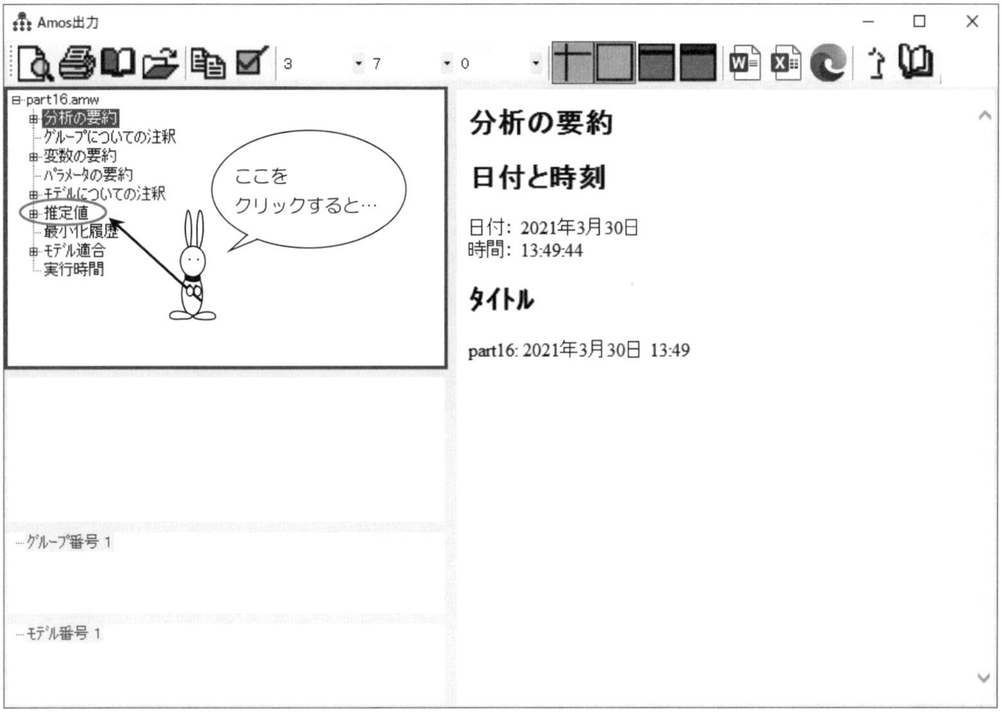

Amos出力

part16.amw
分析の要約
グループについての注釈
変数の要約
パラメータの要約
モデルについての注釈
推定値
最小化履歴
モデル適合
実行時間

ここを
クリックすると…

グループ番号 1

モデル番号 1

分析の要約

日付と時刻

日付：2021年3月30日
時間：13:49:44

タイトル

part16: 2021年3月30日 13:49

推定値やモデル適合を
クリックしてみると……
出力結果を
見ることができます

【Amos による出力・その 1】 ——共分散構造分析——

最尤(ML)推定値 ← ①

係数:(グループ番号 1 - モデル番号 1)

			推定値	標準誤差	検定統計量	確率	ラベル
QOL	<---	健康自覚	-.336	.133	-2.533	.011	
QOL	<---	健康意識	.879	.446	1.973	.049	
ストレス	<---	健康自覚	1.000				
健康度	<---	健康自覚	.453	.091	4.958	***	
社会支援	<---	QOL	1.000				
医療機関	<---	QOL	-.197	.076	-2.598	.009	
健康行動	<---	健康意識	1.000				
健康習慣	<---	健康意識	2.839	1.042	2.724	.006	
生活環境	<---	QOL	-.409	.113	-3.623	***	

← ②

標準化係数:(グループ番号 1 - モデル番号 1)

			推定値
QOL	<---	健康自覚	-.587
QOL	<---	健康意識	.533
ストレス	<---	健康自覚	.667
健康度	<---	健康自覚	.617
社会支援	<---	QOL	.336
医療機関	<---	QOL	-.210
健康行動	<---	健康意識	.334
健康習慣	<---	健康意識	.582
生活環境	<---	QOL	-.362

← ③

標準化係数の
出力のしかたは
p.256 を参考に
してください

共分散:(グループ番号 1 - モデル番号 1)

			推定値	標準誤差	検定統計量	確率	ラベル
健康自覚	<-->	健康意識	-.201	.080	-2.511	.012	

相関係数:(グループ番号 1 - モデル番号 1)

			推定値
健康自覚	<-->	健康意識	-.455

【出力結果の読み取り方・その1】

⬅① 最尤法でパラメータを求めています.

⬅② パス係数の推定値,標準誤差,検定統計量.

$$\text{検定統計量} = \frac{\text{推定値}}{\text{標準誤差}}$$

検定統計量の値が1.96より大きいときは,そのパス係数は意味があります.

たとえば

$$|-2.533| = \left|\frac{-0.336}{0.133}\right| \geqq 1.96 = z\,(0.025)$$

有意確率≦0.05
と同じ意味です

なので,次の仮説

仮説 H_0:QOL と 健康自覚 のパス係数は 0 である

は棄却されます.よって,このパス係数は 0 ではないことがわかります.

⬅③ 標準化されたパス係数.この値の絶対値の大小や,

プラス・マイナスを見ながら,因果関係を読み取ります.

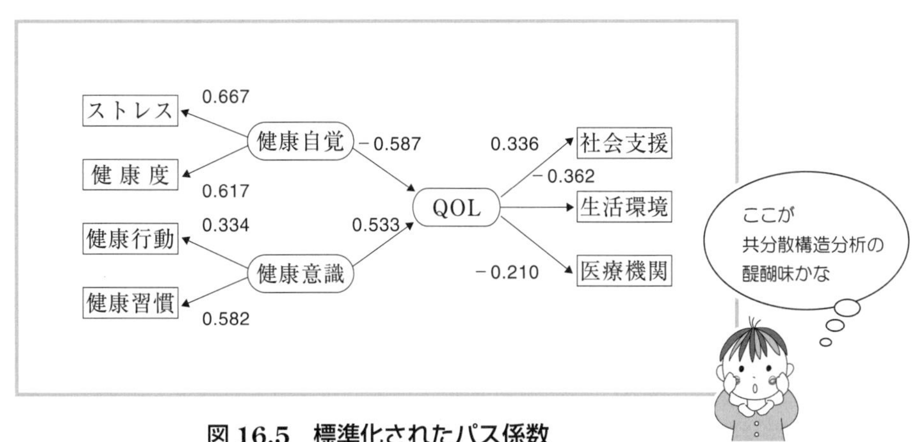
ストレス
健康度
健康行動
健康習慣
健康自覚
健康意識
QOL
社会支援
生活環境
医療機関
0.667
0.617
0.334
0.582
−0.587
0.533
0.336
−0.362
−0.210
ここが
共分散構造分析の
醍醐味かな

図 16.5 標準化されたパス係数

【Amos による出力・その 2】 ——共分散構造分析——

モデル適合の要約

CMIN

モデル	NPAR	CMIN	自由度	確率	CMIN/DF
モデル番号 1	17	29.099	11	.002	2.645
飽和モデル	28	.000	0		
独立モデル	7	181.075	21	.000	8.623

④

RMR, GFI

モデル	RMR	GFI	AGFI	PGFI
モデル番号 1	.056	.977	.941	.384
飽和モデル	.000	1.000		
独立モデル	.277	.849	.799	.637

← ⑤

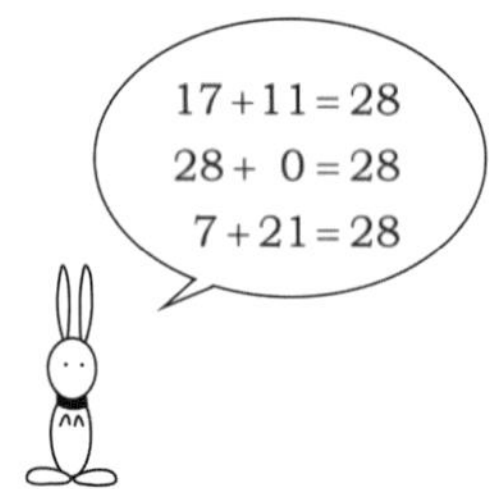
17＋11＝28
28＋ 0＝28
7＋21＝28

DF：degree of freedom
＝ 自由度
parsimony
＝ けち，節約

けち
けち

【出力結果の読み取り方・その 2】

⬅④ 飽和モデルとは perfect fitting モデルのこと．

これは“良いモデル”の意味ではなく，

推定パラメータの個数を最も多くしたときのモデルのこと．

独立モデルとは terrible fitting モデルのことで，推定パラメータの個数を

最も少なくしてみたときのモデルのこと．

つまり，飽和モデルや独立モデルは，その中間に入るモデル番号 1 と

比較するために用意された極端なモデルのことです．

CMIN は不一致の値のこと．飽和モデルは完全に一致しているので

CMIN は 0.000 になります．

CMIN/DF

$$2.645 = \frac{29.099}{11} \qquad 8.623 = \frac{181.075}{21}$$

⬅⑤ RMR＝root mean square residual. RMR が 0 に近いほど，

そのモデルのあてはまりは良いことになります．

GFI＝goodness-of-fit index＝適合度指数．GFI が 1 に近いほど，

そのモデルのあてはまりは良いことになります．

AGFI＝adjusted goodness-of-fit index＝調整済み適合度指数．

$$0.941 = 1 - (1 - 0.977) \times \frac{28}{11}$$

PGFI＝parsimony goodness-of-fit index.

$$0.384 = 0.977 \times \frac{11}{28}$$

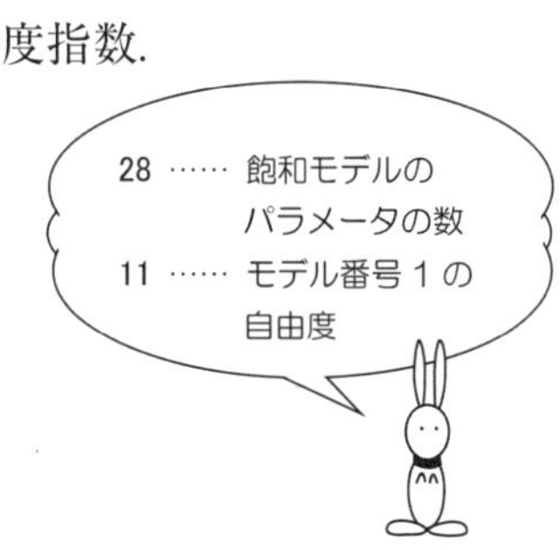
28 …… 飽和モデルの
パラメータの数
11 …… モデル番号 1 の
自由度

【Amos による出力・その 3】 ——共分散構造分析——

基準比較

モデル	NFI Delta1	RFI rho1	IFI Delta2	TLI rho2	CFI
モデル番号 1	.839	.693	.894	.784	.887
飽和モデル	1.000		1.000		1.000
独立モデル	.000	.000	.000	.000	.000

← ⑥

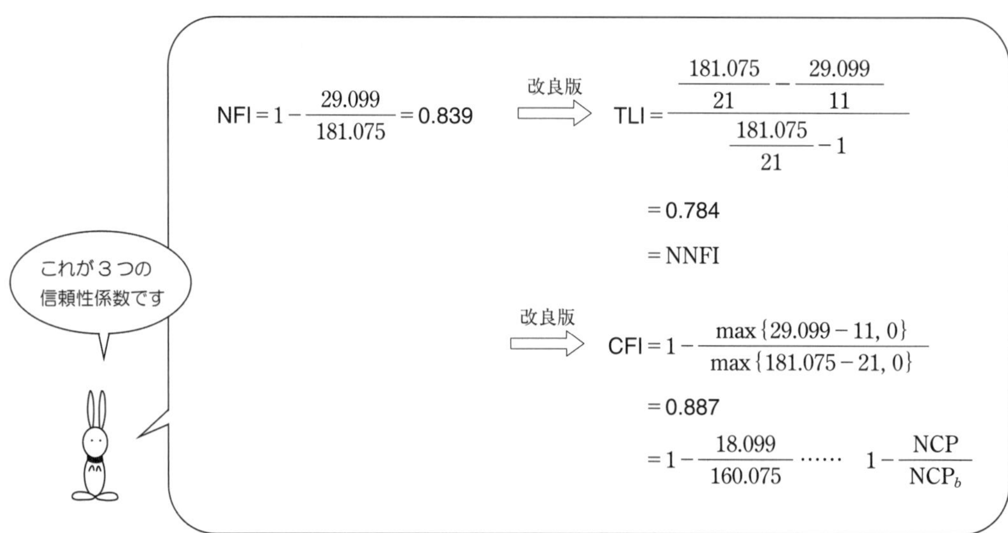

これが３つの
信頼性係数です
NFI = 1 − 29.099 / 181.075 = 0.839
改良版
TLI = (181.075/21 − 29.099/11) / (181.075/21 − 1)
= 0.784
= NNFI
改良版
CFI = 1 − max{29.099 − 11, 0} / max{181.075 − 21, 0}
= 0.887
= 1 − 18.099 / 160.075 …… 1 − NCP / NCPb

【出力結果の読み取り方・その3】

⬅⑥　NFI = normed fit index.

　飽和モデルのあてはまりの良さを 100%,

独立モデルのあてはまりの良さを 0%としたとき,

モデル番号 1 のあてはまりの良さが 83.9%という意味です.

$$0.839 = \frac{181.075 - 29.099}{181.075}$$

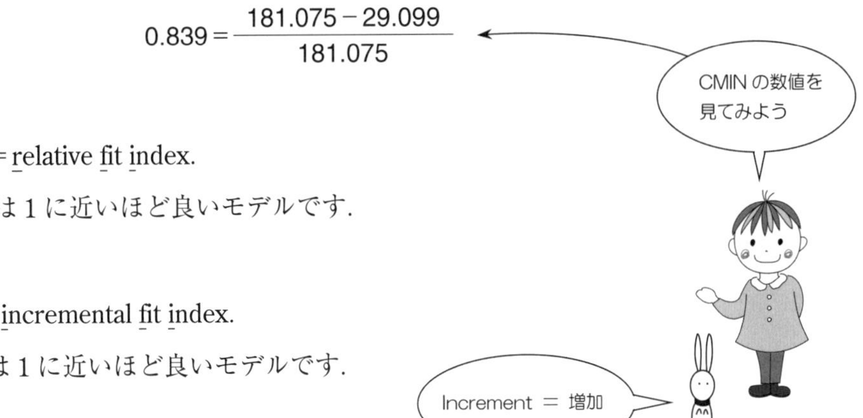
CMINの数値を
見てみよう
Increment ＝ 増加

RFI = relative fit index.

RFI は 1 に近いほど良いモデルです.

IFI = incremental fit index.

IFI は 1 に近いほど良いモデルです.

TLI = Tucker-Lewis index = non-normed fit index = NNFI.

TLI が 1 に近いほど良いモデルです.

モデルの信頼性係数のことです.

CFI = comparative fit index.

CFI は 1 に近いほど良いモデルです.

【Amos による出力・その 4】 ――共分散構造分析――

倹約性修正済み測度

モデル	PRATIO	PNFI	PCFI
モデル番号 1	.524	.440	.465
飽和モデル	.000	.000	.000
独立モデル	1.000	.000	.000

⑦

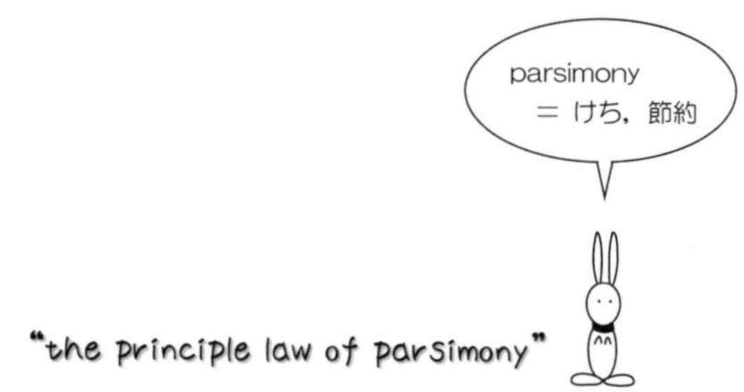
parsimony
= けち，節約
"the principle law of parsimony"

けち
けち
自然の世界にムダはなし～

【出力結果の読み取り方・その 4】

⬅⑦　PRATIO = parsimony ratio.

PRATIO は PNFI や PCFI の計算のときに使われます.

$$0.524 = \frac{11}{21}$$

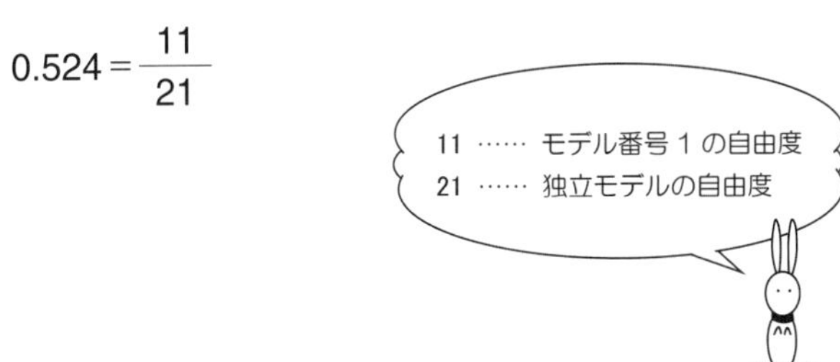
11 …… モデル番号 1 の自由度
21 …… 独立モデルの自由度

PNFI = parsimony NFI.

$$\text{PNFI} = \text{NFI} \times \text{PRATIO}$$

$$0.440 = 0.839 \times 0.524$$

PCFI = parsimony CFI.

$$\text{PCFI} = \text{CFI} \times \text{PRATIO}$$

$$0.465 = 0.887 \times 0.524$$

【Amos による出力・その 5】 ——共分散構造分析——

NCP

モデル	NCP	LO 90	HI 90
モデル番号 1	18.099	5.793	38.054
飽和モデル	.000	.000	.000
独立モデル	160.075	120.786	206.840

← ⑧

FMIN

モデル	FMIN	F0	LO 90	HI 90
モデル番号 1	.084	.052	.017	.110
飽和モデル	.000	.000	.000	.000
独立モデル	.523	.463	.349	.598

← ⑨

RMSEA

モデル	RMSEA	LO 90	HI 90	PCLOSE
モデル番号 1	.069	.039	.100	.136
独立モデル	.148	.129	.169	.000

← ⑩

この RMSEA は
モデルの適合度を見るときに
論文でよく利用されています

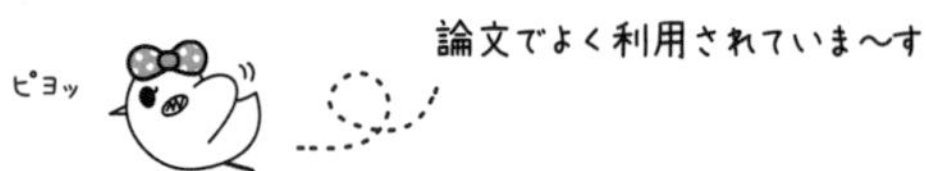
ピヨッ
論文でよく利用されていま〜す

【出力結果の読み取り方・その5】

⬅⑧　NCP = noncentrality parameter = 非心度パラメータ．

$$18.099 = 29.099 - 11$$

$$0.000 = 0.000 - 0$$

$$160.075 = 181.075 - 21$$

LO 90 = lower limit of 90% 信頼区間．

HI 90　= upper limit of 90% 信頼区間．

⬅⑨　FMIN = minimum of the discrepancy F.

$$\mathrm{F0} = \frac{\mathrm{NCP}}{n}$$

$$0.052 = \frac{18.099}{347 - 1}$$

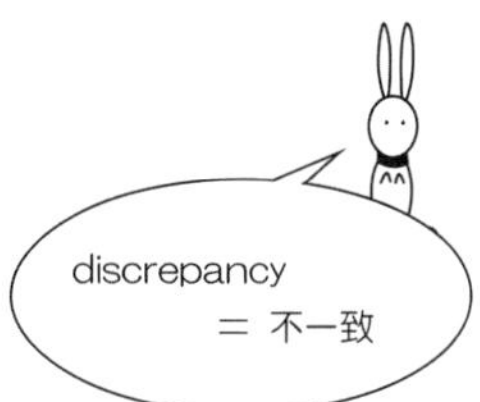
discrepancy
＝ 不一致

⬅⑩　RMSEA = root mean square error of approximation.

RMSEA が 0.05 より小さいとき，そのモデルは良くあてはまっています．

“RMSEA が 0.1 より大きいときは，そのモデルを採用しない方がよい”
と考えられています．

RMSEA = 0.069 なので，モデル番号 1 のあてはまりは悪くありません．

PCLOSE は，次の仮説

$$仮説\ \mathrm{H}_0：\mathrm{RMSEA} \leqq 0.05$$

の有意確率（$=p$ 値）です．

モデル番号 1 の PCLOSE は

$$有意確率\ 0.136 > 有意水準\ \alpha = 0.05$$

なので，仮説 H_0 は棄てられません．

【Amos による出力・その 6】 ——共分散構造分析——

AIC

モデル	AIC	BCC	BIC	CAIC
モデル番号 1	63.099	63.904	128.538	145.538
飽和モデル	56.000	57.325	163.781	191.781
独立モデル	195.075	195.407	222.020	229.020

⑪

ECVI

モデル	ECVI	LO 90	HI 90	MECVI
モデル番号 1	.182	.147	.240	.185
飽和モデル	.162	.162	.162	.166
独立モデル	.564	.450	.699	.565

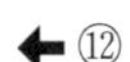
⑫

HOELTER

モデル	HOELTER .05	HOELTER .01
モデル番号 1	234	294
独立モデル	63	75

⑬

いくつかのモデルを
比較したいとき
AIC の小さい方のモデルが
良いモデルです

Smaller is better !

ピョッ

【出力結果の読み取り方・その6】

⬅⑪ AIC＝Akaike's information criterion＝赤池情報量規準．

AIC の小さいモデルが良いモデルです．

BCC＝Browne-Cudeck criterion.

BCC は AIC より少し大きい値をとります．

BIC＝Bayes information criterion.

CAIC＝consistent AIC.

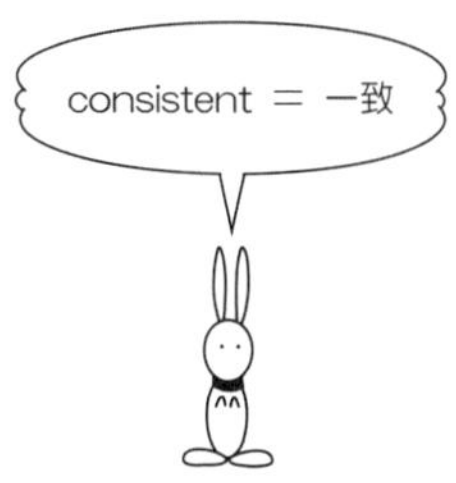
consistent ＝ 一致

⬅⑫ $\text{ECVI} = \dfrac{\text{AIC}}{n}$

$$0.182 = \frac{63.099}{347 - 1}$$

$\text{MECVI} = \dfrac{\text{BCC}}{n}$

$$0.185 = \frac{63.904}{347 - 1}$$

⬅⑬ HOELTER＝Hoelter's critical N

＝モデルが正しいという仮説を採択する最大サンプル数 N.

0.05＝有意水準 5％のときは，モデル番号 1 では N＝234

0.01＝有意水準 1％のときは，モデル番号 1 では N＝294

【Amos による出力・その 7】 ——共分散構造分析——

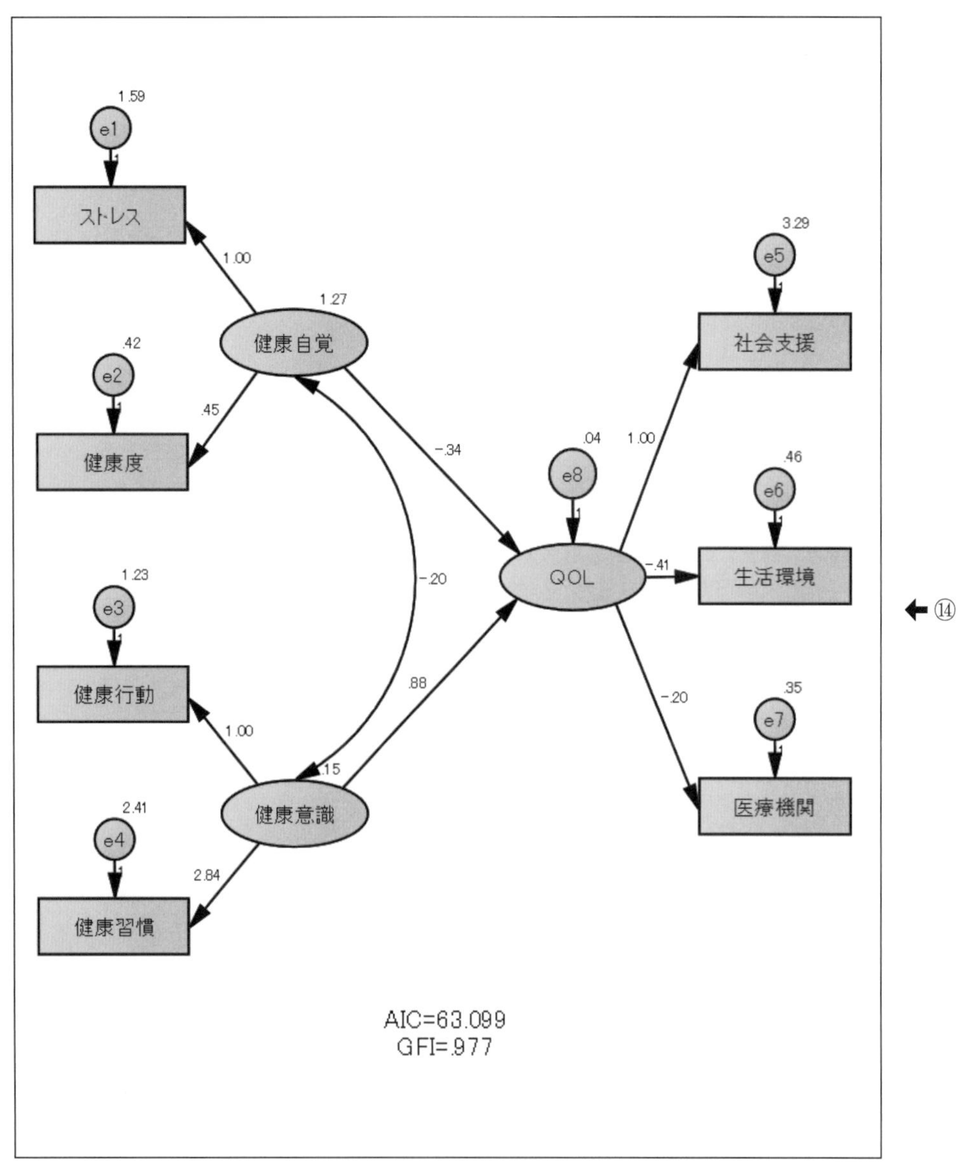

1.59
e1
ストレス
1.00
1.27
健康自覚
.42
e2
.45
健康度
-.34
-.20
1.23
e3
健康行動
1.00
.88
.15
健康意識
2.41
e4
2.84
健康習慣
.04
e8
QOL
3.29
e5
社会支援
1.00
.46
e6
-.41
生活環境
-.20
.35
e7
医療機関
AIC=63.099
GFI=.977

← ⑭

【出力結果の読み取り方・その 7】

←⑭ 共分散構造分析のパス係数を，パス図の上に表現してみると……

孫の手

Amos の正式名称は IBM SPSS Amos といいます．

Amos は構造方程式モデリング（SEM），または，共分散構造分析や因子モデリングと呼ばれる一般的なデータ分析手法を備えています．

● Amos に備わっている主な手法

- 最尤法
- 重み付けのない最小 2 乗法
- Browne の漸近的分布非依存法
- 尺度不変最小 2 乗法
- ベイジアン推定
- 複数の母集団のデータの同時分析
- 回帰方程式における平均値と切片項の推定
- 標準誤差の推定値を取得するためのブートストラップ
- 探索的モデル特定化
- 欠損値の代入
- 打ち切りデータの分析
- カテゴリカルデータの分析
- 混在モデル

なお，これらの手法には特別なケースとして，一般線型モデルや共通因子分析など広く使われている従来の方法も含まれています．

参考文献

[1]『Kendall's Advanced Theory of Statistics：Volume 1：Distribution Theory』Oxford University Press Inc.（2003）

[2]『Kendall's Advanced Theory of Statistics, Volume 2A, Classical Inference and the Linear Model』Oxford University Press Inc.（2002）

[3]『Kendall's advanced theory of statistics. Vol. 2B, Bayesian statistics』Oxford University Press Inc.（1999）

[4]『The Oxford Dictionary of Statistical Terms』edited by Yadolah Dodge, Oxford University Press Inc.（2006）

[5]『入門はじめての統計解析』石村貞夫著，2006年

[6]『入門はじめての多変量解析』石村貞夫・石村光資郎著，2007年

[7]『入門はじめての分散分析と多重比較』石村貞夫・石村光資郎著，2008年

[8]『入門はじめての統計的推定と最尤法』石村貞夫・劉晨・石村光資郎著，2010年

[9]『すぐわかる統計処理の選び方』石村貞夫・石村光資郎著，2010年

[10]『すぐわかる統計用語の基礎知識』石村貞夫・D. アレン・劉晨著，2016年

[11]『SPSSでやさしく学ぶ統計解析（第6版）』石村貞夫・石村友二郎著，2017年

[12]『SPSSでやさしく学ぶ多変量解析（第5版）』石村貞夫・劉晨・石村光資郎著，2015年

[13]『SPSSによる統計処理の手順（第9版）』石村貞夫・石村光資郎著，2021年

[14]『SPSSによる分散分析と多重比較の手順（第5版）』石村貞夫・石村光資郎著，2015年

[15]『SPSSによるアンケート調査のための統計処理』石村光資郎著・石村貞夫監修，2018年

[16]『改訂版 すぐわかる多変量解析』石村光資郎・石村貞夫著，2020年

[17]『コンジョイント分析―SPSSによるマーケティング・リサーチ』岡本真一著，ナカニシヤ出版，1999年

[18]『SPSSによるコンジョイント分析―教育・心理・福祉分野での活用法 実用的ですぐに使える』真城知己著，2001年

索　引

英　字

ア 行

カ　行

サ 行

タ　行

ナ　行

ハ　行

マ　行

ヤ　行

ラ　行

著者紹介

石村光資郎（いしむら こうしろう）

2002年　慶応義塾大学理工学部数理科学科卒業
2008年　慶応義塾大学大学院理工学研究科基礎理工学専攻修了
現　在　東洋大学総合情報学部専任講師　博士（理学）
著　書　『入門はじめての統計的推定と最尤法』共著
『卒論・修論のためのアンケート調査と統計処理』共著
『SPSSによるアンケート調査のための統計処理』
以上　東京図書

監　修

石村貞夫（いしむら さだお）

1975年　早稲田大学理工学部数学科卒業
1977年　早稲田大学大学院修士課程修了
1981年　東京都立大学大学院博士課程単位取得
現　在　石村統計コンサルタント代表
理学博士・統計アナリスト
著　書　『改訂版 すぐわかる多変量解析』
『改訂版 すぐわかる統計解析』
『増補版 金融・証券のためのブラック・ショールズ微分方程式』共著
『入門はじめての統計解析』
『入門はじめての多変量解析』共著
『入門はじめての時系列分析』共著
『SPSSによる分散分析・混合モデル・多重比較の手順』共著
『SPSSによる医学・歯学・薬学のための統計解析（第4版）』共著
以上　東京図書　他多数

SPSS による多変量データ解析の手順［第6版］

1998 年 4 月24日　第 1 版第 1 刷発行　Printed in Japan
2001 年 9 月25日　第 2 版第 1 刷発行
2005 年11月25日　第 3 版第 1 刷発行
2011 年 7 月25日　第 4 版第 1 刷発行
2016 年 7 月25日　第 5 版第 1 刷発行
2021 年 7 月25日　第 6 版第 1 刷発行
2024 年 5 月25日　第 6 版第 3 刷発行

著　者　石 村 光 資 郎
監　修　石　村　貞　夫
発行所　東京図書株式会社

〒 102 - 0072　東京都千代田区飯田橋 3 - 11 - 19
振替00140 - 4 - 13803　電話03(3288)9461
http://www.tokyo-tosho.co.jp

ISBN 978 - 4 - 489 - 02363 - 7